国际制造业经典译丛

工业自动化与机器人技术

INDUSTRIAL AUTOMATION AND ROBOTICS

[美] A. K. 古普塔（A. K. Gupta）
      S. K. 阿罗拉（S. K. Arora）   著
      J. R. 韦斯科特（J. R. Westcott）

伊枭剑　穆慧娜　陈悦峰　译

机械工业出版社

本书分两篇全面介绍了自动化技术及多学科交叉的机器人技术在工业中的应用。第1篇工业自动化篇介绍了自动化、基本规律和原理，讲解了气动和液压的重要概念及其在工业自动化中的应用，详述了泵和压缩机、流体配件、气缸与马达、控制阀，并对回路及其在液压、气动和流体设计中的应用进行了讨论，同时介绍了工业自动化中的电气控制和电子控制。第2篇机器人技术篇概述了机器人技术，介绍了机器人传感器、机器人末端执行器、机器人编程、机器人技术在工业中的应用，以及实时嵌入式系统机器人。本书各章均配有练习，配套文件中包含视频与图片资料。

本书实用性强，适合工业自动化及机器人领域的技术人员、管理人员使用，也可供高等院校相关专业的师生参考，还可作为培训教材使用。

图书在版编目（CIP）数据

工业自动化与机器人技术/（美）A. K. 古普塔（A. K. Gupta），（美）S. K. 阿罗拉（S. K. Arora），（美）J. R. 韦斯科特（J. R. Westcott）著；伊枭剑，穆慧娜，陈悦峰译. —北京：机械工业出版社，2021.5

书名原文：Industrial Automation and Robotics

ISBN 978-7-111-67802-1

Ⅰ.①工… Ⅱ.①A…②S…③J…④伊…⑤穆…⑥陈… Ⅲ.①工业自动控制－研究②工业机器人－研究 Ⅳ.①TB114.2②TP242.2

中国版本图书馆 CIP 数据核字（2021）第 050835 号

机械工业出版社（北京市百万庄大街22号　邮政编码100037）
策划编辑：孔 劲　责任编辑：孔 劲 赵 帅
责任校对：张 薇　封面设计：马精明
责任印制：郜 敏
北京汇林印务有限公司印刷
2022 年 1 月第 1 版第 1 次印刷
184mm×260mm · 20.25 印张 · 501 千字
0001—2500 册
标准书号：ISBN 978-7-111-67802-1
定价：128.00 元

电话服务　　　　　　　　　　　网络服务
客服电话：010-88361066　　　机 工 官 网：www.cmpbook.com
　　　　　010-88379833　　　机 工 官 博：weibo.com/cmp1952
　　　　　010-68326294　　　金 书 网：www.golden-book.com
封底无防伪标均为盗版　　　　　机工教育服务网：www.cmpedu.com

译者序

近年来，自动化和机器人技术的研究与应用在全球范围内受到了高度重视，自动化和机器人技术得到迅猛的发展，这不仅有助于促进传统工业的升级，还能充分释放我国工业信息化和制造智能化的巨大潜力。本书由国际知名专家撰写，内容权威、全面、先进，国内目前尚无内容如此丰富的相关书籍。北京理工大学复杂系统通用质量特性团队与机械工业出版社合作，组织翻译了本书。

本书由伊枭剑博士、穆慧娜博士和陈悦峰博士负责组织翻译，具体翻译分工如下：第1章~第7章由伊枭剑博士负责翻译，第8章~第14章由穆慧娜博士负责翻译，第15章~第18章由陈悦峰博士负责翻译。北京理工大学复杂系统通用质量特性团队的研究生鄢红枚、侯鹏、杨媛媛、陈光亮、张扬婕、张鹏勃、魏士杰、崔宇航，以及本科生龙思雨对全书进行了统稿。在这里对他们表示衷心的感谢。

本书在翻译过程中，定期邀请该领域的专家学者对书中的专有名词、术语及相关问题进行讨论，但由于译者翻译水平有限，加之时间紧迫，译文中难免存在翻译不准确或不恰当之处，恳请读者批评指正。

伊枭剑

原书序

本书介绍了自动化技术及多学科交叉的机器人技术在工业中的应用。本书分两篇分别介绍了工业自动化和机器人技术。第 1 篇工业自动化篇首先概述了自动化，介绍了基本规律和原理，讲解了气动和液压系统的重要概念及其在工业自动化中的应用，介绍了泵和压缩机、流体配件、气缸与马达、控制阀，并对回路及其在液压、气动和流体设计中的应用进行了讨论。同时介绍了工业自动化中的电气控制和电子控制。第 2 篇机器人技术篇首先概述了机器人技术，并介绍了机器人传感器、机器人末端执行器、机器人编程、机器人技术在工业中的应用，以及实时嵌入式系统机器人。本书各章均配有练习，可供读者使用。

配套文件

配套文件包含视频与图片，可以通过扫描下方二维码查看。

视频 1~3 　　　　视频 4~5 　　　　视频 6~12 　　　　视频 13~25 　　　　图片

致谢

本书第 18 章的材料和配套文件中的视频改编自 2016 年 *Mercury Learning and Information*（ISBN：978-1-942270-04-1）中由 S. Siewert 和 J. Pratt 撰写的文章《实时嵌入式元件和 Linux 系统与 RIOS》。感谢 *Mercury Learning and Information* 的 Jen Blaney 对本项目提供的专业帮助和耐心协助，感谢 Sean Westcott 的投入和支持，将本项目献给我最真诚的朋友 Sandy。

Jean Riescher Westcott

目 录

第 2 篇　机器人技术篇

第1篇　工业自动化篇

第1章

自动化概述

1.1　引言

　　自动化一词来自希腊语"automatos"，意为"自主行为"，该词是20世纪40年代中期由美国汽车行业提出的，表示机器之间的自动运转，以及机器的连续处理。随着计算机和控制系统技术的发展，自动化的定义逐渐被拓展。到20世纪中叶，小规模自动化已盛行多年，其中机械设备可用于自动生产形状简单的产品。然而，随着计算机的广泛应用，这一技术才真正变得实用，其灵活性使它几乎可以完成任何形式的任务。

1.2　自动化的定义

　　自动化通常是指在少人或无人参与的情况下，利用专用设备或装置按照预定操作流程执行和控制制造过程。完全意义上的自动化是利用各种装置、传感器、执行器、自动化技术和配件来实现的，这些设备能够监测制造过程，并针对运行中的必要更改做出决策，控制运行的各个方面。

　　自动化也可以定义为：工业中的各种生产操作从手工过程转变为自动决策或自动执行的过程。

　　举例说明：假设一名工人正在操作一台金属车床，工人从箱中取出已经截切好的坯料，将其放入车床卡盘中，然后转动机器上的各种手轮来制造一个零件，加工完成后，工人开始加工下一个零件，这是一个手动过程。如果这个过程是自动化的，工人将棒料放入自动车床的送料装置中，送料装置将棒料送入卡盘，将其加工成正确的形状和尺寸，再将其从杆上切下，然后开始下一个零件的加工。这就是制造工艺中自动化机器的一个例子。

　　自动化是机械化的进一步发展，在机械化的过程中，操作人员运用机械装置帮助其完成工作。工业机器人是自动化中最引人注目的部分。现代自动化过程通常由计算机程序控制，这些程序通过传感器和执行器监测进程并控制运行的顺序，直至运行结束。计算机做出的决策确保了自动化过程完成的准确性和快速性。

　　许多人担心自动化会导致裁员和失业，他们认为其弊端远远大于其益处。自动化确实取代了工人所做的工作，但并不会像一些人担心的那样导致失业，这主要有以下三点原因：

第一，在生产产品所需的工人数量方面，裁员只是暂时的替代方法，而这种现象会被市场扩大的需求及新兴产业的出现所抵消，仍需很多工人来制造、维护和操作自动化机器。

第二，自动化不是一夜之间突然产生的，而是一个渐进的过程。手工操作终将逐渐转变为一种更清洁、更便捷、更安全、更有价值的工作。因自动化而富余的工人在培训中可获得能够更好地服务于未来工作的技能。

第三，最重要的是，自动化是解决未来劳动力短缺的必要方法。其目的是代替那些不在现场的人进行工作。它是解决问题的方法，而不是问题产生的原因。

自动化是一门将机电一体化和计算机应用于商品生产和服务的技术。制造自动化涉及商品生产。它包括：

1）加工零件的自动机床。

2）自动装配机。

3）工业机器人。

4）自动化物料处理。

5）自动化存储和检索系统。

6）自动检测系统。

7）反馈控制系统。

8）自动将设计转换成零件的计算机系统。

9）为制造业的设计和决策提供支持的计算机系统。

将新的或现有设备实现自动化需要考虑以下因素：

1）制造产品的类型。

2）生产量和生产速度。

3）制造过程特定阶段的自动化。

4）满足现有劳动力的技能水平。

5）与自动化系统相关的可靠性和维护问题。

6）经济性。

1.3　机械化和自动化

机械化（mechanization）是指使用动力机械装置来帮助操作人员完成某些任务，使用手动工具不属于机械化范畴，该词通常用于工业领域。动力机床的增加，如蒸汽动力机床，极大地缩短了完成各种不同任务所需的时间，提高了生产力。目前，极少数的制造业是通过手工完成的。尽管自动化和机械化不难区分，但两者往往被混为一谈。机械化节约了劳动力，而自动化则省去了人为的判断；机械化取代了体力劳动，而自动化取代了脑力劳动。

机械化是用机器动力代替人力，通常可以取代手工工艺，并为非技术性劳动力创造就业机会，在某一时期只会影响一两个行业。机械化的发展缓慢，因此所导致的裁员是短期的。机械化是工业革命的产物，自动化是用计算机和机器取代人类思维。自动化往往使非技术工人和半熟练技术工人失业而倾向于为技术工人创造就业机会。它同时影响着许多行业并迅速发展，因此也造成了较长期的就业岗位流失，自20世纪50年代以来，这种情况越来越明显。

1.4　自动化的优点

几乎每个行业的制造公司都在利用自动化技术快速提高现有生产力。当人们想到制造业的自动化时，通常会想到机器人。汽车工业最早采用了机器人技术，进行材料的处理、加工、组装和检验。自动化可以应用于各种类型的制造业。自动化的优点如下：

1）提高生产力。

2）降低生产成本。

3）减轻工作强度。

4）减小占地面积。

5）降低维护要求。

6）改善工人的工作环境。

7）有效控制生产过程。

8）提升产品质量。

9）减少事故，保障工人安全。

10）保障组件一致性。

1.5　自动化的目标

自动化有如下几个主要目标：

1）整合生产操作的各个方面来提高产品的质量和一致性，最小化生产周期和工作量，从而降低人工成本。

2）通过改善生产控制方法来降低生产成本，提高生产力。零部件在机器上更加高效地装载、送入和卸载。因此机器运行更有效，生产组织更高效。

3）采用可重复流程提高质量。

4）降低人为干预、消极怠工和人为错误的可能性。

5）减少手工处理零件造成的工件损坏。

6）提高人员的安全性，尤其是处于危险工作环境中时。

7）通过更有效地安置机器、优化材料输送和相关设备，充分节省制造工厂的占地面积。

1.6　自动化的社会问题

自动化在许多方面为现代工业做出了贡献，同时也引发了一些重要的社会问题，如对就业/失业造成的影响。自动化可以提供更充分的就业。最初被引入时，引起了普遍的恐慌。人们认为用计算机系统取代人工会导致失业（就如几个世纪以前的机械化），而事实恰恰相反，劳动力的解放使更多的人进入了高薪的信息工作岗位。这种转变的一个奇怪的副作用是"非技术性劳动力"在大多数工业化国家都能获得高薪，因为只有少数人适合填补这类工作，从而导致供需问题。

一些人却不这样认为，至少从长远来看如此。首先，自动化刚刚起步，短期状态可能不能凸显其长期的效果。例如，在 20 世纪 90 年代初期，美国许多制造业工作岗位减少，但同时 IT（信息技术）岗位的大规模扩大抵消了这一影响。目前，对于制造公司来说，自动化的目的已经从提高生产力和降低生产成本转向提高制造工艺的质量和灵活性。

自动化导致的另一个重要的社会问题是可提供更好的工作条件。自动化工厂需要控制温度、湿度及确保无尘环境，以实现自动化机器的正常运行，这样工人就有了一个很好的工作环境。

自动化可以保障工人的安全。通过自动化执行装载和卸载操作，可以降低工人发生事故的可能性。

工人期望借助自动化提高生活水平。生活水平随着生产力的提高而提高，而自动化是提高生产力的可靠方法。彩色电视、洗衣机和音响的成本已经下降，这使得许多家庭有能力购买这些产品。

1.7　低成本自动化

低成本自动化（LCA）是一种通过使用市场上现有的低成本标准组件，在现有设备、工具、方法、人员等方面实现一定程度自动化的技术，因此投资回报期较短。

低成本自动化的优点很多，它不仅简化了流程，而且在不改变基本设置的情况下减少了手动内容。其主要优势在于投资少、劳动生产力高、批量小、材料利用率高、工艺一致性更好，因此废品率更低。

装载、送料、夹紧、加工、焊接、成型、测量、组装和包装等各种活动都可以采用低成本自动化系统。另外，低成本自动化对于制造化学品、燃油或药品的加工行业非常有用。许多食品加工行业的操作需要在特别清洁的环境下进行，这也可以通过低成本自动化系统轻松实现。

LCA 系统可有效利用多种系统（如机械、液压、气动、电气和电子系统）。然而，每一种系统都具有自身的优点和局限性。对于不复杂的情况，可通过快速的技术经济评估，使用上述任何系统构建简单的 LCA 设备。然而，在大多数实际应用中，使用的是混合系统，这是因为混合系统可结合不同设备的优点，同时可最大限度地弥补部分设备的不足。

低成本自动化存在的问题：

（1）评估当前的生产力水平　一些简单的程序可用于评估当前的生产力水平，工作抽样（活动抽样）就是其中之一。它不需要设备，只需很短的时间来收集数据。数据经过处理后，当前生产力水平的相关信息就会显现出来。

（2）预设动作和时间研究（PMTS）　PMTS 是检查当前手动操作是否正确的工具。如果所花费的时间超过期望值，PMTS 将帮助识别并进行改进。

（3）自动化和装配设计　当手动生产和组装零件时，人们可能不会想到自动化的复杂性。例如，将 6 个螺母和螺栓手工组装在一起非常容易，但对于自动系统来说非常复杂。

1.8　自动化的类型

1. 刚性自动化（硬自动化）

刚性自动化是指使用专用设备来自动完成一系列固定的加工或装配操作。它通常与高生产力相关，并且相对难以适应产品设计上的变化，通常也称为硬自动化。例如，通用电气使用专业的高速自动化设备，每年可生产约20亿个灯泡，只有当产品设计稳定且产品寿命长时，刚性自动化才有意义。用于刚性自动化应用的机器通常建立在积木式组件或模块化原理上，通常称之为自动生产线，其主要由动力生产单元和传送机构两个部件组成。

刚性自动化的优点：

1）效率高。

2）单位成本低。

3）材料处理自动化——零件快速高效移动。

4）生产材料浪费较少。

刚性自动化的缺点：

1）初期投资大。

2）产品种类适应性差。

2. 可编程自动化

在可编程自动化中，设备适用于特定类别产品的变化和加工处理，或者通过修改控制程序改变装配操作，特别适合"大批量生产"，或者中等规模生产（通常为定期生产）的产品。数控车床是可编程自动化的例子，根据"输入程序"生产某一产品类别中的特定产品。在可编程自动化中，为新产品重新配置系统非常耗时，因为它涉及重新编程及为机器配置新的装置和工具。可编程自动化的实例包括数控机床、工业机器人等。

可编程自动化的优点：

1）可灵活处理产品的变化。

2）大批量生产的单位成本低。

可编程自动化的缺点：

1）对于新产品的生产，所需装配时间较长。

2）单位成本比刚性自动化高。

3. 柔性自动化（软自动化）

在柔性自动化中，设备用于制造多种多样的产品或部件，并且从一个产品转换到另一个产品时所花费的时间非常少。因此，可以按照任意指定的时间表使用灵活的制造系统来制造多种组合产品。通过柔性自动化系统，企业可以快速整合产品中的变更（可根据不断变化的市场条件和消费者反馈对产品进行重新设计）或快速引入新的生产线。例如，在20世纪70年代，本田公司因使用柔性自动化技术在摩托车产品系列中进行了113项改进而广受赞誉。柔性自动化使制造商能够联合生产多种产品，成本比单独生产这些产品更低。

柔性自动化的优点：

1）灵活处理产品的设计变化。

2）可生产定制化产品。

柔性自动化的缺点：

1）初期投资大。

2）单位成本比刚性自动化或可编程自动化高。

1.9　当前自动化技术的重点

目前，对于制造企业而言，自动化的目的已经从提高生产力和降低生产成本转向更广泛的方面，例如，如何提高制造工艺的质量和灵活性。传统的自动化仅仅注重提高生产力和降低成本，这样的自动化不具有长远意义，因为其还需要一名技术熟练的工作人员来维修和管理机器。此外，自动化的初始成本很高，并且在全新的制造工艺取代旧制造工艺时往往无法收回成本（日本"机器人垃圾场"事件曾经在制造业中闻名世界）。

现在，自动化通常主要用于提高制造工艺的质量，并且可以大幅度提高质量。例如，过去常常手动将汽车和货车活塞安装到发动机中，这种安装方式正快速转化为自动化机器安装，因为手动安装的错误率为 1%～1.5%，但自动化安装的错误率仅为 0.00001%。一些危险作业，诸如炼油、工业化学品制造及各种金属加工，始终是使用自动化的"急先锋"。

自动化的另一个重大转变是越来越重视制造工艺的灵活性和可转换性。制造商越来越需要能够在不必完全重建生产线的条件下轻松地从制造一种产品切换到制造另一种产品。

1.10　自动化产生的原因

1）劳动力短缺。

2）劳动力成本高。

3）提高生产力。与人工操作相比，自动化可实现更高的单位时间生产量，生产力是决定一个国家生活水平的重要因素，单位时间产值越高，总收入水平也越高。

4）企业竞争力。企业的最终目标是提高利润，除此之外还有其他难以衡量的目标。自动化可使产品价格更低、品质更优，可塑造良好的劳动关系与公司形象。

5）安全性。自动化允许员工承担监督职责，而不必直接参与生产制造。举例来讲，压铸是一项高温危险的工作，且工件往往非常重，焊接、喷漆等操作会危害身体健康，而机器可以更精确地完成这些工作，并且产品质量更优。

6）缩短制造周期。自动化使制造商能够快速响应消费者的需求。其次，受益于自动化的灵活性，制造商可以频繁地修改设计。

7）降低成本。除了降低劳动力成本外，自动化还可降低报废率，从而降低原材料成本。此外，通过即时生产，制造商能够减少在制品库存，实现以较低的成本提高产品质量。

1.11　自动化应用受限的原因

（1）劳动者抵制　人们把失业归咎于机器人和制造自动化。事实上，使用机器人可以提高生产力，使公司更具竞争力，进而保留工作岗位。但与此同时，一些工作岗位因自动化而消失，如菲亚特公司在 9 年内通过使用机器人将其员工人数从 13.8 万减少到 7.2 万；通用公司与丰田公司在美国加利福尼亚州弗里蒙特合作建立的高度自动化工厂仅有员工 3100 人，而原来的通用公司有 5100 人。

（2）高级劳动力成本上升　常规的单调工作最容易实现自动化，而需要技能的工作则难以实现自动化。因此，劳动力成本必然上升。

（3）初始投资成本高　尽管预计回报率很高，但现金流问题可能使得投资自动化存在困难。

1.12　工业自动化现存的问题

1）工作难度过高难以实现自动化。

2）产品寿命周期较短。

3）个性化的产品需求。

4）波动性需求。

5）需要降低产品缺陷风险。

6）体力劳动力成本低。

1.13　实现自动化的策略

1）专业化操作。

2）联合操作。

3）同步操作。

4）集成操作。

5）提高灵活性。

6）优化物料处理和存储。

7）在线检查。

8）过程控制和优化。

9）车间操作控制。

10）计算机集成制造。

练　习

1）分析机械化和自动化的区别。

2）说明自动化产生的主要原因。

3）列举自动化的级别。

4）举例说明低成本自动化的概念。

5）生产中可以使用哪些类型的自动化？比较它们的优缺点。

6）分析讨论不同水平的自动化。

7）简要说明"低成本自动化"。

8）说明有利于自动化的主要社会经济因素。

9）说明自动化生产操作的优点。

10）列举实现自动化的策略。

11）比较刚性自动化与柔性自动化。

12）列举柔性自动化的优点。

13）至少列举四点工业需要自动化的原因。

第 2 章

基本规律和原理

2.1 力

力可表现为推力或拉力，简而言之，力可以改变物体速度或运动方向。在国际单位制 (SI) 中，力的单位是牛顿，符号是 N。且有

$$F = ma$$

式中，F 为力（N）；m 为质量（kg）；a 为加速度（m/s^2）。

2.2 压强

压强（工程界习惯称为压力）是压力与压力的作用面积之比，在数学上可表示为

$$p = \frac{F}{A}$$

式中，p 为压强；F 为压力；A 为作用面积。

压强通常以牛顿每平方米（N/m^2）表示，称为帕斯卡（Pascal），英制以磅力/平方英寸（lbf/in^2，$1in = 2.54cm$）（PSI）表示。

2.3 大气压力

大气压力的定义为由地球表面大气（空气和水蒸气）的重量而产生的压力。大气压力可由水银柱气压计测得，这也是通常称之为气压的原因。海平面的平均大气压力定为 1.01325bar 或 14.696 lbf/in^2（绝对值）（PSIA）。

2.4 绝对压力

绝对压力以绝对零压力或完全真空为参考，可以通过表压力加上气压或大气压力给出。绝对压力的单位后缀是 "A"，如 PSIA。如果在户外使用绝对压力仪器，其读数应该大于零，在 12～14.7PSIA 之间。

2.5 表压力与真空压力

表压力是参考测量点处的大气压力。表压力的单位后缀是"G",如 PSIG。在大气压力下表压力仪示数应始终为零。类似地,当压力低于大气压力时,称为真空压力,有时也称为负表压力。

基于上述讨论,可以导出下列关系式:

$$p_{abs} = p_{atm} + p_{gauge}$$
$$p_{abs} = p_{atm} - p_{vacuum}$$

式中,p_{abs} 为绝对压力;p_{atm} 为大气压力;p_{gauge} 为表压力;p_{vacuum} 为真空压力(负表压力)。图2-1所示为压力关系图,表2-1所列为各种压力单位与帕斯卡的转换关系。

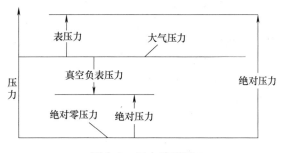

图 2-1　压力关系图

表 2-1　各种压力单位与帕斯卡的转换关系

单 位 名 称	单 位 符 号	帕斯卡数值
巴	bar	$1 \times 10^5 \, Pa$
毫巴	mbar	$100 Pa$
百帕	hPa	$100 Pa$
毫米汞柱	mmHg	$133.322 Pa$
英寸汞柱	inHg	$3386.39 Pa$
托	torr	$101325/760 Pa \approx 133.322 Pa$
磅力/平方英寸	lbf/in^2	$6894.76 Pa \approx 6895 Pa$

2.6 帕斯卡定律

布莱士·帕斯卡(Blaise Pascal)在 17 世纪中叶提出了这项基本定律。该定律指出,密闭液体中的压强能够不衰减地向各个方向传递,在相同面积上的作用力相等,作用力与容器壁垂直。液压制动器、升降机、压力机、注射器活塞等工作原理均符合帕斯卡定律。

如图2-2所示,根据帕斯卡定律,在封闭系统的管道内,所有点受到的压强都是相同的。用数学公式表示为

$$\frac{F_1}{A_1} = p_1 = p_2 = \frac{F_2}{A_2} \qquad (2\text{-}1)$$

$$F_2 = \frac{A_2}{A_1} F_1$$

由式（2-1）可以看出，压强 $p_1 = p_2$，因为面积 A_2 大于 A_1，所以力 F_2 大于 F_1。即要想获得较大的输出力，必须具有足够大的受压面积。

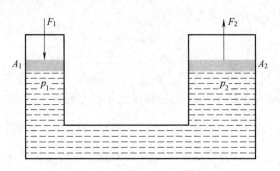

图 2-2　帕斯卡定律演示图

2.7　流量

单位时间内通过某一点的物质的体积或质量称为流量。

1. 体积流量

体积流量指单位时间内流过截面的流体体积。气体流量通常以立方英尺每分钟（CFM）表示，液体流量表示为升或加仑每分钟（LPM 或 GPM）或立方米每秒。容积流量的计算式为

$$\text{体积流量} = \text{面积} \times \text{速度}$$

2. 质量流量

质量流量等于体积流量乘以密度，表示为磅每小时或千克每分钟，计算式为

$$\text{质量流量} = \text{面积} \times \text{速度} \times \text{密度}$$

各种流量单位与 $\mathrm{m^3/s}$ 的转换关系见表 2-2。

表 2-2　各种流量单位与 $\mathbf{m^3/s}$ 的转换关系

单 位 名 称	单 位 符 号	$\mathrm{m^3/s}$ 数值
升/秒	L/s	$10^{-3} \mathrm{m^3/s}$
加仑/秒	gal/s	$0.003788 \mathrm{m^3/s}$
立方英尺/分钟	$\mathrm{ft^3/min}$	$4.719 \times 10^{-4} \mathrm{m^3/s}$

2.8　伯努利方程

伯努利方程指出，在稳定流中对于非黏性、不可压缩流体而言，任意单位体积内的压

力、势能和动能之和是一个常数。数学上可表示为

$$\frac{\rho v_1^2}{2} + p_1 \rho g h_1 = \frac{\rho v_2^2}{2} + p_2 + \rho g h_2 = 常数$$

式中，g 为重力加速度；v_1、v_2 为流速；h_1、h_2 为高度；p_1、p_2 为压力；ρ 为密度。

伯努利原理以荷兰/瑞士数学家/科学家丹尼尔·伯努利的名字命名，它指出流体流速随压力的下降而增加，这种现象可以在飞机升降机、化油器、空气绕球的流动等方面看到。

2.9　文丘里效应

如伯努利原理所述，流体的速度和压力的变化受制于变化的截面面积。当流体通过一段收缩管道时，在收缩口处流速增加、压力降低，并产生局部真空。

图 2-3 所示为文丘里效应演示图，图中 ρ 为流体密度，A 为面积，v 为速度。流体在入口和出口的参数为（ρ_1，A_1，v_1），而在收缩处为（ρ_2，A_2，v_2）。由于能量守恒，收缩处的压力会下降，如图 2-3 中容器水柱高度所示。流体在进入收缩处时动能增加、压力下降，这种效应称为文丘里效应，它是以意大利物理学家乔瓦尼·巴蒂斯塔·文丘里的名字命名的。

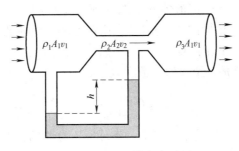

图 2-3　文丘里效应演示图

2.10　连续方程

连续方程是质量守恒定律的数学表达式。质量既不能凭空创造，也不会无故消失。对于稳定流动的流体有

$$质量流量输入 = 质量流量输出$$

即

$$\rho_1 A_1 v_1 = \rho_2 A_2 v_2$$

$$\rho_1 = \rho_2 \ 时，A_1 v_1 = A_2 v_2$$

图 2-4 所示为质量守恒定律演示图。

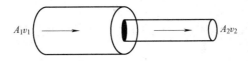

图 2-4　质量守恒定律演示图

"连续方程"的理念源于一个常识，即流入管道的流体必会流出。它有一个重要推论，即随着孔面积的减小，流体的速度必然增加，以保持流量恒定。

2.11 重度、密度和比重

1. 重度

重度指单位体积物质的重量。通常以 N/m^3 或 lbs/ft^3 表示。数学表达式为

$$\gamma = \frac{w}{V}$$

式中，γ 为重度（N/m^3）；w 为重量（N）；V 为体积（m^3）。

2. 密度

密度定义为物体质量与其体积的比值，通常以 kg/m^3 或 g/cm^3 表示。数学表达式为

$$\rho = \frac{m}{V}$$

式中，ρ 为密度（kg/m^3）；m 为质量（kg）；V 为体积（m^3）。

3. 比重

物质的密度（或重度）与标准流体的密度（或重度）的比值称为比重或相对密度。固体和液体通常是以标准大气压下 4℃的水作为比较标准。气体通常与干燥空气在标准条件（0℃和一个标准大气压力）下相比较。

比重没有单位，它纯粹是一个比值。数学表达式为

$$SG = \frac{m_0}{V\rho_{\mathrm{H_2O}}}$$

式中，SG 为比重；m_0 为要比较的油的质量（kg）；V 为油的体积（m^3）；$\rho_{\mathrm{H_2O}}$ 为水的密度（1000kg/m^3）。

2.12 压缩率与体积模量

压缩率是压力施加在物体上时，受压物体体积变化的度量。液体是不可压缩的流体，每增加一个大气压力，水的体积将减少百万分之 46.4。大多数汽车制动所用的液压油就要求当压力施加到液压油上时，液压油的体积基本没有变化。

另一方面，对气体施加外部压力可轻易改变气体体积。例如，内燃机可以很容易地压缩气体。

压缩率是体积模量的倒数。压缩率用 "k" 表示，数学表达式为

$$k = \frac{1}{B}$$

式中，B 为体积模量，定义为流体元件上的压力变化与体积应变（体积变化量/原始体积的变化）的比值。其计算式为

$$B = -\frac{\mathrm{d}p}{V_{\mathrm{change}}/V_{\mathrm{initial}}}$$

式中，B 为体积模量；$V_{initial}$ 为施加力之前的初始体积；V_{change} 为与压力变化量对应的体积变化量；"$-$"表明压力增加时体积减小。

2.13 黏度和黏度指数

黏度是流体内部摩擦或流动阻力的度量。黏度过大的流体在流动时通常会导致压力下降、运行迟缓、机械效率降低及动力消耗过大。低黏度流体可以进行有效的低阻力操作，但往往会增大磨损，降低容积效率，并且容易泄漏。

黏度指数可以是任意范围的数值，表明流体黏度随温度的变化而变化的情况。黏度指数越大，黏度随温度的变化越小，反之亦然。理想情况下，流体在低温与高温下的黏度相同，现实中这是无法实现的，加热会使流体变稀，冷却会使流体变稠，这种变化对所有流体都适用。

2.14 气体定律

1. 波义耳定律
英国科学家罗伯特·波义耳研究了干燥理想气体体积与其压力之间的关系。他指出，在恒定温度下，一定量理想气体的体积与其压强成反比。数学表达式为
$$p_1 V_1 = p_2 V_2$$
因此
$$pV = C$$
式中，p_1 为初始压力；V_1 为初始体积；p_2 为最终压力；V_2 为最终体积。

2. 查理定律
法国科学家查理在恒压下进行气体实验，并根据其观测结果推导出查理定律。
恒压下，气体的体积与热力学温度成正比。数学表达式为
$$V_1/T_1 = V_2/T_2$$
因此
$$V/T = C$$
式中，V_1 为初始体积；T_1 为初始热力学温度；V_2 为最终体积；T_2 为最终热力学温度。

3. 盖-吕萨克定律
法国科学家约瑟夫·盖-吕萨克研究了气体压力与其温度之间的关系。他指出，在恒定体积下，气体压力与热力学温度成正比。数学表达式为
$$p_1/T_1 = p_2/T_2$$
因此
$$P/T = C$$
式中，p_1 为初始压力；T_1 为初始热力学温度；p_2 为最终压力；T_2 为最终热力学温度。

4. 结合气体定律
波义耳定律、查理定律和盖-吕萨克定律中的任何两种都可以结合起来，因此命名为"结合气体定律"。简而言之，当难以保持温度或压力恒定时，可以使用这种结合气体定律：
$$p_1 V_1 T_2 = p_2 V_2 T_1 \tag{2-2}$$
在 6 个变量中的其他 5 个变量都已知的前提下，式（2-2）可以用来计算那个未知量。

2. 15　空气中的水分

1. 湿度

湿度表示空气中水蒸气的浓度。浓度可以表示为比湿度、绝对湿度或相对湿度。用于测量湿度的装置称为湿度计。

（1）比湿度　比湿度定义为每千克干燥空气中存在的水蒸气质量。它以每千克干燥空气中所含水蒸气的克数表示，即以 g/kg 为单位，湿度用湿度计测量。

（2）绝对湿度　绝对湿度表示一定体积的空气中包含水蒸气的质量。空气温度越高，它所能容纳的水蒸气就越多，可以用每立方米空气中水蒸气的克数来衡量。绝对湿度在通风和空调问题中得到广泛应用。

（3）相对湿度　相对湿度是指在给定体积的湿空气中，水的质量与同一温度下相同体积的空气所能容纳水的最大质量的比值（通常以百分比表示）。相对湿度为 100% 意味着空气中的水蒸气完全饱和，不能再多容纳水蒸气了。

例如，如果每立方米干空气中存在 20g 水蒸气，而相同温度下每立方米干空气中含 30g 水蒸气即达到饱和，则相对湿度为 20/30 = 66.67%。

实际上，"相对湿度"是指在一定温度下空气中的湿度。之所以称其为"相对"，是因为它是与相同温度下空气的最大湿度相比较的。

2. 空气的露点温度和保水能力

一定温度下的空气可以容纳一定量的水，即当达到这个温度时，空气变得完全饱和。如果空气进一步冷却，水就会开始冷凝出来。露点温度是水蒸气开始在空气中凝结的温度，可以定义或规定环境空气或压缩空气的露点温度。露点温度通常在空气相对湿度为 100% 时出现，可用温度计记录此时温度。

3. 常压露点温度

常压露点温度是在大气压力即 1.01325bar 下空气中的水蒸气开始凝结的温度。常压露点温度对于气动系统来说并不重要，因为气动管路中的气压总是大于大气压力。

4. 压力露点温度

压力露点温度是指在高于大气压力下空气中的水蒸气开始凝结的温度。气动系统中的压力通常高于大气压力，因此压力露点温度非常重要。显然，温度相同的水蒸气，水分在较高压力下更易凝结，因此露点温度应保持非常低，以确保气动管路中的水分最少（因为水分严重威胁气动系统的安全）。

2. 16　能量、功和功率

能量是做功的能力，以英尺磅力（ft·lbf）或牛·米（N·m）表示。能量的三种形式是势能、动能和热量。功用来衡量力的作用效果，在力的方向上产生位移才能使力做功。功率是做功的速率或能量传递的速率。

1. 势能

势能是物体由于位置或形状变化而具有的能量。物体的重力势能与其在地球表面上方的垂直距离成比例。例如，大坝拦住的水，水位升高，因而具有势能，水在释放前不做功。在水力学中，势能是一个静态因素，当密闭液体受到力的作用时，由于液体的静压而产生势能。运动流体的势能通过释放热能或转化为动能而减少。因此，运动流体可以通过其静压和动量而做功。

2. 动能

动能是物体由于运动而具有的能量，速度越大，动能越大。当水从大坝中流出时，它以高速射流冲出，体现了运动的能量——动能。运动流体的动能与速度的平方成正比。由动能引起的压力可称为速度压力。

3. 热能与摩擦

热能是由于物体发热而具有的能量。动能和热能是动态变量。帕斯卡定律适用于静压问题，但不考虑摩擦系数。摩擦是两个物体之间相对运动的阻力，当液体在液压回路中流动时，摩擦产生热量。这会导致一部分动能以热能的形式损失。摩擦力虽然不能完全消除，但在某种程度上是可以控制的。液压系统中摩擦力过大的三个主要原因是：

1）管路过长。

2）弯曲和配件数量过多或弯道不适当。

3）管路过细导致的速度过快。

练　习

1）液体和气体的区别是什么？

2）解释说明压力露点温度。其在气动系统中有什么重要意义？

3）阐明气体定律的重要性。

4）定义术语：重度、密度和比重。

5）温度对流体黏度有什么影响？

6）阐述连续方程。

7）黏度和黏度指数的区别是什么？

8）压力和力的区别是什么？

9）解释文丘里效应，并指出利用这个效应的重要气动设备。

10）阐述伯努利方程。

11）何谓"体积模量"？

12）阐述并证明帕斯卡定律。

13）大气压力、绝对压力和真空压力之间的关系是什么？

14）绝对湿度和相对湿度的区别是什么？

第3章

基本气动系统和液压系统

3.1 流体动力导论

流体动力系统是采用加压流体来传输和控制能量的。流体动力这一术语适用于液压和气动系统。液压系统以不能压缩的油或其他液体作为介质，而气动系统以可压缩的空气或其他气体作为介质。流体动力系统旨在控制并使用泵送的或压缩的流体（液体或气体）所产生的平稳有效的动力。该动力可用来向各种机械装置提供推、拉、旋转等形式的力，产生调节或驱动等动作。

流体动力是工业中常用的三种动力传输方法之一，其他两种方法分别是电力传输和机械动力传输。电力传输通过流经导线的电流来传输电力，机械动力传输是通过齿轮、滑轮、链条等来传递动力。流体基于以下原理产生动力：施加于封闭流体上的压力会均匀不衰减地传递到流体的每一部分及容纳流体的容器壁上。如果气缸活塞两侧的压力差大于总载荷与摩擦力之和，则活塞将移动，由此产生的合力可以加速载荷（$a = F/m$）。

流体动力大多应用于以机械做功、压力或体积的形式使用液体或气体传输动力的系统，其包括所有在封闭系统内依靠泵和压缩机输送特定体积和压力的液体或气体的系统。流体动力应用于汽车和货车的转向系统、制动系统和自动变速器。除了汽车工业，流体动力还可用来控制飞机和航天器、收获农作物、开采煤炭、驱动机床及加工食品。使用传感器、转换器和微处理器，可将流体动力与其他技术有效结合。

3.2 流体动力系统的基本要素

流体动力系统的基本要素有：
1）动力装置：泵或压缩机。
2）控制阀。
3）执行器：液压（气）缸或发动机。

图 3-1 所示为由流体动力线连接的流体动力系统的基本要素。这些元件将在下一章中详细讨论。

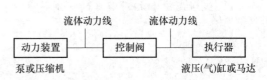

图 3-1 流体动力系统的基本要素

3.3　流体动力的优缺点

1. 流体动力的优点

流体动力应用尤为广泛，具有以下优点：

（1）不需要中间设备　不需要使用复杂的齿轮、凸轮和杠杆系统，不存在使用固体机器零件所固有的松弛问题。

（2）磨损小　使用的流体不像机械部件那样容易受损，机械装置也不会受到很大的磨损。

（3）多功能控制　当与流体动力歧管和阀门结合使用时，单个液压泵或空气压缩机可以为大量机器装置提供动力和控制。

（4）恒力或恒转矩　这是一个独特的流体动力属性。

（5）灵活性　安装液压元件十分灵活，用管道和软管代替机械元件无形中消除了位置干涉问题。

（6）压力损失相对较小　流体动力系统中的不同零件可以便利地安装在相距较远的点上，因为所产生的力在相当长的距离内迅速传输，故损失小。力可以上下传递或在拐角处传递，无须复杂的机构，损失小，效率高。

（7）力的倍增和变化　非常大的力可以通过比其小得多的力来控制，并且可以通过较细的管线和孔传递。力或转矩可以从极小值增加到极大的输出。

（8）精度高且易于控制　可以高精度地起动、停止、加速、减速、倒转或定位较大的力。

（9）功率高、质量小　气动元件体积小，质量小。

（10）平稳　流体系统运行平稳，振动保持在最低值。

（11）有过载保护　在过载的情况下，可以保证压力的自动释放，自动阀可保护系统免受过载的破坏。

（12）运动形式多样　流体动力系统在旋转和直线传动中都能提供各种可变运动。

（13）低速转矩高　不同于电动机，空气或液压马达在低速运行时会产生大转矩（扭力）。一些液压和空气马达甚至可以在零速度下保持转矩，而且不会过热。

（14）人为干预较少　人为控制达到最小化。

（15）低运行成本　流体动力系统运行效率高，摩擦损失最小，使动力传输成本最小。

（16）危险环境下的安全性高　由于流体动力无火花且能耐受高温，可用于矿山、化工厂、爆炸物附近和油漆涂装。

（17）力的控制更好　流体系统中力的控制比电动机容易得多，无论是液压的还是气动的执行器，都非常适合步行机器人，因为它们是高强度、低速度的驱动器，能提供比电力系统更高的力密度。

（18）设计简单　在大多数情况下，一些预设的部件将取代复杂的机械连接机构。

2. 流体动力的缺点

流体系统的主要缺点是精密部件容易暴露在恶劣的环境中，造成维护问题，因此防止生锈、腐蚀、污垢、油变质等问题是非常重要的。

3.4　流体动力的应用

1. 移动设备

流体动力用于运输、挖掘、升降材料及控制或驱动移动设备。应用行业包括建筑业、农业和军事。应用包括挖掘机、平地机、拖拉机、货车制动器、悬架，以及摊铺机和公路养护车。

2. 工业应用

流体动力可以为工业机器提供动力传递和运动控制，应用于金属加工设备、控制器、自动机械手、物料搬运和装配设备。

3. 航空航天应用

流体动力用于商用和军用飞机、航天器和相关的支持设备，具体应用包括起落架、制动器、飞行控制和货物装载设备。

3.5　气动与液压

流体动力可以大致分为两个领域：气动和液压，它们都属于流体动力的应用。

气动系统使用诸如空气或氮气的压缩气体来执行工作，而液压系统使用诸如油和水之类的液体来执行工作。气动系统通常是开放式系统，在使用后将压缩空气排放到大气中，而液压系统是封闭系统，油或水循环使用。

流体动力系统使用液压或气动装置向机器传递非常大的推力和拉力。用于升降和移动大型部件的工厂设备大部分是由液压驱动的，如叉车、露天采矿设备和多用途农业喷洒设备都是使用液压系统控制它们的起重臂。另一方面，气动装置有多种用途，包括向工具提供动力，如凿岩机、气枪，以及用于输送、分离和处理货物的复杂工业设备。

液压和气动装置的区别见表 3-1。

表 3-1　液压和气动装置的区别

项　　目	气动装置	液压装置
压力水平	5～10bar	高达 200bar
驱动力	气动执行机构只能产生低或中等大小的力	液压执行机构适用于非常高的负载
元件成本	与液压元件相比，诸如气缸和阀门之类的气动元件成本较低	液压元件的成本是同尺寸的气动元件的 5～10 倍
传输管线	气动系统的传输管线由价格低的柔性塑料管组成。气动系统只需要一条管线就可以将空气排放到大气中	液压系统的传输管线由金属管及昂贵的配件组成，可承受高工作压力并避免泄漏。液压系统还需要回油管路，以便使每个液压缸的油返回油箱
稳定性	稳定性差，因为空气是可压缩的	稳定性好，因为油是不可压缩的
速度控制	难以控制气缸或马达的速度	易于控制速度

3.6 气动系统的优点和缺点

1. 气动系统的优点

1）气动系统使用压缩空气，所以较为清洁。如果气动系统发生泄漏，逸出的是空气而不是油。

2）与其他系统相比，气动系统运行成本更低。

3）自身能调节致动器和传感器。

4）具有防爆组件。

5）效率高，如一个相对较小的压缩机可以填充满一个大型储罐，以满足对压缩气体波动较大的间歇性需求。

6）易于设计和实现。

7）可靠性高，这主要是由于运动部件少。

8）压缩气体可以储存，即使断电也能提供动力。

9）易于安装和维护。

2. 气动系统的缺点

1）由于具有可压缩性，精度低且控制受限。

2）产生噪声污染。

3）需要定期校准元件。

3.7 液压系统的优点和缺点

1. 液压系统的优点

1）通过使用简单的装置，操作者可以很容易地起动、停止、加速、减速和以非常小的误差控制很大的力。

2）小型执行器能输出高功率。

3）液压动力系统可以简单有效地将力从极小增加到几兆牛输出。

4）力可以远距离传递且可在拐角处传递，损失小。

5）不需要复杂的齿轮、凸轮或杠杆系统。

6）方法和控制的灵活性好，很容易控制较大范围内的速度和力。

7）安全可靠。

8）液压系统运行平稳、噪声小，振动保持在最低限度。

2. 液压系统的缺点

1）液压系统价格高。

2）必须设置系统组件以减少或避免流体泄漏。

3）防锈、防腐、防污、防油及应对其他恶劣环境非常重要。

4）需考虑精密部件暴露于恶劣环境下的维护问题。

5）发生泄漏时有火灾危险。

6）油液必须有良好的过滤。

3.8 气动系统的应用

1）操作重型或高温门。
2）板坯成型机的升降和移动。
3）喷漆。
4）装瓶机和灌装机。
5）组件与物料输送。
6）建筑、采矿、化工行业装卸漏斗。
7）薄板的空气分离与真空提升装置。

3.9 液压系统的应用

1）机床行业。
2）塑料加工机械。
3）液压机。
4）工程机械。
5）农业机械。

3.10 基本气动系统

气动系统使用加压空气使物体移动，一个基本的气动系统由空气发生单元和空气消耗单元组成，不直接使用压缩机中的压缩空气，空气必须经过过滤干燥，并且对于设备的不同用途，空气的压力必须相应改变。空气在到达执行器之前，还要经过其他几种处理，图3-2所示为一种基本气动系统，增加辅助元件可使系统经济高效地运行。

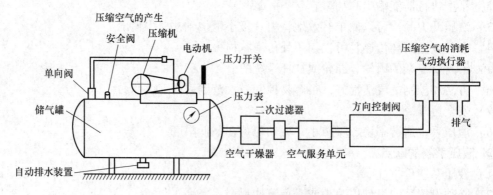

图3-2 基本气动系统

典型的气动系统包括以下部件：①压缩机；②电动机；③储气罐；④压力开关；⑤安全阀；⑥自动排水装置；⑦单向阀；⑧压力表；⑨空气干燥器；⑩二次过滤器；⑪空气服务单元；⑫方向控制阀；⑬气动执行器。

（1）压缩机　压缩机是一种将机械力和运动转换成气动流体动力的装置。压缩机是所有下游设备和工艺流程的气流来源，因此每个压缩空气系统都从它开始。

（2）电动机　电动机用来驱动压缩机。

（3）储气罐　储气罐是存储压缩空气的容器。

（4）压力开关　压力开关用于保持储气罐所需的压力，它可以调节储气罐中的高压限值和低压限值。当压力将超过上限时，压缩机自动关闭，当压力达到下限时，压缩机自动开启。

（5）安全阀　安全阀的作用是在储气罐内的压力超过储气罐的安全压力上限时释放额外的压力。

（6）自动排水装置　空气中的水蒸气在储气罐中冷凝成水，自动排水装置将水排出。

（7）单向阀　阀门能够使流体单向流动，阻止反向流动。一旦压缩空气通过单向阀进入储气罐，即使压缩机停止工作，空气也不能回流。

（8）压力表　其可测量储气罐内部的压力。

（9）空气干燥器　空气干燥器是一种降低工作中的压缩空气含水量的装置。

（10）二次过滤器　二次过滤器是安装于压缩空气干燥器后的一种过滤器，通常用于保护下游设备免受干燥剂、灰尘等的影响。其主要功能是通过多孔介质从液体或气体中除去不溶性污染物。

（11）空气服务单元　空气服务单元或 FRL 单元是将过滤器、调节器和润滑器组合在一起的装置。其目的是向线路中其他连续的应用提供空气。它在所需的压力下提供清洁的空气，并加入润滑剂来延长设备的使用寿命。

（12）方向控制阀　方向控制阀用来改变气动/液压回路内流体流动的方向。它们在包装、搬运、装配和其他应用中控制压缩空气流向气缸、旋转执行器、夹持器和其他机构中。这类阀门可以手动或电动驱动。

（13）气动执行器　气动执行器是将能量从一种加压介质传递到另一种加压介质而不进行强化的装置。其不需要巨大的动力，通常用于控制需要快速和准确响应的过程。它们可以是往复运动气缸、旋转马达，也可以是机器人末端执行器。

系统中可以加入更多的部件，如进气过滤器、空气中间冷却器（如果使用多级压缩机）。前者的作用是防止大量灰尘和污物随空气进入系统，后者用于将从低压压缩机排出的空气再次冷却至室温。

3.11　基本液压系统

图 3-3 所示为一种基本液压系统的构成图。

典型的液压系统包括以下部件：①电动机；②液压泵；③粗滤器和过滤器；④压力表；⑤减压阀；⑥单向阀；⑦方向控制阀；⑧液压执行器；⑨储液器。

（1）电动机　电动机用来驱动液压泵。

（2）液压泵　液压泵将原动机（发动机或电动机）的机械能转换为液压（压力）能，然后使用液压能操作执行器，泵推动液压流体产生流动。

（3）粗滤器和过滤器　为了保持液压元件正常工作，液压流体必须尽可能保持清洁。

阀门、泵和其他部件正常磨损会产生异物和微小金，粗滤器、过滤器和磁塞用于从液压流体中除去这些颗粒，并有效防止污染。

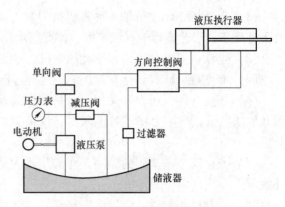

图 3-3　基本液压系统构成图

1）粗滤器。粗滤器是从液压液体中除去较大异物的主要过滤装置。虽然其筛分作用不如过滤器好，但对流动的阻力较小。

2）过滤器。过滤器从液压流体中去除小的外来颗粒，并有效地防止污染，其可分为全流量过滤器和比例流量过滤器两类：

① 全流量过滤器。在全流量过滤器中，进入单元的所有流体都通过过滤元件，虽然有更好的过滤作用，但流体也受到更大的流动阻力，特别是流体杂质过多时。

② 比例流量过滤器。这种过滤器是根据文丘里原理工作的，文丘里管有一个狭窄的喉管，用于增加流经它的流体的速度。流经文丘里喉管会在最窄的地方引起压降。这种压降会导致抽吸作用，将一部分液体通过过滤元件抽吸到滤筒上，并进入文丘里喉管。

（4）压力表　压力表用于指示流体进入阀门时的压力。

（5）减压阀　减压阀是最常见的压力控制阀，其功能根据系统的需要而改变。它们可以为油路元件提供过载保护，或者限制线性执行器或旋转马达施加的力或转矩。所有减压阀的内部结构都是相似的，阀门由两部分组成：包含活塞的主体部分和阀盖或先导阀。前者根据模型由弹簧固定在阀座上，后者由液压阀控制阀体活塞的运动。调节螺钉在阀门的可调范围内调节该控制，提供紧急过载保护的阀门通常不运行，因为有其他类型的阀门用于起动和停止泵。减压阀应定期清洗，通过降低压力设置来冲洗任何可能积聚的淤泥沉积物。减压操作将清除淤泥沉积物并确保阀门在压力调整到规定的设置后正常工作。

（6）单向阀　单向阀在流体动力系统中十分常用，只允许流体在一个方向上流动，可以独立安装在一条管线上，或者可以作为顺序阀、平衡阀或减压阀的组成部分。阀元件可以是套筒、锥体、球、提升阀、活塞、阀芯或盘。正向压力时，运动流体产生的力打开单向阀，反向压力时，在回流、弹簧或重力的作用下单向阀关闭。

（7）方向控制阀　方向控制阀是用来改变液压回路内流体流动方向的装置。它们在包装、搬运、装配和其他应用中控制流体流向液压缸、旋转马达、夹持器和其他机构中。

（8）液压执行器　液压执行器接收液压能并将其转换为机械力和运动。执行器可以是线性或旋转的。线性执行器沿直线输出力和运动，通常称为液压缸，也称为活塞、往复马达或线性马达。旋转执行器产生转矩和旋转运动，通常称为液压马达。

（9）储液器　储液器储存不在液压系统中使用的液体，它还有许多其他重要的功能，如：

1）允许气体从液体中排出，以及使异物从液体中沉淀出来。

2）起到冷却器的作用。

3）充当"粗滤器"，沉淀杂质。

4）用作空气和水的分离器。

5）作为液压泵的基础。

设计合理的储液器应该能够散发油的热量，分离油中的空气，沉淀出油中的污染物，形状应该是高而窄，而不是浅而宽的。油位应尽可能达到泵吸入管线的开口之上，防止线路开口处的真空产生涡流或漩涡效应（意味着系统可能正在吸入空气）。大多数移动式储液器位于泵的上方，这就形成了一个溢流进入泵入口的条件，降低了泵受到气蚀的可能性；可用空间未被填满往往会导致金属部件腐蚀。大多数储液器设有通风口，当油位上升或下降时，通风口允许空气离开或进入油上方的空间，使油上方保持恒压。

3.12　液压系统设计

液压系统中的每个组件必须兼容并构成系统的一个组成部分。例如，在泵的入口上的过滤器尺寸不合适会造成气穴并损坏泵。系统中的每个部件具有最大额定速度、转矩或压力，超出规范加载会增加系统出现故障的可能性。

所有线路都必须有适当的尺寸，且不存在过多的转弯。尺寸不足或转弯过多的线路会导致管路本身的压降过大。某些部件必须安装在相对于其他部件或线路的特定位置上。例如，直列式泵的壳体必须充满流体以便提供润滑。

应为系统设计正确的运行压力。正确的运行压力是指使系统功能充分发挥，但又不超过部件和机器的最大额定压力。用压力表设置和检查压力。

3.13　液压流体

液压系统中的油液的最重要的功能是传递能量，但是运动部件也必须进行润滑以减小摩擦力和随之产生的热量。此外，油液必须将灰尘颗粒和摩擦热带离系统，并防止腐蚀。对油液的要求包括：

1）具有良好的润滑性能。

2）具有良好的耐磨性能。

3）具有合适的黏度。

4）具有良好的缓蚀性。

5）具有良好的抗曝气性能。

6）可靠的气液分离。

7）可靠的油水分离。

使用的流体包括矿物油、水、磷酸酯、水基乙二醇化合物和硅酮流体。三种最常见的液压流体类型是石油基流体、合成耐火流体和水基耐火流体。

1. 石油基流体

最常用的液压油是石油基流体。这些流体含有多种添加剂，可以保护流体免受氧化（抗氧化剂），保护系统金属免受腐蚀（防腐剂），减小流体泡沫倾向（泡沫抑制剂），改善流体的黏度。

2. 合成耐火流体

石油基流体具有液压流体所要求的大部分性能。但它们在正常条件下是易燃的，遇到高温、高压和明火时可能会发生爆炸。非易燃的合成耐火流体已被开发用于存在火灾风险的液压系统中。

3. 水基耐火流体

使用最广泛的水基耐火流体可分为水-乙二醇混合物和水-合成基混合物。水-乙二醇混合物含有多种添加剂，可防止氧化、腐蚀和生物生长，并增强承载能力。水-合成基混合物的耐火性取决于水产生的水蒸气的闷熄作用。水基流体中的水在系统运行时不断流失。因此，经常检查以保持水的正确比例是很重要的。

练 习

1）给出流体动力的定义。

2）流体动力元件有哪些？简要讨论流体动力元件。

3）流体动力与液压和气动的区别是什么？

4）讨论自动化系统的基本要素。

5）流体动力的优点和缺点是什么？

6）区分液压系统与气动系统。

7）气动能量的哪些特性使它适用于工程应用？

8）液压装置与气动装置相比有什么优势？

9）讨论液压装置在自动化中的应用。

10）比较液压系统与气动系统的不同点。

11）绘制液压系统示意图，并说明其组成部分。

12）绘制气动系统示意图，并说明其组成部分。

13）列举液压装置和气动装置的应用。

14）讨论液压系统中使用的各种流体。

15）液压系统中产生压降的原因是什么？

第4章

泵和压缩机

4.1 概述

流体动力系统的关键部件是动力源。在气动系统中，动力源是空气压缩机，而在液压系统中，动力源是泵，通常由电动机或内燃机驱动，大多数系统使用储存设备来提高工作效率。在液压系统中，储存装置是蓄能器；在气动系统中，储存装置是储气罐。流体动力发生器为将电动机或发动机的机械能转换成流体势能的装置。

泵是液压系统的核心，是一种在入口处产生吸力并在出口处产生高压以使液体在压力的作用下流动或将液体从较低位置升高到较高位置的机械装置。泵普遍应用于工厂中，与油和水有关的系统都使用泵，泵采用适当的流速和压力向泵下游的部件供应流体，起着至关重要的作用。对于特定应用，泵的种类和类型选择受系统要求、系统布局、流体特性、预期寿命、能源成本、规范要求和结构材料的影响。

压缩机是一种在低压处下吸入气体并在高压处排出气体的装置。每个空气压缩系统都从压缩机开始，压缩机是所有下游设备和流程的连续气流源。空气压缩机的主要参数是储气罐容积和压力，压力影响做功的速度。

4.2 泵与压缩机的对比

压缩机和泵的作用都是提高流体的压力。它们之间的主要区别在于即使系统上没有负载，由压缩机输送的流体，如空气也在其输送时被压缩并受到压力。用于压缩空气的大多数设备与液压泵在概念上，甚至在硬件上非常相似，选择时考虑的因素也是类似的。唯一的实质性差异是为大多数液压系统提供动力的单个泵实际上是系统的一部分，而通常为大多数气动系统提供动力的单个压缩机基本上是工厂中的公共设施，如水或电力服务。液压泵将高压流体输送到泵出口，由机械能源设备提供动力对流体进行加压。液压泵由加压流体输入动力并向外输出转矩时，可以旋转作为马达工作。

4.3 正排量装置与非正排量装置的对比

正排量装置也称为静液压装置，是在泵元件的每个旋转周期移动（输送）相同量流体的装置。由于泵元件和泵壳之间高精度配合，可以在每个循环期间持续输送。正排量装置使用一种通过减小腔室的容积来迫使密封腔室中流体流出的机制，这会增加液体的压力。正排量装置可以是固定排量或可变排量装置。固定正排量装置的输出在每个泵送循环期间和给定的泵速下保持恒定。可变正排量装置的输出可以通过改变排油腔的几何形状来改变。通常，这些装置应用于低容量和高升力的情况。

非正排量装置是通过旋转叶片或叶轮的动态作用压缩流体的装置，叶片或叶轮赋予流体速度和压力，这些装置也称为旋转动力装置或流体动力装置。

4.4　泵的分类

所有泵都可分为正排量泵和非正排量泵。液压系统中使用的大多数泵都是正排量泵。图 4-1 所示为泵的分类。

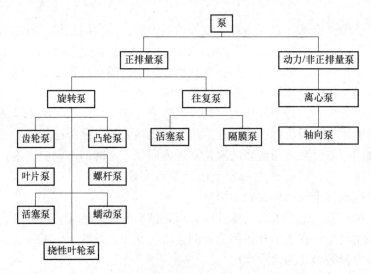

图 4-1　泵的分类

4.5　正排量泵

"排量"一词指的是泵在一次旋转中可以吸入或排出的流体体积。正排量泵的泵送元件每旋转一圈就排出一定量的流体，这是通过将流体截留在泵送元件和固定壳体之间来实现的。泵送元件设计包括齿轮、凸角、旋转活塞、叶片和螺钉设计。正排量泵广泛应用于化学处理、液体输送、船舶、制药及食品、乳制品和饮料加工等行业。正排量泵适用于需要增加更高扬程的情况。由于正排量泵具有相对紧凑的设计、高黏度性能、可连续流动而不受压差限制，以及具有处理高压差的能力，它们具有多功能性和普及性。正排量泵可以分为：

1）旋转泵。

2）往复泵。

3）计量泵。

4.6　旋转泵

旋转泵以做圆周运动的形式运行，并且泵轴每旋转一圈就排出一定量的液体。旋转泵的原理通过泵送元件（如齿轮、叶片、螺钉）移动使容积扩大以允许液体进入泵，扩大的容积是泵几何形状的一部分，然后泵送元件移动使容积减小，迫使液体流出泵。旋转泵的流量是平稳且连续的，不会受到压差的影响。旋转泵具有非常紧密的内部结构，从而最大限度地减少从泵排出侧到泵吸入侧的液体逆流量，因此旋转泵的效率很高。这种泵能在各种黏度的液体条件下很好地工作，尤其是高黏度下，它们几乎可以处理包括黏性液体在内的任何不含硬质和磨蚀性固体的液体。下面列出了一些重要的旋转泵设计：

1）齿轮泵。

2）凸轮泵。

3）叶片泵。

4）蠕动泵。

5）螺杆泵。

6）活塞泵。

7）挠性叶轮泵。

1. 齿轮泵

齿轮泵的工作原理是当一对齿轮由外部装置驱动时，会形成部分真空，流体进入泵中，然后通过齿轮的啮合由出口排出。齿轮泵是用于液压流体动力的最常见的泵之一。齿轮泵是固定排量的，即每次旋转都泵送恒定体积的流体。齿轮泵可在恶劣的环境中运行，特别是在具有大量碎屑和极高温度的情况下，如钢铁厂、铸造厂和矿山。齿轮泵有两种类型：

1）外啮合齿轮泵。

2）内啮合齿轮泵。

外啮合齿轮泵使用两个外部直齿轮，内啮合齿轮泵使用一个外部直齿轮和一个内部直齿轮。

（1）外啮合齿轮泵　典型的外啮合齿轮泵如图 4-2 所示。这种泵配有直齿轮、螺旋齿轮或人字形齿轮。直齿轮最容易切割，是应用最广泛的。螺旋齿轮和人字形齿轮运行时噪声更小，但成本更高。

外啮合齿轮泵在泵送作用方面类似于内啮合齿轮泵，都是由两个齿轮进出啮合来产生流动。齿轮泵由壳体和一对啮合齿轮组成。外啮合齿轮泵使用两个彼此相对旋转的相同齿轮，一个齿轮由被称为主动齿轮，由电动机驱动，它带动另一个被称为从动齿轮的齿轮。每个齿轮由具有轴承的轴支撑，轴承位于齿轮的两侧。

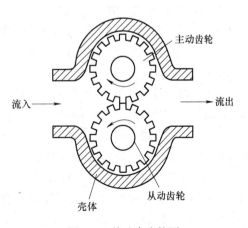

图 4-2　外啮合齿轮泵

图4-3所示为外啮合齿轮泵的工作过程，齿轮泵通过在泵入口处产生部分真空来工作。当齿轮转动时，泵入口处会产生局部真空，如图4-3a所示，允许大气压力将油从储罐推入泵中。油被带入空腔中并在齿轮旋转时被轮齿捕获，如图4-3b所示。最后，齿轮的啮合迫使油在压力下通过出口，如图4-3c所示。

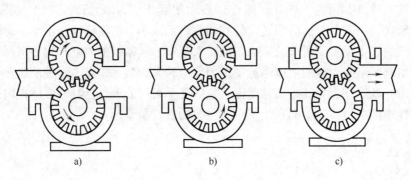

图4-3 外啮合齿轮泵的工作过程

外啮合齿轮泵的优点：

1）速度快。

2）压力高。

3）没有悬臂轴承负载。

4）运行相对安静。

5）适用于各种材料。

外啮合齿轮泵的缺点：

1）不允许使用固体。

2）固定端有间隙。

外啮合齿轮泵的应用：

1）各种燃油和润滑油。

2）化学添加剂和聚合物计量。

3）化学混合和搅拌（双泵）。

4）工业和移动液压应用（原木分离器、升降机等）。

5）酸和腐蚀剂（不锈钢或复合结构）。

6）低容量传输或应用。

（2）内啮合齿轮泵 内啮合齿轮泵的工作原理类似于外啮合齿轮泵，图4-4所示为内啮合齿轮泵。图中内齿轮啮合到较大齿轮的内侧，这与两个齿轮在外表面啮合的外啮合齿轮不同。在内轮齿和外轮齿之间形成泵室，齿轮啮合时迫使油从泵出口流出。新月形密封将入口和出口分开，防止液体从出口回流。

因为内外齿轮啮合，内齿轮可以通过轴的旋转带动外齿轮旋转。除了新月形密封之外，泵室中的所有物体都旋转，从而导致液体在通过新月形密封时被"捕捉"在齿轮空间内。流体被从入口运送到排放口，齿轮啮合将流体推出泵。当流体被从泵的入口侧带走时，压力减小，又有流体从供应源流入。分隔内齿轮和外齿轮的新月形密封的尺寸决定了该泵的输送容积。新月形较小的月牙与较大的月牙相比，每转可以通过更多的流体。

内啮合齿轮泵的优点：

1）只有两个活动部件。

2）适用于高黏度液体。

3）无论压力条件如何，都能恒定均匀地排出流体。

4）在任意方向都运行良好。

5）易于维护。

6）灵活的设计有利于个性化使用。

内啮合齿轮泵的缺点：

1）通常需要适中的速度。

2）中压限制。

3）泵送的产品中运行一个轴承。

4）轴承上有悬臂负载。

5）制造和维护成本高。

常见的内啮合齿轮泵应用包括但不限于：

1）各种燃油和润滑油。

2）树脂和聚合物。

3）醇类和溶剂。

4）沥青和焦油。

5）玉米糖浆、巧克力和花生酱等食品。

6）油漆、油墨和颜料。

7）肥皂和表面活性剂。

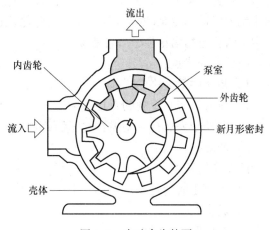

图 4-4　内啮合齿轮泵

盖劳特泵是最常见的内啮合齿轮泵之一（图 4-5）。它由外齿轮和内齿轮组成。内齿轮与传动轴连接，齿数比外齿轮少一个。在旋转期间，内齿轮的每个齿与外齿轮持续接触。由于有额外的齿，外齿轮旋转缓慢。旋转齿之间的空间在每圈的前半部分增加，从而吸入流体。在每圈后半部分，由于空间减小，使流体通过出口流出。

2. 凸轮泵

凸轮泵在运行中类似于外啮合齿轮泵，即流体围绕壳体的内部流动，它的齿轮驱动方式与外啮合齿轮泵不同。在齿轮泵中，一个齿轮驱动另一个齿轮；在凸轮泵中，两个转子都通过泵壳室外部合适的驱动齿轮驱动。齿轮由具有两个或三个凸角形齿的叶轮代替，这些齿比普通齿轮泵的齿更宽、更圆，因此排量更大。与外啮合齿轮泵不同，凸轮泵齿轮元件或凸轮不接触。图 4-6 所示为带有两个叶轮的三叶泵。叶片的数量决定泵输出的脉动量，叶片数量越多，泵的排放就越恒定。

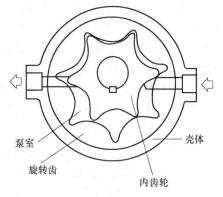

图 4-5　盖劳特泵

当转子开始旋转时，叶片旋转形成膨胀腔，在入口处产生真空，从而将流体抽吸到泵室中。流体围绕壳体内部在叶片和壳体之间的腔内流动，但不会在叶片之间流动。最后，在凸轮转子啮合产生的压力的作用下，流体以平稳连续的流动方式被压出泵的排出口。叶片式叶轮比齿轮泵中的齿轮更容易更换，并且不易磨损。

凸轮泵的优点：

1）传递中等大小的固体。

2）没有金属与金属的直接接触。

3）长期干燥运行（对密封件进行润滑）。

4）非脉动排出。

凸轮泵的缺点：

1）需要正时齿轮。

2）成本高。

3）需要两个密封件。

4）使用稀薄液体时升力降低。

凸轮泵的应用：

常见的旋转凸轮泵的应用包括但不限于：

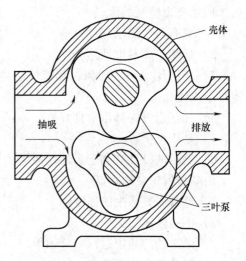

图 4-6　带有两个叶轮的凸轮泵

1）聚合物。

2）纸张涂层。

3）肥皂和表面活性剂。

4）油漆和染料。

5）橡胶和黏合剂。

6）制药。

7）食品行业。

凸轮泵在上述不同的行业中应用广泛，因为其具有良好的卫生质量、高效率、高可靠性、耐腐蚀性和良好的现场清洁特性。

3. 叶片泵

旋转叶片泵是正排量泵，由安装在转子上的叶片组成，转子在腔内旋转。叶片泵有多种叶片结构，包括滑动叶片（左）、挠性叶片、摆动叶片、滚动叶片和外部叶片。每种类型的叶片泵都具有独特的优势。例如，外部叶片泵可以处理大的固体；挠性叶片泵虽然只能处理小固体，但能产生良好的真空；滑动叶片泵可以在短时间内保持干燥并处理少量蒸气。

滑动叶片泵的工作方式与齿轮泵和凸轮泵截然不同。最简单的叶片泵是由一个在较大的圆形凸轮环内旋转的圆形转子组成（图 4-7）的。这两个圆形的中心不重合，从而导致偏心。叶片安装在转子槽中，转子安装在驱动轴上，在原动机的驱动下在凸轮环内旋转。被迫离开转子槽的叶片与壳体接触并随壳体的内表面运动。这是由于离心力将叶片推出槽内并将它们保持在适当位置以对凸轮环形成密封。从凸轮环表面最靠近转子的位置开始，泵室体积增加，因此产生了部分真空，使油从储存器被推进入口。当流体穿过转子中心线时，随着凸轮环使叶片进入其槽，泵室逐渐变小，导致流体被迫离开泵出口。

叶片轮的优点：

1）结构简单。

2）效率高，成本低。

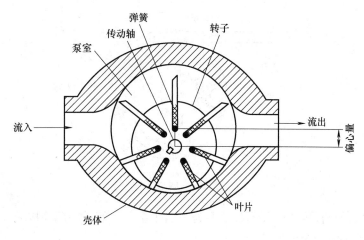

图4-7　叶片轮

3）可在相对较高的压力下处理稀薄液体。

4）有时首选溶剂和液化石油气（LPG）。

5）可以短时间干运转。

6）可形成良好的真空状态。

叶片轮的缺点：

1）外壳复杂，部件较多。

2）不适合高压。

3）不适合高黏度液体。

4）不适合用磨料。

叶片轮的应用：

1）气溶胶和推进剂。

2）航空服务：燃料输送、除冰。

3）汽车工业：燃料、润滑剂、制冷冷却剂。

4）LPG 和 NH_3 的批量输送。

5）LPG 气缸充气。

6）喷漆设备。

4. 蠕动泵

蠕动泵是一种用于泵送各种流体的正排量泵（图4-8），该类泵以电测管为主，流体在电测管内流动。柔性管穿过泵的固定壳体，带有滚轮的转子压在柔性管上移动。管在与滚筒接触的多个点处被压缩，这种挤压作用产生均匀的流体流动。随着每次旋转运动，流体在管内向前流动。为了使泵送过程顺利，管道需足够柔韧，能承受滚轮的挤压，直到完全关闭。由于泵送的流体与运动部件完全隔离，从而允许泵送腐蚀性物质。泵的流速与管的直径和驱动器的旋转速度直接相关。

蠕动泵的优点：

1）液压操作速度的变化可以满足所有工作需求。

2）能够以高容量泵送重型、纤维、厚重、磨蚀性的材料。

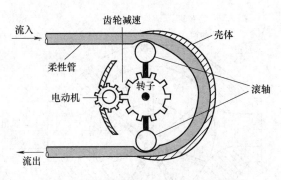

图 4-8　蠕动泵

3）泵的机械维护仅限于软管磨损。泵送材料不会与任何活动部件接触。

4）易于消毒和清洁泵的内表面。

5）更换软管快速简便。

6）可以在不损坏泵的情况下进行干运转。

7）维护成本低。

8）制造成本低，因为没有与流体接触的活动部件。

蠕动泵的应用：

一些常见的应用包括泵送腐蚀性化学品、高固体浆料和其他材料，产品与环境隔离，这一点至关重要。

5. 螺杆泵

螺杆泵是一种独特的旋转式正排量泵，流体在泵送元件中完全沿轴向流动。螺杆泵由固定壳体内旋转的螺旋螺杆组成。当螺杆在壳体内旋转时，在螺杆和壳体之间产生的空腔向泵的排出侧移动，该运动产生局部真空，将液体吸入泵中，排出端处的壳体形状使得空腔闭合。螺杆泵产生可忽略脉动的恒定的流量排放，它们的预期使用寿命非常长。螺杆泵的显著缺点是体积大、重量重，在农业中的应用仅限于食品加工和机床液压系统。螺杆泵可以是双螺杆或多螺杆类型。

（1）双螺杆泵　在双螺杆泵中，正时齿轮用于控制螺杆的相对运动。在具有两个以上螺杆的泵中，单个中心螺杆会导致相邻螺杆的互补旋转。双螺杆泵具有以下特点：

① 适用于所有类型的流体，包括低黏度或高黏度流体、化学中性或侵蚀性流体。

② 螺杆不接触，因此剪切速率低、乳化性低、摩擦小/转矩小。

③ 可靠性高，效率高。

④ 噪声小。

⑤ 自吸性高。

⑥ 低脉动。

⑦ 结构紧凑，节省空间。

⑧ 使用寿命长。

（2）多螺杆泵　在多螺杆泵中，流体在多个螺杆的作用下传递，这些螺杆相互啮合在壳体中，壳体具有与螺杆相匹配通道。多螺杆泵用于化学加工工业和石油工业的石油钻井平台，用于泵送燃油、润滑油、海水、油漆等。多螺杆泵具有以下特点：

1）输出平稳。

2）产生可忽略脉动的恒定的排放。

3）可处理各种黏度的流体。

4）泵是自吸式的，特别是当螺杆润湿时。

5）体积适中，机械效率高。

6）运行过程中噪声小。

7）可靠性高。

6. 活塞泵

旋转活塞泵可进行旋转运动而不是往复运动泵中的前后运动。旋转活塞泵有两种基本设计类型：

1）径向活塞泵。

2）轴向活塞泵。

在径向设计中，多个活塞和缸围绕转子轮毂径向布置，而在轴向设计中，它们位于相对于转子轴平行的位置。

活塞泵的运行效率高于齿轮泵和叶片泵，用于液压油或耐火液体的高压应用，并且广泛用于海上输电、农业、航空航天和建筑等行业的动力传输应用。

活塞泵的构造：该类泵由一个具有围绕公共中心线的多个对称布置的圆柱形活塞块组成。活塞在单独固定板或旋转板（轴向活塞泵）或偏心轴承环（径向活塞泵）的作用下往复运动。每个活塞通过一个特殊的阀门装置与入口和出口连接，这样当它从气缸中移出时，会吸入流体，当它移入气缸时，会将流体推出。

旋转活塞泵包括许多工作原理类似的变型，包括：

1）径向活塞泵。

2）斜盘式活塞泵。

3）摆盘式泵。

4）弯轴活塞泵。

（1）径向活塞泵 图 4-9 所示为径向活塞泵最简单的设计。它由一个旋转圆筒构成，该圆筒包含围绕圆筒中心线以相等间隔布置的径向活塞。弹簧将活塞推向安装在气缸偏心处的固定环的内表面。活塞在前半转时吸入流体，在后半转驱动流体流出。固定环偏心量越大，活塞行程越长，输送的流体越多。

（2）斜盘式活塞泵 图 4-10 所示的斜盘式活塞泵具有一个旋转缸，该旋转缸包含围绕缸中心线径向布置的平行活塞。弹簧将活塞推向位于气缸一端的固定旋转斜盘，该旋转斜盘与气缸成一定角度。活塞在前半转期间吸入流体，在后半转期间驱动流体流出。旋转斜盘相对于气缸中心线的角度越大，活塞行程越长，输出的流体越多。

（3）摆盘式泵 摆盘式泵包括固定的活塞块，该活塞块包括围绕活塞块中心径向布置的多个平行活塞（至少五个）（图 4-11）。每个活塞的末端通过弹簧压在旋转的摆动板上。摆盘围绕其中心线具有不同的厚度，因此，当其旋转时，它使活塞以固定的行程往复运动。活塞在前半转期间从空腔吸入流体，在后半转期间将流体从泵的后部排出，流体流量用各活塞的单向阀来控制。

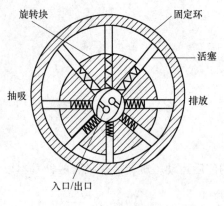

图 4-9　径向活塞泵

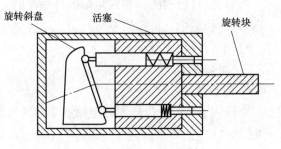

图 4-10　斜盘式活塞泵

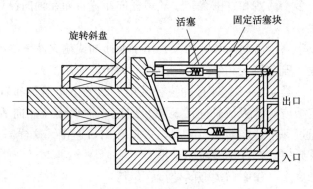

图 4-11　摆盘式泵

（4）弯轴活塞泵　活塞泵的另一种设计是弯轴活塞泵（图4-12），它由一个与驱动轴成一定角度偏移的气缸体构成，活塞杆通过球形接头连接到轴法兰上。气缸体用花键连接到轴上，该轴通过万向连接杆与驱动轴连接。该连接杆可确保驱动轴和气缸体正确对齐并同步旋转。当驱动轴旋转时，由于气缸体和轴法兰之间的距离发生变化，活塞被迫进出镗孔。由于活塞的往复运动，流体在大气压力作用下从入口进入并从出口排出。

7. 挠性叶轮泵

挠性叶轮泵（图4-13）由偏心地放置在壳体中的柔性叶片叶轮组成。叶轮叶片在通过吸入口时展开，产生部分真空，使液体流入泵中。随着转子移动，叶片由于转子的偏心放置而弯曲，从而对液体具有挤压作用并增加压力。

挠性叶轮泵广泛应用于大多数行业，具有以下特性：

1）价格低廉，设计简单。

2）易于选择、服务和使用。

3）具有极佳的自吸能力，可取代空气和气体或充气产品。

4）运行顺畅。

5）输送硬质/软质固体不会损坏泵或产品。

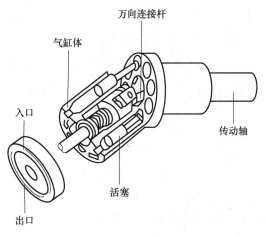

图 4-12　弯轴活塞泵

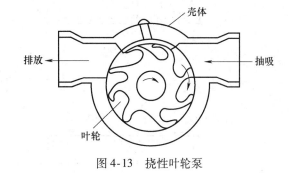

图 4-13　挠性叶轮泵

4.7　往复泵

术语"往复运动"定义为来回运动。在往复泵中，活塞在气缸内的往复运动促使流体流动。往复泵与旋转泵相同以正排量原理运行，即每个行程都向系统输送一定体积的流体。往复泵通常效率很高，适用于低流量、高扬程。

往复泵的类型有：

1）活塞泵/柱塞泵。

2）隔膜泵。

上述分类是基于将能量传递给流体的往复元件的类型。这些类型的泵是通过使用往复式活塞或隔膜进行工作的。液体由入口阀进入泵室，并在活塞或隔膜的作用下在出口阀被推出。往复泵工作效率高，适用于低流量、高扬程，并且能够以恒定的速度处理变化的压力。

1. 活塞泵/柱塞泵

活塞泵/柱塞泵是一种使用活塞或柱塞来使流体流过圆柱形腔室的往复泵。在活塞泵中，连接到机械连杆的活塞将驱动轮的旋转运动转换成活塞的往复运动。

单作用活塞泵如图 4-14 所示。如图 4-14a 所示，在吸入行程期间，液体通过入口阀进入气缸。如图 4-14b 所示，在压缩行程期间，液体由出口阀推入排放管路。该动作类似于汽车发动机气缸中活塞的动作。

因为在吸入行程中没有流动，流量在每个压缩行程中从零到最大值再变回零，所以简单活塞泵的流量不是恒定的。如图 4-15 所示，使用双作用活塞泵可以减少流量脉动，其中活塞两侧的容积用于泵送液体。在这种情况下，每个吸入行程都伴随泵相对侧的压缩行程，因此两个行程都泵送液体。

活塞泵的特性：

1）可产生高压。

2）流速恒定，与排放压力无关。

3）可干运转。

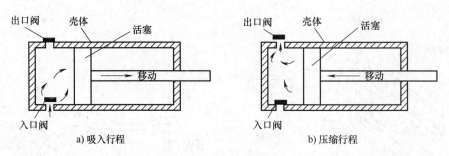

a) 吸入行程   b) 压缩行程

图 4-14 单作用活塞泵

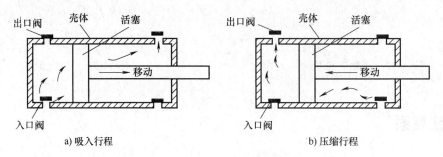

a) 吸入行程   b) 压缩行程

图 4-15 双作用活塞泵

4）使用寿命长。

5）体积大、重量大。

2. 隔膜泵

隔膜泵是常见的利用正排量原理来输送液体的工业泵，有时也称为薄膜泵。隔膜泵通常包括单个隔膜和腔室，以及防止回流的吸入和排出单向阀。活塞或者连接到隔膜上，或者用于迫使液压油驱动隔膜。隔膜泵的工作原理与活塞泵类似。通过流体或机械驱动将脉动运动传递到隔膜，然后通过隔膜传递到泵送的液体，该泵的示意图如图 4-16 所示。

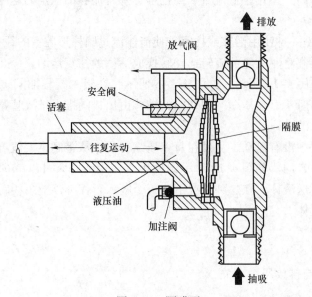

图 4-16 隔膜泵

隔膜泵的特性：

1）泵送的液体与泵的大部分工作部件不接触。因此，隔膜泵适用于泵送腐蚀性液体。

2）隔膜泵可以长时间运行而不会损坏。

3）大多数隔膜泵在运行时都可以调节校准。

4）隔膜泵可靠性高。

5）隔膜泵可以处理磨料，如酸性物品、化学品、混凝土、冷却剂、易燃或腐蚀性材料和废水。

6）隔膜泵的缺点包括扬程和容量范围有限，以及吸入和排出喷嘴必须配置单向阀。

7）隔膜泵应用于航空航天、国防、农业或园艺、汽车、酿酒或蒸馏、建筑、低温应用、乳品或防洪应用、医疗应用、制药和生物技术应用；发电、纸浆和造纸工业。

4.8　计量泵

计量泵用于以可调节的流速泵送液体，在一段时间内，流量的平均值是精确的。以精确可调节的流速输送流体称为计量。计量泵的术语是基于应用的，而不是所使用泵的确切类型，计量泵也可称为比例泵或可控排量泵。

计量泵可以是隔膜泵或活塞泵/柱塞泵，适用于清洁使用，因为脏液很容易堵塞阀门和喷嘴连接。活塞/柱塞型计量泵如图 4-17 所示。许多计量泵是由活塞驱动的。活塞泵是一种可按实际恒定流量设计的正排量泵。在活塞驱动的计量泵中，有一个活塞/柱塞，可以进出泵头内相应形状的腔室，进口管道和出口管道连接到活塞室。泵头上有两个单向阀，一个在入口处，另一个在出口处。入口单向阀允许流体从进口管流到活塞腔，但不允许反向流动。出口单向阀允许流体从活塞腔流向出口管道，但不能反向流动。电机反复地将活塞移入和移出活塞腔，从而导致活塞腔的体积不断地变小和变大。当活塞移出时，就会产生真空，腔室内的低压使液体通过入口单向阀进入并充满腔室内，但出口处的高压力会导致出口单向阀关闭；当活塞移入时，它就会给腔室内的液体加压，腔室内的高压使入口单向阀关闭，迫使出口单向阀打开，使液体从出口处排出。

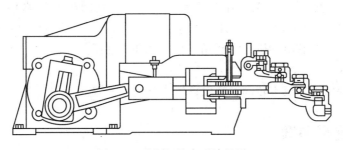

图 4-17　活塞/柱塞型计量泵

4.9　动力/非正排量泵

液动或非正排量泵是一种低压大容量泵。这些泵的工作原理是在扩散流道中形成高速液体并将速度转换成压力来运行。动力泵的效率通常低于正排量泵，但维护要求也较低。动力泵的体积很大，能以较高的速度和流体流速运行。动力泵可分为：

1）离心泵

2）轴向泵

4.10 离心泵

离心泵与旋转泵的不同之处在于它们依靠动能而不是机械装置来输送流体。离心泵是一种使用旋转叶轮来增加流体速度的旋转动力泵。流体在旋转叶轮的中心进入泵，并在移动到叶轮外径时获得能量，流体从旋转叶轮获得的能量使流体从泵中排出。通常，泵壳的蜗壳形状（体积增加）或扩散器叶片（用于减缓流体速度，将动能转化为流动功）负责能量转换。能量转换导致泵下游侧的压力增加，从而使流体流动。离心泵可以输送大量的液体，但是效率和流量随着压力和/或黏度的增加而迅速降低。

离心泵有多种类型，每种离心泵都有两个相同的特性；每种离心都有一个使泵入的液体进行旋转运动的叶轮，每个叶轮都有一个将液体引导至叶轮的壳体。当叶轮旋转时，液体离开叶轮，液体以比它进入时更高的速度和压力离开。在液体离开泵之前，存在速度到压力的转换，这种转换发生在泵壳中。离心泵如图4-18所示。

离心泵可分为三大类：

（1）径流类　压力完全通过离心力产生的离心泵。

（2）混合流类　压力部分通过离心力产生，部分由叶轮的叶片对液体的提升产生的离心泵。

（3）轴流类　压力是由叶轮的叶片对液体的推进或提升作用所产生的离心泵。

离心泵的优点：

离心泵的主要优点是流过泵的流体流动平滑、出口管道的压力均匀、运行速度快、能够直接连接到汽轮机和电动机，广泛用于化工厂和炼油厂。

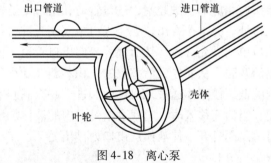

图4-18　离心泵

离心泵的缺点：

离心泵的主要缺点是成本较高，在较高压力下流量受限。

4.11 泵的选择参数

在一个给定的应用中选择合适的泵取决于许多因素。这些因素包括：

1）成本。

2）压力脉动与噪声。

3）抽吸性能。

4）污染物敏感性。

5）速度。

6）重量。

7）固定排量或可变排量。

8）最大压力和流量或功率。

9）流体类型。

4.12　正排量泵与非正排量泵的比较

正排量泵与非正排量泵的比较见表4-1。

表4-1　正排量泵与非正排量泵的比较

参　　　数	离心泵	往复泵	旋转泵
最佳流量和压力应用	中、大容量，低、中压力	低容量，高压力	低、中容量，低、中压力
最大流速	>6300L/s	>630L/s	>630L/s
低速能力	有	无	无
最大压力	>400bar	>6500bar	>270bar
是否需要安全阀	否	是	是
平滑或脉动流动	平滑	脉动	平滑
可变或恒定流量	可变	恒定	可变
自吸	否	是	是
空间考虑因素	需要较小的空间	需要较大的空间	需要较小的空间
成本	初始成本较低，维护成本较低，功率较高	初始成本较高，维护成本较高，功率较低	初始成本较低，维护成本较低，功率较低
流体处理	应用广泛，包括清洁、透明、非磨蚀性流体，以及具有磨蚀性、高固体含量的流体。不适用于高黏度流体。对夹带气体的耐受性较低	适用于清洁、透明、无磨蚀性的液体。特殊安装的泵适用于磨料浆。适用于高黏度流体。对夹带气体的耐受性较高	由于公差很小，需要清洁、透明、无磨蚀性的流体。对于高黏度流体具有最佳性能。对夹带气体的耐受性较高

4.13　空气压缩机

每个压缩空气系统都从压缩机开始，压缩机是所有设备和流程的气流来源。空气压缩机用于提高一定体积空气的压力。它是多用途的机械工具，用一个或多个活塞将压缩空气泵送到限定的空间。空气压缩机定义为在大气压力下吸入空气并在较高压力下输送空气的部件。

1. 压缩空气

压缩空气广泛地应用于整个工业，被认为是最有用和最清洁的工业用品之一。它使用简单，但生产复杂且成本高。压缩空气是在大于大气压力的情况下压缩和容纳的空气。这个过程需要一定质量的空气，并占用一定的空间，将其缩小到较小的空间。在这个空间中，空气质量越大，压力就越大。压缩空气被用于许多不同的生产操作中。

2. 压缩空气的用途

压缩空气几乎应用于每一个行业，如汽车、建筑、大学、医院、采矿、农业、食品和饮料、消费品、医药、电子产品等。具体应用如下：

1）对于维修工作，工厂可以使用气动钻头、螺钉旋具和扳手。

2）可以使用喷漆系统进行喷漆。

3）自动喷水系统由气压控制，空气压力阻止水进入管道，直到热量破坏密封并释放压力。

4）在生产线上使用气动工具。

5）用于铸造厂清洗大型铸件，以及其他行业中清除焊接氧化皮、锈蚀和油漆。

6）在汽车、飞机、火车、机车、船舶修理厂、造船、其他重型机械和其他行业中，使用压缩空气，有效地进行研磨、刷线、抛光、砂光和喷丸等工作。

4.14 空气压缩机的类型

空气压缩机有两种类型：

1）容积式空气压缩机。

2）非容积式/动力空气压缩机。

在容积式类型中，一定量的空气或气体被截留在压缩室中，它所占的体积被机械地减小，从而在排放前相应地升高压力。在恒定速度下，空气流量随着排出压力的变化而基本保持恒定。

动力空气压缩机通过高速旋转的叶轮将速度能量传递给连续流动的空气或气体。叶轮和排气蜗壳或扩散器将动能转化为压力能。

空气压缩机可进一步分为几个压缩机类型，如图4-19所示。

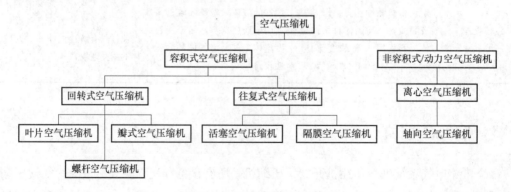

图4-19　空气压缩机的分类

空气压缩机的作用是从大气中吸入空气，并产生高压空气。

4.15　容积式空气压缩机

容积式空气压缩机通过机械方式减小容积并增加空气压力。其可分为：
1）回转式空气压缩机。
2）往复式空气压缩机。

4.16　回转式空气压缩机

回转式空气压缩机属于容积式空气压缩机。回转式空气压缩机具有能够连续无脉动排放的转子，它们具有运转速度高、制造成本低、体积小、重量轻、易于维护的特点。这些装置基本上是油冷却的（带有空气冷却或水冷却的油冷却器），其中油还用于密封内部间隙，因为冷却发生在压缩机内部，所以工作部件不会经历极端的工作温度。回转式空气压缩机分为三大类：
1）螺杆空气压缩机。
2）瓣式空气压缩机。
3）叶片空气压缩机。

1. 螺杆空气压缩机

回转式螺杆空气压缩机属于容积式压缩机。压缩过程是通过两个螺旋切割而成的转子的轮齿啮合来实现的。其中一个转子被切割成凸形轮廓，而另一个转子被切割成凹形轮廓。这两个转子反向旋转。回转式螺杆空气压缩机可以是单螺杆或双螺杆的。

单螺杆空气压缩机（图4-20）使用单个主螺杆转子与两个具有匹配齿的闸转子啮合。主螺杆由原动机驱动，一般将电动机作为原动机。

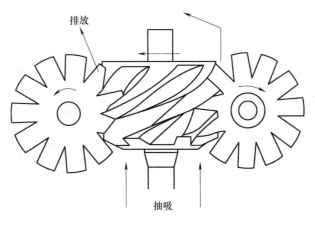

图 4-20　单螺杆空气压缩机

双螺杆空气压缩机（图 4-21）由两个相互啮合的螺杆或转子组成，它们将气体截留在转子和压缩机壳体之间。电机驱动凸转子，凸转子又驱动凹转子，两个转子都装在一个设有进气口和出气口的壳体中。空气由入口被吸入转子之间的空隙中。当转子运动时，在进入啮合的转子的作用下，被捕获空气的体积不断减小和压缩。

空气压缩机可分为干式和湿式（油浸式）螺杆类型。在干式螺杆空气压缩机中，转子在没有润滑剂（或冷却剂）的定子内部运行。压缩的热量被排放到压缩机外，限制热量增加为单级操作。在油浸式螺杆空气压缩机中，润滑剂被注入空气中，空气被困在定子内部。此时，润滑剂用于冷却、密封和润滑。在分离器中，将空气从压缩的气体-润滑剂混合物中分离出来。

回转式螺杆空气压缩机由于设计简单、磨损部件少而易于维护、操作方便、安装灵活。其优点包括输出平稳、无脉动的空气输出、体积小、输出量大、使用寿命长。

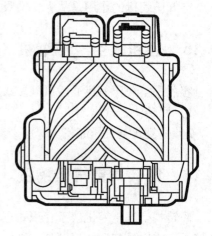

图 4-21　双螺杆空气压缩机

2. 瓣式空气压缩机

图 4-22 所示为瓣式空气压缩机。在此压缩机中，转子之间不接触并且存在一定量的滑动。滑动随输出压力的增加而增大。其工作原理类似于回转式螺杆空气压缩机，但在瓣式空气压缩机中，相互配合的叶片通常不需要润滑。当叶轮旋转时，气体在叶轮和压缩机壳体之间，叶片旋转给气体加压，然后排出气体。使用加压润滑系统或油槽对轴承和正时齿轮进行润滑。

3. 叶片空气压缩机

叶片空气压缩机如图 4-23 所示。叶片空气压缩机由一个偏置在较大的圆形或其他复杂形状机壳内的转子组成。转子在其长度方向上有槽，每个槽包含一个叶片。在压缩机运行时，在离心力的作用下叶片被向外抛出，由于转子与机壳偏心布置，叶片不停地进出。叶片掠过气缸时，将一侧的空气吸进去，将另一侧的空气排出。

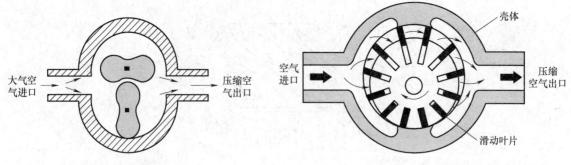

图 4-22　瓣式空气压缩机　　　　　　图 4-23　叶片空气压缩机

4.17　往复式空气压缩机

往复式空气压缩机是第一种现代空气压缩机。往复式空气压缩机是由曲轴驱动活塞的正排量机械装置。这意味着它们会连续吸收空气，将空气封闭在空间中，并将这种空气的压力升高。往复式空气压缩机使用气缸内的活塞作为压缩和排放元件来实现这一目的。当活塞处于向下行程时，空气由进气阀从大气中吸入气缸。在向上行程期间，活塞压缩空气，使其通过排放控制阀离开压缩机。此过程可在单作用和双作用结构下实现。往复式空气压缩机在仅用活塞一侧完成压缩时称为单作用，使用活塞两侧同时工作的压缩机称为双作用。往复式空气压缩机有两种类型：

1）活塞空气压缩机。

2）隔膜空气压缩机。

往复式空气压缩机的优点：

1）适合小型应用。

2）价格低，操作简单。

3）工作压力范围广。

往复式空气压缩机的缺点：

1）有噪声。

2）维护问题。

3）无油空气装置价格高。

4.18　活塞空气压缩机

活塞空气压缩机有两种类型：

1）单级活塞空气压缩机。

2）双级活塞空气压缩机。

1. 单级活塞空气压缩机

单级往复空气压缩机有一个活塞，活塞在吸气行程中向下运动，使气缸内的空气膨胀，如图 4-24 所示。膨胀的空气使气缸内的压力下降。当压力低于入口阀另一侧的压力时，阀打开并允许空气进入，直到压力在入口阀两侧相等。活塞停止下降，开始上升，压缩行程开始。活塞向上运动并压缩气缸内的空气，从而使入口阀上的压力平衡并使入口阀复位。活塞在向上行程中继续压缩空气，直到气缸压力增大到足以克服阀弹簧压力打开排气阀。一旦排气阀打开，气缸内的压缩空气就会排出，直到活塞完成该行程。

2. 双级活塞空气压缩机

为了避免温度过高，多级空气压缩机配有中间冷却器。这些热交换器从气体中散去压缩热并将其温度降低到压缩机进气口附近的温度。这样的冷却使进入高压缸的气体体积减小，压缩所需的功率下降，并使温度保持在安全的操作范围内。

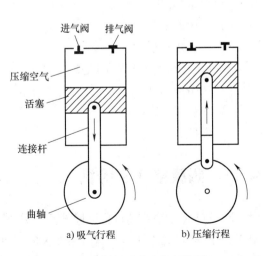

图 4-24　单级活塞空气压缩机

多级空气压缩机可以产生比单级空气压缩机更高的压力，最常见的类型是双级或双作用活塞空气压缩机（图4-25），这种类型的往复式空气压缩机采用双作用活塞（压缩发生在活塞的两侧）、活塞杆、十字头、连杆和曲轴。双作用空气压缩机可用于单缸和多缸、单级和多级配置。大多数双作用空气压缩机都可用水冷或风冷散热，双作用空气压缩机的润滑是用正压油泵完成的。润滑和保护压缩机所需的油通过油泵循环到气缸和曲轴轴承上。在某些应用中，这些机器的排气温度通常可能超过300℃。总体而言，往复式空气压缩机比其他类型空气压缩机运行温度更高。

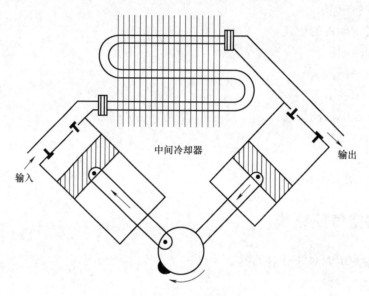

图4-25　双级活塞空气压缩机

第一级气缸的压缩空气在通过中间冷却器后，进入第二级气缸时温度大幅度降低，与单级装置相比提高了效率。

双级活塞空气压缩机的优点：

1）效率高。

2）使用寿命长。

3）具有现场适用性。

双级活塞空气压缩机的缺点：

1）初始成本高。

2）安装成本高。

3）维护成本高。

4.19　隔膜空气压缩机

隔膜空气压缩机（也称为膜式空气压缩机）是传统往复式空气压缩机的一种变型，如图4-26所示。气体的压缩是由柔性膜的运动而不是进气元件引起的，膜的前后运动由杆和曲轴机构驱动。只有膜和压缩机箱才能接触到压缩气体。隔膜空气压缩机用于氢气和压缩天然气（CNG），以及其他一些应用中。

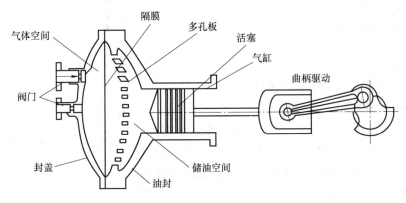

图 4-26　隔膜空气压缩机

隔膜弯曲所需的油压是由往复活塞曲柄驱动装置产生的。在压缩行程中，活塞将油从气缸中推入隔膜头，使油流过多孔板到达隔膜的背面，使隔膜弯曲到凹形隔膜头的封盖表面。活塞向后移动时将隔膜拉向凹形多孔板的表面。因此隔膜的振荡频率对应于压缩机转速。

4.20　动力空气压缩机

这种压缩机通过传递速度、能量并将其转化为压力能来提高空气或气体的压力。首先，快速旋转叶轮（类似于风扇）加速空气流动；然后，快速流动的空气通过扩散器部分，扩散器部分将空气引入蜗壳而将速度头转换成压力。动力空气压缩机包括离心式和轴向式，这些类型的压缩机广泛应用于化学和石油炼制工业中，用于特定的服务，也可应用于钢铁工业等其他行业。与容积式空气压缩机相比，动力空气压缩机的尺寸小得多，振动也小得多。

1. 离心/轴向空气压缩机

离心空气压缩机的原理与前述压缩机类型相同，但离心空气压缩机以一种完全不同的方式运行。往复式和螺杆空气压缩机通过将空气从大体积压缩成较小的体积来压缩空气，而离心空气压缩机通过提高空气的速度来增加压力，因此离心空气压缩机称为动力压缩机。

离心空气压缩机通过旋转的叶轮传递速度，并将其转化为压力，从而提高空气压力。离心空气压缩机的每个压缩阶段都包括一个旋转的叶轮和一个固定的入口和出口部分。空气进入叶轮的中心孔，如图 4-27 中 D 所示。当叶轮旋转时，空气被抛向压缩机的壳体。随着越来越多的空气被叶轮叶片抛向壳体，空气继续被压缩。空气沿着图 4-27 中所示的路径 A、B和 C 推进。当沿着这个路径推进时，空气的压力增加。

离心空气压缩机通过转换旋转叶轮传递的角动量（动态位移）产生高压流量。为了有效地实现这一点，离心空气压缩机的转速比其他类型的压缩机高。因为流过压缩机的流量是连续的，这些类型的压缩机也被设计成更大的容量。与其他类型的压缩机相比，轴向空气压缩机主要用于需要低扬程的场合。

离心空气压缩机的优点：

1）空气品质高。

2）效率适中。

3）使用寿命更长。

离心空气压缩机的缺点：

1）初始成本较高。

2）必须水冷。

3）气流对环境条件的变化很敏感。

2. 轴流空气压缩机

轴流空气压缩机本质上是一种大容量、高速压缩机，其特点与离心空气压缩机有很大区别。轴流空气压缩机主要用作燃气轮机的压缩机。轴流空气压缩机的部件由旋转元件构成，该旋转元件由一个单独的滚筒构成，滚筒上有几排具有翼型截面且高度降低的叶片。各旋转叶

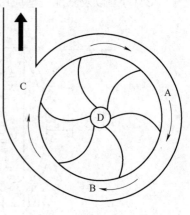

图 4-27　离心空气压缩机

片之间是一个固定的叶片排。所有叶片的角度和面积都是为设定的性能和高效率而精确设计的。轴流空气压缩机的效率高于离心空气压缩机。轴流空气压缩机的运行与叶片转速和转子中流体的旋转有关。固定叶片（定子）用于扩散流动，并将转子中速度的增加转换为压力的增加。一个转子和一个定子构成了压缩机的一级。

4.21　各类压缩机的比较

各类压缩机的比较见表4-2。

表 4-2　各类压缩机的比较

类　　型	往复式	回转叶片式	回转螺杆式	离心式
满负荷时效率	高	较高	高	高
部分负荷时效率	加载阶段高	低于满负荷的60%时低	低于满负荷的60%时低	低于满负荷的60%时低
无负荷的效率（负荷占满负荷的百分比）	高（10%~25%）	中（30%~40%）	低（25%~60%）	较高（20%~30%）
噪声水平	有噪声	无噪声	封住后无噪声	无噪声
尺寸大小	庞大	紧凑型	紧凑型	紧凑型
含油量	适中	较低	低	低
振动	频率高	几乎不	几乎不	几乎不
维修	易磨损零件多	易磨损零件少	易磨损零件很少	对空气中的粉尘敏感
容量	小—大	小—中	小—大	中—大
压力	中—极高	低—中	中—高	中—高

4.22　压缩机的选择

在选择压缩机时考虑以下参数：

1）压力范围（PSI）。

2）流速。

3）接收器大小（加仑）。

4）动力供应（可以是电的或机械的）。

5）安装尺寸。

6）级数（限往复式压缩机）。

练 习

1）对各种类型的泵、压缩机进行分类。

2）简述固定排量泵和可变排量泵的区别。

3）列出至少四点正排量装置和非正排量装置之间的差异。

4）列举旋转泵的类型。

5）列举齿轮泵和叶片泵的特点。

6）说出两种基本类型的旋转泵。

7）结合绘图说明叶片泵是如何工作的。

8）画出可变容量轴向柱塞泵的结构示意图，标注其部件，并说明其工作原理，给出这种设备的标准图形符号。

9）简述螺杆空气压缩机与瓣式空气压缩机的区别。

10）结合图形区分外啮合齿轮泵和内啮合齿轮泵。

11）结合图形说明蠕动泵的结构和工作原理。

12）比较不同类型的压缩机。

13）讨论压缩机的结构。

14）往复式空气压缩机如何分类？

15）双作用空气压缩机有哪些性能？

16）什么是动力压缩机？

17）改变泵流量的方法有哪些？借助草图说明。

18）列出用于选择各种泵和压缩机的各种参数。

19）确定压缩机的尺寸时要考虑哪些因素？

20）说出压缩空气的五种应用。

21）说出螺杆泵的定义，并说明其工作原理、类型和特点。

22）绘制带有中间冷却器的两级压缩机的截面图。

23）绘制任意一种空气压缩机的示意图。

第 5 章

流 体 配 件

5.1 概述

流体配件分为如下两类：

1）气动配件。

2）液压配件。

下面将分别介绍这两类配件。

5.2 气动配件

1. 储气罐

储气罐是一种用于储存压缩空气的容器，适用于所有的压缩空气系统。使用不合理或结构有问题的储气罐是非常危险的，该容器应安装有安全阀、压力表、排水管和便于检查或清洁内部的检查盖。储气罐有如下多种重要用途：

1）消除来自排放管路的脉冲。

2）从空气中去除水分及可能存在的油滴和固体颗粒，这些杂质可能混杂于压缩机或后冷却器。

3）降低再生后的露点和温度峰值。

4）提供额外的存储容量，以补偿压缩空气使用量的急剧增加。

5）最大限度地减少电力费用，降低能源成本。

储气罐有两种类型：

1）湿式储气罐。

2）干式储气罐。

（1）湿式储气罐　湿式储气罐可以提供额外的存储容量并能降低空气湿度。湿式储气罐的表面积很大，可作为自由冷却器以除去水分。由于系统中的水分在此处得以减少，过滤器和干燥器的负荷也会降低。

（2）干式储气罐　在突然需要大量空气的情况下，干式储气罐应具有足够的容量，以使系统空气压降达到最小。如果此时压降不能达到最小，空气干燥器和过滤器将不再在其原始设计的参数范围内运行，其性能将会降低。

2. 后冷却器

当空气被吸入压缩机时，漂浮在空气中的所有的水分和污垢也会被吸入压缩机。一旦进入压缩机内，空气、水分和污垢都会被压缩，压缩过程中空气分子在更小的空间内频繁地碰撞从而产生热量。压缩空气系统并不需要热量和水分，因此可以用后冷却器和空气干燥器来冷却空气并去除水分。

压缩空气从压缩机排出后进入后冷却器，后冷却器是在空气从压缩机排出后立即将其冷却至环境温度 5～20°F 范围内的一种热交换器。后冷却器包含一系列管道和翼片，利用环境空气来冷凝压缩空气中的水分，也能用来冷却空气，冷凝水经排水阀从后冷却器中排出，用这种方法可以去除约 80% 的水分。但是，压缩空气中剩余 20% 的水分仍未达到工艺标准，剩余水分中的大部分会由空气干燥器或成套空气干燥器除去。

几乎所有的工业系统都需要后冷却过程。在某些系统中，后冷却器是压缩机组的一个组成部分，而在其他系统中，后冷却器是一个独立的设备，有的系统中后冷却器同时具有这两种属性。后冷却器应尽可能靠近压缩机的排气口。压缩空气后冷却器的功能如下：

1）通过热交换器将冷空气从空气压缩机中排出。

2）降低火灾风险（热压缩空气管道可能成为火源）。

3）降低压缩空气的湿度。

4）增加系统容量。

5）防止下游设备过热。

后冷却器可分为如下两种典型类型：

1）风冷后冷却器。

2）水冷后冷却器。

（1）风冷后冷却器 风冷后冷却器（图 5-1）使用环境空气来冷却热压缩空气。压缩空气流经后冷却器的翼片管或波纹铝板，同时温度较低的环境空气由风扇驱动强制穿过冷却器，带走压缩空气的热量。

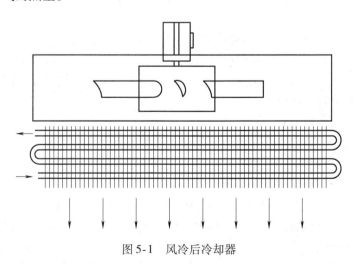

图 5-1 风冷后冷却器

（2）水冷后冷却器 如图 5-2 所示，水冷后冷却器由外壳和内部管道组成。通常，压缩空气沿一个方向流过管道，而水在壳体侧沿相反方向流动，该过程将压缩空气中的热量转移到水中，冷却压缩空气时有水蒸气形成，水分通过水分分离器和排水阀去除，同时使用调节阀来保持恒定的温度并减少用水量。水冷后冷却器的缺点是用水量高和热回收困难，优点是传热更好且不需要电力驱动。

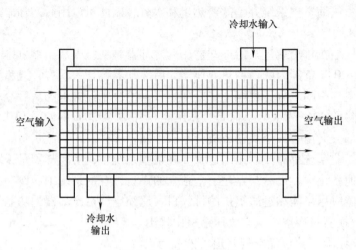

图 5-2　水冷后冷却器

3. 空气干燥器

高压空气中含有水蒸气，水蒸气形式的水对大多数组件几乎没有损害，但是如果水蒸气在系统中凝结，将会对系统各个部件造成很大的损害。因此需要用干燥器对压缩空气进行干燥。压缩空气干燥器可降低压缩空气中水蒸气、液态水、烃及烃蒸气的浓度。

压缩空气中的水分危害巨大，水会以以下方式破坏压缩空气系统：

1）侵蚀。水雾侵蚀管道、阀门和其他系统组件。

2）腐蚀。水雾与系统内的盐和酸结合并形成高浓度腐蚀性溶液。

3）微生物污染。水为细菌和霉菌提供生长条件，产生酸性废物并可能会对健康构成威胁。

4）冻结。水可以在压缩空气管路中冻结，从而导致系统关闭。

压缩空气中的水分造成的后果包括降低生产率、增加维护和运营成本。干燥压缩空气可以保护系统的管道和工艺设备，也可以防止生产率降低。大多数气动设备需要确保合适的工作压力、干燥度和最高工作温度。

常见的空气干燥器类型有：

1）冷却式空气干燥器。

2）除湿式空气干燥器。

3）潮解式空气干燥器。

（1）冷却式空气干燥器　冷却式空气干燥器是最经济的干燥器，可将空气冷却至 35～50°F，将水分冷凝、以机械方式分离并排出，再加热空气，该过程使用机械制冷系统来冷却压缩空气并冷凝水和烃蒸气。进入干燥器的饱和潮湿空气由流出预冷器/再热器中的冷空气预冷，在空气-制冷剂热交换器中进一步冷却。分离器从气流中除去凝结的水滴、油滴和固体颗粒，并从排水阀中排出，然后不含液态水的压缩空气在预冷器/再热器中再次加热并排入压缩空气系统。

（2）除湿式空气干燥器　除湿式空气干燥器（图5-3）利用做成小球状的化学干燥剂来吸收压缩空气中的水蒸气。常用的干燥剂有硅胶、活性氧化铝和分子筛等（硅胶或活性氧化铝是压缩空气干燥器的首选干燥剂）。干燥剂通过吸收空气表面的水分并将水保持为单分子膜或双分子膜来干燥空气。再生法是去除干燥剂中吸收的水分的方法，是各种干燥剂类型中的主要区别特征。大多数再生性除湿式空气干燥器是双室系统，一个工作室用于干燥压缩空气，而另一个工作室用于干燥剂再生。干燥剂的再生方法主要有三种：利用空气再生、使用内部或外部加热器再生或使用热泵再生。

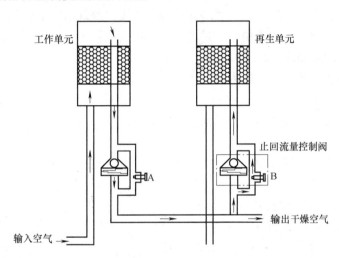

图5-3　除湿式空气干燥器

（3）潮解式空气干燥器　潮解式空气干燥器（图5-4）是简单的大型压力容器，其中装满了对水有亲和力的化学物质，常用的化学物质有盐、尿素和氯化钙。当压缩空气流经容器时，盐溶解在水蒸气中并滴落到水箱的底部然后排出，干燥后的空气由出口排出，温度未发生变化。

这是购买价格和维护价格最低的干燥器，因为其没有机械运动部件，并且不需要动力，但是需要定期补充盐。另外需要注意的是，腐蚀性盐溶液会导致排水管堵塞。

4. 空气过滤器

在任何系统中，杂质都不可避免地进入空气流通管道。管道结垢、锈蚀、潮湿，压缩机油，管道混合物和污垢等污染物，可能会损坏阀门部件和下游设备的其他紧密耦合部件。在压缩空气系统中，硬质颗粒会损害设备和管道，对系统造成损害。压缩空气系统中的颗粒能造成以下损害：

1）堵塞灵敏气动仪表的插孔。

2）磨损密封部件。

3）侵蚀系统组件。

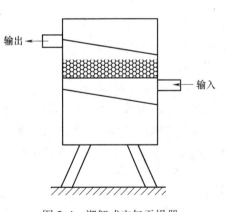

图5-4　潮解式空气干燥器

4）降低空气干燥器的容量。

5）污染传热部件表面。

6）降低气动效率。

7）损坏生产成品。

压缩空气污染物在空气系统内聚集形成污泥，堵塞管道和阀门。过滤器能清除所有异物，并保持干净的干燥空气自由流动。清洁、干燥的空气可保护空气系统，降低维护成本并提高成品率。过滤器应该安装在所有工作设备的上游线路中，使其成为压缩空气的必经之路，以避免其他设备受到损坏。过滤器的容量应足够大以处理所需的空气流量，为了确定满足特定功能过滤器的尺寸，首先应确定过滤器可能产生的最大允许压降。

（1）气动过滤器的结构和工作原理　气动过滤器的结构与其主要部件如图 5-5 所示，空气从入口进入后被引导至过滤器内部。由于没有其他路径，压缩空气必须流经过滤元件。在该过程中，空气与过滤器的元件接触，去除空气中的所有杂质后，压缩空气通过出口排出。若空气中的水分被过滤器堵塞，只需打开手动排放塞即可排出水分。

（2）空气过滤器的类型

1）通用过滤器。通用过滤器可去除压缩空气系统中的有害凝结水、管垢、污垢和锈蚀，这可以防止对压缩空气的设备和成品造成腐蚀性损坏。通常，通用过滤器除了安装在调节器的上游以防止阀门故障外，还可用作除油和凝聚过滤器的预过滤器，以确保在喷漆、精密仪器制造和制药等应用中保证高效率和长寿命。

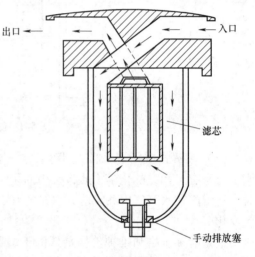

图 5-5　气动过滤器

2）压缩机进气过滤器。压缩机的第一道防线是进气过滤器，它可减少大部分污染物，保护压缩机免受灰尘和固体颗粒污染。

3）粗凝聚式过滤器。粗凝聚式过滤器在压缩空气进入凝聚式过滤器之前将大多数的水和油滴从压缩空气流中分离出来，此外，粗凝聚式过滤器也可去除大颗粒固体。

4）凝聚式过滤器。凝聚式过滤器的功能与通用过滤器不同，空气通过凝聚介质从内部流向外部。凝聚按字面意思理解为"聚在一起"，是一个连续过程，气溶胶与过滤介质中的纤维接触，然后与其他聚集的气溶胶结合在一起，并在介质的下游表面形成液滴，然后由于重力滴落下来。为了获得最佳性能和效率，在凝聚式过滤器之前应设有一个通用过滤器。

5）蒸气过滤器（活性炭过滤器）。蒸气过滤器可从气流中去除有机物，也就是从空气系统中去除有异味的有机物。一般来说，工业应用的蒸气过滤器可以从空气系统中去除碳氢化合物和其他有机化学物蒸气。由于气流不断流经活性炭，其有效性会逐渐降低，因此每隔几个月需要更换一次蒸气过滤器。

5. 压力调节器

气动设备需要在一定压力下才能正常工作，尽管实际上大多数设备的工作压力会高于设定值。过大的力、转矩和磨损会缩短设备的使用寿命并造成压缩空气浪费。调节器将在其出口提供恒定的气压流量，从而确定下游设备的最佳运行操作和寿命。空气管道调节器是一种专用的控制阀，可将上游供应压力等级降至指定的恒定下游压力等级，其大小由下游流量和压力要求决定。

　　压力调节器如图 5-6 所示，它利用压力差工作。有两个相反的力，使出口处保持恒定的出口压力。弹簧力施加向下压力，流体压力作用于隔板的下侧，产生向上的压力。

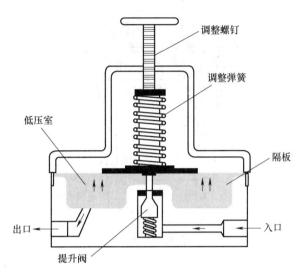

图 5-6　压力调节器

　　允许压力不稳定的空气进入入口。通过对连接弹簧的隔板和提升阀组件施加压力，空气得以进入宽敞的腔室。根据出口处需要的压力大小，可以借助调节螺钉来调节弹簧的弹力。如果腔室内的压力已经很高，进入的空气必须克服弹簧的弹力，对提升阀和隔板施加更大的压力。另一方面，如果腔室内的压力小于弹簧弹力，来自入口的空气能够自由而迅速地进入腔室并提供调节弹簧所需的压力。在气动系统中增加一个压力调节器是非常重要的，原因如下：

　　1）无论流量或上游压力如何变化，调节器均能使系统以恒定压力供应空气。

　　2）最大限度地减少浪费的压缩空气量，实现更经济地运行（当系统在高于工作需要的压力下运行时，会产生这种情况）。

　　3）通过在压力降低时操作执行器帮助提高安全性。

　　4）延长部件寿命，因为在高于推荐压力的情况下运行会增大磨损率并缩短设备寿命。

　　5）在需要时产生易于控制的可变气压。

　　6）提高工作效率。

6. 空气润滑器

　　大多数气动系统部件和气动工具都需要润滑油才能正常运行并延长使用寿命，润滑油过少会导致过度磨损和过早失效，润滑油过多会造成浪费并可能造成污染，特别是当随着空气排出时。气动设备可以使用空气管道润滑器进行润滑。经过过滤和调压的空气进入空气润滑器，与气雾中的油相混合，然后进入运行系统。

　　空气润滑器的工作基于文丘里效应原理，如图 5-7 所示。来自压缩机、过滤器和压力调节器的压缩空气进入空气润滑器的入口。这种高压空气必须通过汇聚和分流通道。当从汇聚部分通过时，压头减小且速度头增加。当空气到达喷嘴的中间部位时，速度变得非常高，这是由于在吸入管中产生了吸力头，润滑油被吸起并混合到高速通过的空气中。

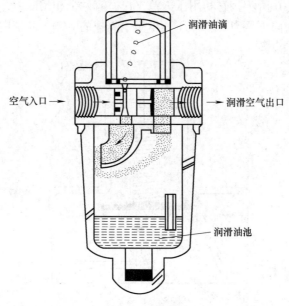

图 5-7　空气润滑器

7. 空气维护单元（FRL）

FRL 代表过滤器、调节器和润滑器，三者可以联合使用，确保为特定的气动系统提供最佳的压缩空气，如图 5-8 所示。它们形成一个单元，可在压缩空气输送到气动设备或机器之前使压缩空气达到合适工况。这确保了供应空气的清洁干燥，压力处于合适的水平，并且在空气中携带着细小的润滑油粒以润滑阀门、气缸和工具之间的易损件。

8. 管道线路设计

压缩机管道线路系统的作用是将压缩空气输送到使用位置。压缩空气需要有足够的体积、适当的质量和压力，以便为使用压缩空气的部件提供动力。压缩空气成本高，设计不佳的压缩空气系统会增加能源成本、造成设备故障、降低生产效率并增加维护要求。人们通常认为任何用于改进压缩空气管道系统的额外成本都将产生回报。如果没有一体式后冷却器，压缩机的排出管道可能会有非常高的温度，所以安装在该处的管道必须能够经受高温，高温还会导致管道的热膨胀并增加管道的应力。

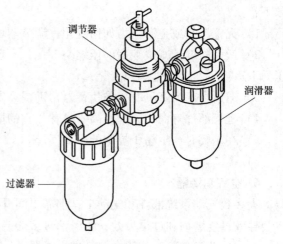

图 5-8　空气维护单元（FRL）

系统的布局也会影响压缩空气系统。非常有效的压缩空气管道系统设计是允许气流沿两个方向流向使用位置的回路设计,这种设计可以将整个管道的长度缩短一半从而减小压降。多数情况下,还常常使用平衡管道作为另外一个空气来源。回路设计的另一个好处是可以降低通过压缩空气管道系统的气流速度。在有大容量需求的情况下,还可以安装辅助接收器,以降低速度,减小管壁摩擦力,从而减小压降。接收器应放置在靠近远端或不经常大量使用长配送线路的位置,因为对空气的需求量很大在多数情况下都是很短暂的,靠近这些位置可以避免气流量过大。

工业中一种压缩空气管道的布局如图 5-9 所示,该布局中压缩空气几乎用于所有的操作中(从气动钻孔机或空气锤等各种工具到各种特殊用途的自动机械)。

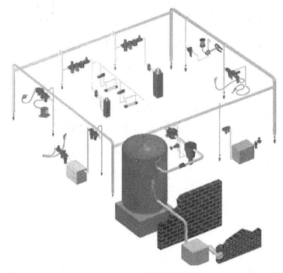

图 5-9　空气管道布局

(1)冷凝水控制　安装压缩空气管道系统时必须考虑冷凝水控制。集液包是压缩空气管道系统下面管道的延伸部分,用于收集管道中的冷凝水,应安装在系统的所有低位点。在集液包的末端,应该安装一个排水阀,最好采用自动排水。

为了消除机油、冷凝水或冷却水(如果水冷后冷器泄漏),应在后冷器之前的排放管道中安装一个低位点排水管。将后冷却器和水分分离器连接在一起时,务必将后冷却器出口连接到分离器入口。如果它们连接错误,则会导致冷却和分离效果很差。控制冷凝的另一种方法是将顶层空气管线的所有分支相连接,从而防止冷凝水进入分支连接处,使冷凝水能够继续移动到系统中的低位点。

(2)压降　压降是压缩空气系统中的一个关键因素,是由于流动的压缩空气与管道内侧及构成完整压缩空气管道系统的阀门、三通、弯头和其他部件之间的摩擦造成的。压降会受到管道尺寸、管道类型、阀门数量和类型、联轴器和系统弯头的影响。每个集管或主管道应配备尽可能靠近应用点的出口,从而避免气流通过软管时出现显著压降,并可以缩短软管的使用长度。为避免气流携带冷凝水分进入工具,出口不应设置在管道顶部。较大的管道尺寸、较短的管道和软管长度、光滑的壁管、长半径弯曲三通和长半径弯头都有助于减小压缩空气管道系统内的压降。

压降可以用达西方程给出,其数学表达式为

$$\Delta p = \lambda \frac{L}{D} \frac{\rho v^2}{2}$$

式中，Δp 为由摩擦产生的压力损失；λ 为层流或湍流系数；$\frac{L}{D}$ 为管道长度与直径之比；ρ 为流体密度；v 为流体速度。

（3）管道材料　压缩空气系统中常用的管道材料包括铜、铝、不锈钢和碳钢，而对于 2in（1in = 2.54cm）或者更小的压缩空气管道多用铜、铝或不锈钢。管道和配件通常采用螺纹连接，4in 或更大的管道系统使用碳钢或不锈钢管道及法兰等配件。塑料管道可用于压缩空气系统，但是许多塑料材料与压缩机润滑油不兼容，因此必须谨慎使用。紫外线（太阳光）也可能会降低某些塑料材料的使用寿命，因此必须按制造商的说明书安装。

因为压降损失更小，并且系统扩展性良好，特大型的压缩空气管道系统的效果往往更好，可以收回投资成本。使用无油压缩机的压缩空气管路系统应采用耐腐蚀的管道，否则无润滑系统会被暖空气中的湿气腐蚀，污染产品并影响系统。

9. 密封件

密封件是一种环形部件，用于阻止或限制流体从装置中泄漏。不同类型的密封件应用于持续运动的设备中，如液压和气动系统中的旋转轴或往复轴、液压缸。

（1）密封件的分类　密封件基于如下几点分类：设计要求、使用密封件的介质、使用的材料、形状。

1）基于设计要求。

① 静态密封件。静态密封件放置在表面之间，不可移动。必须施加某种形式的压力使表面挤压在一起，并迫使密封材料进入表面的小凹陷中。静态密封件包括：

a. 垫圈。垫圈由薄片材料切割而成，置于结合表面之间，然后用螺钉或螺栓将它们挤压在一起。所用的材料包括纸、铜、黄铜、橡胶等。常应用于管道法兰和泵或电机的流体端口法兰之间。

b. 密封环。密封环放置在结合表面之间的凹槽中，在表面被结合在一起时受到挤压。密封环的截面通常为圆形，所以称为 O 形环，所用材料是天然橡胶或合成橡胶，常应用于法兰、气缸端盖和电机壳体。

② 滑动密封件。滑动密封件主要与液压缸一起使用，以防止液体从活塞杆周围溢出或从活塞的一侧流向另一侧。所有滑动密封件都是环形的，但存在许多不同的类型，可以是实心环，如 O 形环或矩形截面环。

③ 旋转密封件。在泵和电机上可使用旋转密封件，以防止流体通过轴和轴承之间的间隙泄漏出去。旋转密封件设计有一个压在轴上的弹簧凸缘，油泄漏到密封件后面的空间中会使凸缘部结合得更紧密，但应排空该空间以避免密封件在压力作用下爆裂。

2）基于使用密封件的介质。

① 液压密封件。

② 气动密封件。

3）基于使用的材料。密封件通常由橡胶或金属制成，也可以用皮革或毛毡制造。用于制造密封件的橡胶材料包括丁腈橡胶、硅橡胶、天然橡胶、丁基橡胶和苯乙烯丁二烯。此外，相当多的制造商还专门开发了一些独特材料。常见的密封材料有皮革、金属、聚合物、弹性体和塑料、石棉、尼龙等。

　　4）基于形状。不同几何形状或结构的密封件包括：

　　① O 形密封圈。

　　② 四环密封圈。

　　③ T 形密封圈。

　　④ V 形密封圈。

　　⑤ V 形杯环。

　　⑥ 帽圈。

　　（2）气动密封件

　　气动密封件可将工作流体（空气）控制在气动单元内并防止外部污染物进入。气缸和阀门的密封件能够承受的压力比液压密封件低，气动密封件的使用温度高于液压密封件。气动密封件实际上包括一类用于旋转运动或往复运动的密封件。气动密封件暴露于空气中，几乎不需要润滑，常用于气缸和阀门，通常不处于高压状态下。然而，气动密封件可能需要在高速运转环境下工作。杆型密封件、活塞型密封件、U 形杯、V 形杯和法兰盘密封件都可用于气动密封。与液压密封件相同，有时可以使用复合密封件作为气动密封件。旋转式应用只需一个气动密封件（单作用），因为旋转式应用仅沿轴向运动。然而，往复式应用需要两个气动密封件（双作用），每个方向一个。

5.3　液压配件

1. 液压液

　　液压液通常是指作为动力传递介质的液体，为液压系统选择正确的液压液非常重要。在液压系统中，液压液具有四个基本功能：

　　1）动力传输。液压液的主要用途是以机械方式将动力传输给整个液压动力系统。

　　2）润滑。液压液必须具有润滑特性和高品质防护性能，以保护液压系统组件免受摩擦和磨损、生锈、氧化、腐蚀和乳化。通常使用添加剂来提供这些防护性能。

　　3）密封。许多液压系统部件，如控制阀，在具有较小的缝隙且没有密封件的情况下运行，在这种情况下，液压液必须在阀口的低压侧和高压侧之间起到密封作用。泄漏量取决于相邻表面之间的空隙及流体黏度。

　　4）冷却。所用的循环液压液必须能够带走整个系统产生的热量。

　　（1）液压液的特性　　性能良好的液压液具有以下特性：

　　1）良好的润滑性。液压系统的各种部件包括很多彼此紧密接触并有相对移动的表面。良好的液压液必须能防止磨损，并能够分离和润滑这些表面。

　　2）稳定的黏度。黏度是随温度和压力变化的重要的流体性质。通常将黏度随温度变化很大的流体称为低黏度流体，而黏度随温度变化小的流体称为高黏度流体。

　　3）化学和物理稳定性。在使用期限内，流体的特性应保持不变。稳定性在许多方面本质上都是化学性质，因此流体暴露的温度是选择液压液的重要标准。

　　4）系统兼容性。液压液应不与液压设备中或其附近使用的材料反应。如果液压液以任何方式侵袭、破坏、溶解或改变液压系统的一部分，系统可能会失效并发生故障。

5）良好的散热性。压降、机械摩擦、流体摩擦、泄漏都会产生热量，液压液必须将产生的热量带走并能将其释放到大气或冷却器中。

6）闪点。液压液的闪点定义为液压液与任何热源接触时发生闪燃的温度。

7）防锈。湿气和氧气会导致系统中的含铁部件生锈，从而导致系统组件的磨损，并作为催化剂提高流体的氧化速率。含有防锈剂的液压液将最大限度地减少系统中的锈蚀。

8）抗乳化性。抗乳化性是液压液分离水的能力，液压液中过量的水会促使污染物集中在一起，从而导致阀门黏滞并加速磨损。

（2）液压液的类型　液压液是由多种化学物质制成的一大类液体，它们用于汽车自动变速器、制动器和动力转向系统，叉车，拖拉机，推土机，工业机械和飞机等领域。水是工业革命早期阶段使用的第一种液压液。液压系统中常见的液压液类型有：

1）石油基液压液。石油基润滑油是液压应用中最常用的液压液，不存在火灾危险，不会泄漏，温度波动不大，也不会对环境造成影响，但可能会污染其他产品。

2）防火液压液。在需要防火或避免污染环境的应用条件下，水基或水性液体具有明显的优势，这种液体由水-乙二醇和带有乳化剂、稳定剂与添加剂的油包水流体组成。

① 水-乙二醇。水-乙二醇液体中含有35%～60%的水，因此具有耐火性，加上无毒且可生物降解的乙烯、二乙烯或丙烯等乙二醇类防冻剂，以及聚乙二醇等增稠剂获得所需的黏度，这些液体还提供所有必要的添加剂，如抗磨损剂、起泡剂、防锈剂和防腐剂。

② 水-油乳液。这种液体具有如下两种类型：

a. 水包油。这些液体由分散在连续水相中非常小的油滴组成，具有低黏度和优异的耐火性，并且由于含有大量水分而具有良好的冷却能力，必须用添加剂以改善其固有的低润滑性来防止锈蚀。

b. 油包水。油包水液体的含水量约为40%，这些液体由分散在连续油相中非常小的水滴组成。油相提供优异的润滑性能，而其含水量保证了所需的耐火水平并增强了流体冷却能力，同时也可加入乳化剂以改善液体的稳定性，加入添加剂来尽量减缓生锈并根据需要改善润滑性能。这种液体适用于大多数密封件和液压系统常用的金属装置。

3）合成耐火液体。这些液体通常是由磷酸酯、氯化烃类和烃基流体组成的混合物。这些液体不含水或挥发性物质，能够在高温下稳定运行而不损失基本元素（与水基液体相反），此液体也适用于高压场合。

2. 储液箱

液压系统需要一定量的液体，当系统工作时这些液体必须不断地回收储存和重复使用。一定量的液压液储存在储液箱或储存器中，能够为液压系统提供所需的液压液。储液箱有如下作用：

（1）散热　液压液吸收液压系统产生的热量，而储液箱通过辐射和对流的方式散发和传递流体中热量。

（2）作为沉淀池　由于流体中的污染物沉降，储液箱可作为沉淀池。

（3）操作储备　储液箱应当能够储存整个系统的液压液与储备液，一起用于生产过程中，其容量应该是泵流量的2～3倍。

（4）附件安装　储液箱表面可用作安装平台来支撑泵、电机和其他系统组件，这样可以节省占地面积。

储液箱通常为矩形、圆柱形、T形或L形，由钢、不锈钢、铝或塑料制成。其容量各不相同，但需要足够大以适应流体的热膨胀和正常系统操作引起的液位变化。大型储液箱可进行冷却并减少再循环，一些储液箱包括固定的或可移动的挡板来引导流体流动并确保能进行适当的循环。

3. 液压过滤器

过滤器是液压系统中用于控制污染的组件，过滤器由多孔材料组成，能在系统流体中捕捉超过特定尺寸的污染物。液压过滤器有多种形状、尺寸、过滤等级和材料，可提供内置保护，最大限度地减少由污染引起的液压系统故障。有效的过滤有助于防止系统发生故障，并显著降低成本。过滤器适用于低压和高压液压应用，液压系统中使用的过滤器应定期进行常规的清洁和维护，其使用寿命主要取决于系统压力、污染程度和污染物的性质。

液压过滤器的结构和工作方式如下：

典型液压过滤器的结构及其重要部分如图 5-10 所示。它的工作原理与气动过滤器相同，从入口进入的液压液进入过滤器主体并仅能从过滤元件流出，从过滤元件中流出后，液压液中存在的所有杂质都被留在过滤元件中，在液压过滤器的出口处获得干净的液压液。液压过滤器在设计上能在气动情况下承受较高的压力，这也是它们被称为重型过滤器的原因。

（1）液压过滤器的类型　在液压系统中，有两种常用的过滤器，分别为：

1）表层过滤器。这类过滤器仅仅是简单的滤网，用于清洁通过孔隙的液压液，当液压液通过时，脏的无用颗粒被收集在滤网的顶部表面。

2）深层过滤器。这类厚壁的过滤元件能使液压液通过并截留无用杂质颗粒，因为这类过滤器需要捕获更细的物质，所以其容量远远高于表层过滤器。

液压过滤器又可分为：

1）全流量过滤器。在液压系统中，所有流体必须通过过滤器元件。因此液压液必须在其入口侧进入过滤器元件，并在完全穿过过滤器元件后从出口排出。在全流量过滤的情况下，过滤器的尺寸应设计成可适应所在回路中的液压液最大流量。

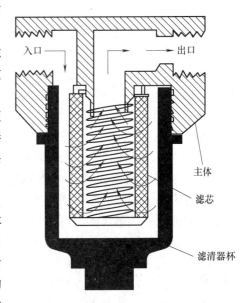

图 5-10　液压过滤器

2）旁通过滤器。有时不需要过滤全部液压液，因此只有一小部分液压液通过过滤元件，大部分直接通过限制通道而不经过滤。

（2）过滤器的位置　过滤器在液压系统中的位置非常重要，可以在不同的位置如回流管路或压力管路中布置过滤器。过滤器可以安装在泵的进口侧或泵的出口侧。通常，过滤器首选的安装位置分别为：

1）回流管路。防止缸和密封件中的污垢进入储液箱。

2）进气管路。将过滤器安装在泵前面，防止较大碎片等污染物随意进入泵内，从而防止损坏泵。

3）压力管路。有时在泵出口处安装压力过滤器以防止泵内产生的污染物进入阀门等其他部件，这有助于避免污染物进入整个系统以保护阀门、气瓶等。

4）终端控制过滤器。通过内置装置或附加的保护设计，将大碎片隔离在部件之外，从而保证部件不会发生故障。

（3）过滤材料和元件　过滤材料有机械型、非活性吸收型和活性吸收型。

1）机械型过滤器。包含紧密编织的金属网或盘，它们通常只能去除相当大的颗粒。

2）非活性吸收型过滤器。如棉花、木浆、纱线、布或树脂可去除更小的颗粒，其中一些可去除水和水溶性污染物。这些元件通常经过处理而具有黏性以截留液压液中的污染物。

3）活性吸收型过滤器。如木炭和漂白土（用于净化矿物油或植物油的黏土状极细颗粒），不建议将这类过滤器用于液压系统。

4. 压力表和流量计

液体动力系统中使用压力表来测量压力，以保持高效和安全的工作环境，压力以 PSI 为单位进行测量。流量测量可以用总量——加仑或立方英尺表示。

（1）压力表　简单的压力表如图 5-11 所示，仪表读数是通过系统内力的反作用力测得的流体压力。大气压力可以忽略不计，因为大气压力在一处的作用与在另一处的作用相等而相互抵消。

（2）流量计　流量测量取决于所测的液体量、流速和类型。所有流量计（液体计）都用于测量特定的液体，并且只适用于该种液体，每个仪表都需要经过测试和校准。

5. 液压蓄能器

蓄能器本质上是一种压力存储装置，不可压缩的液压流体受到外部压力而被滞留。就像储能电池一样，液压蓄能器将受压液体的潜在能量储存起来，以便将来转化做功。外部压力的来源可以是弹簧、重力势能或者压缩气体。蓄能器能够储存多余的能量并在需要时释放，是开发高效液压系统的有

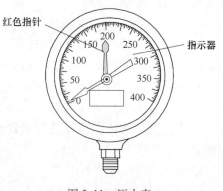

图 5-11　压力表

效工具。在某些回路设计中，蓄能器允许泵的电动机在较长时间内完全关闭，同时能向回路提供必要的流体。蓄能器能与液压系统配合使用，可用于大型液压机、农用机械、柴油发动机起动器、飞机上的断电装置及起重货车等。

（1）液压蓄能器的应用/功能　液压蓄能器在液压系统中的作用如下：

1）对大流量变化进行补偿。在液压装置运行期间，如果有大流量的供应要求，则可通过液压蓄能器满足这种要求。

2）消除压力波动。流体流量突然变化时，液压系统会产生压力波动。流动液体的高惯性会在管道中形成冲击波，造成锤击和振动。液压蓄能器能吸收能量并抑制这些波动，从而减小振动和冲击。

3）提供应急能源。存储在液压蓄能器中的流体能量有时足以在发生严重电气故障导致

泵停止的情况下提供应急能源。

（2）液压蓄能器的类型　液压系统中使用的液压蓄能器主要有三种类型：重负载式液压蓄能器、弹簧式液压蓄能器、充气式液压蓄能器。

1）重负载式液压蓄能器。重负载式液压蓄能器包含一个与液压系统相连的立式液压缸（图5-12）。液压缸由一个密闭活塞封闭，在活塞上放置一系列重物，对活塞施加向下的力，从而为液压缸中的流体提供能量。重物可以是铁、混凝土块、生铁或废铁等重型材料。流体压力取决于活塞上的力和活塞的大小，可以通过增加或移除活塞上的重物来改变。

2）弹簧式液压蓄能器。弹簧式液压蓄能器的工作原理与重负载式液压蓄能器相同（图5-13），由缸体、活动活塞和弹簧组成。弹簧对活塞施加压力，当流体被泵入时，蓄能器中的压力由弹簧的压缩率决定，弹簧弹力随着更多流体进入腔室而逐渐变大。

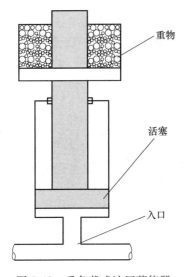

图 5-12　重负载式液压蓄能器

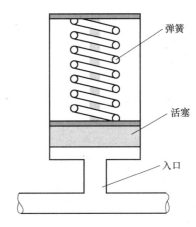

图 5-13　弹簧式液压蓄能器

这类弹簧式液压蓄能器的优点是比重负载式液压蓄能器价格低，而且易于安装，可直接安装在动力装置中。其缺点是弹力和最终的压力范围不容易调整，弹簧式液压蓄能器也不适用于需要大量流体的场合。

3）充气式液压蓄能器。充气式或压缩气体式液压蓄能器包含一个带有两个腔室的圆筒，这两个腔室由弹性隔膜或浮动活塞隔开，一个腔室容纳液压流体并连接到液压管路上，另一个含有为液压流体提供压力的加压惰性气体。使用惰性气体是因为氧气和液压液在高压下结合时会形成易爆混合物。随着压缩气体体积的改变，气体的压力和流体的压力会发生相反的变化。充气式液压蓄能器有两种类型：活塞式、气囊式。

① 活塞式。该类型包括一个外缸筒、端盖、活塞元件和密封系统。气缸保持流体压力并引导活塞，活塞分隔气体和流体，充气侧迫使活塞抵压流体端端盖。当系统压力超过蓄能器的最低工作压力水平时，活塞移动并压缩气缸中的气体。

② 气囊式。它由压力容器和包含气体的内部弹性气囊组成，气囊通过蓄能器顶部的气阀进行充气，而底部的提升阀可防止气囊与排出的流体一起喷出，提升阀使得流体不能超过最大体积流量。为起动并运行气囊式储能器，应根据操作条件将气囊充入氮气至规定的压

力。当系统压力超过蓄能器的预充压力时，提升阀打开，液压液进入蓄能器，气囊内气体体积在最小和最大工作压力之间的变化决定了可用的流体容量。

6. 增压器

增压器也称为助推器，可使用大量的低压流体来产生少量的高压流体。该装置有一个可自动往复运动的活塞，该活塞随着阀杆移动而使大活塞前后移动，大活塞受到低压泵输出力的作用。大活塞两端的小面积活塞迫使液体以高压状态进入系统。增压器有三种类型：空气对油、油对油和空气对空气。液压增压器可以产生高压并长时间保持高压状态，而不会消耗能量或产生热量，只在液压缸需要时才提供液体。因为增压器的所有液体都流向液压缸，所以没有安全阀损耗。通常，增压器只能在单缸应用中作为液压动力源。如果液压缸工作协同一致，增压器可以驱动多个液压缸。但是如要同时排列两个或多个液压缸，则需要额外的增压器。正确选择增压器应考虑以下三点：

（1）增压器尺寸 如果气缸在整个行程中需要高压液体，则需要增加单压增压器回路。如果每分钟的循环次数较少，并且不需要自动排放和填充，则应该使用双头增压器。快速循环则必须使用三头增压器。

（2）储油罐尺寸 升压回路中的空气-油储罐一般具有三个功能：

1）弥补油的泄漏。

2）作为压力源推动气缸伸缩。

3）为其夹带的空气提供出口。

当储油罐作为接收器时，其尺寸取决于系统泄漏的程度。储油罐也是夹带空气的出口。这种情况下，储油罐无须提供压力，主要用作接收器。

当用作压力源时，储油罐的体积必须略大于气缸的排气量，储油罐的容积应足以防止油位到达高位点的挡板。油位在低位时，下挡板不应暴露于空气压力中。

加压罐也必须作为吸入空气的一个出口。

（3）液压缸运动速度 如果需要液压缸快速运动，应调整液压缸的尺寸，使反作用力（做功所需的力）在计算压力下为可用液压缸力的 50%~60%，同时考虑高压和低压工作时的反作用力。

7. 管道系统

带有必要密封件的管道和配件构成了液体动力设备的循环系统。正确选择和安装这些组件是非常重要的，如果选择或安装不当，将导致严重的功率损失或者有害的液体污染。以下是循环系统的一些基本要求：

1）管线必须足够坚韧，以便在所需的工作压力下储存液体，并应对可能产生的压力波动。

2）管线必须足够坚韧以支撑安装其上的组件。

3）出于修理和更换目的而必须对零件进行拆卸的所有连接处必须设有终端配件。

4）管线支架必须能够抑制压力波动引起的冲击。

5）管线应具有光滑的内部以减少湍流。

6）管线尺寸必须正确，以承载要求的液体流量。

7）必须定期冲洗或吹扫使管线保持清洁。

8）必须消除污染物的来源。

如果没有适当的装置在储液器、动力源和终端设备之间输送流体，则不可能控制和使用流体动力。流体管线用于将流体输送到应用设备。

液体驱动系统中三种常见的生产管线分别是粗管、细管和软管，也称为刚性管线、半刚性管线和柔性管线。

（1）粗管　粗管可用螺纹连接，螺纹接头直径可达1.25in，压力可达1000PSI。当压力超过1000PSI，直径超过1.25in时，按公称内径（ID）尺寸规定焊接、法兰连接和套接焊接管道。对于任何给定的管道，无论壁厚如何，螺纹都是相同的。在大流量的液压系统中使用粗管是十分经济的，粗管特别适合长且位置固定的直线布置。

（2）细管　用于液压管线的两种细管为无缝管和电焊管，两者都适用于液压系统，无缝管与电焊管相比尺寸更大。无缝管呈喇叭形，配有螺纹压缩接头，管材易弯曲，因此需要较少的零件和配件。与一般管道不同，细管可以在现场进行切割、扩口和装配。一般来说，细管更整齐、制造和维护成本较低、流体限制更少，所以泄漏的可能性更小。

（3）软管　当液体驱动系统需具备灵活性时可使用软管。例如，工作中移动的单元与连接到设备铰接部分的单元或处于严重振动位置的单元之间的连接。软管通常用于将泵连接到系统。安装柔性软管时不应扭曲，否则会降低其动力，并可能导致配件松动。软管在安装上应尽量减少弯曲，两个配件之间的软管不应被拉紧。

管线应尽可能短，尽量避免弯曲。所有管线在安装上都应做到在不拆卸回路部件或不弯折、不折出坏角的情况下将其拆除。为了最大限度地减小振动或运动，应在线路上每隔一小段距离安设一个支架。

8. 配件和接头

配件用于连接流体动力系统的各个单元，包括循环系统的各个部分。流体动力系统有许多不同类型的接头，所使用接头的类型取决于循环系统的类型（粗管、细管或软管）、流体介质及系统的最大运行压力。下面介绍一些最常见的接头类型：

（1）螺纹接头　螺纹接头常用于一些低压液体动力系统，通常由钢、铜或黄铜制成，设计类型多种多样（图5-14）。接头的内表面为标准内螺纹。管道的末端用外螺纹进行螺纹连接。标准管螺纹略呈锥形，以确保连接紧密。

（2）扩口管接头　扩口管接头是循环系统中细管常用的接头。这些接头连接安全、牢固、可靠，无须螺纹连接、锻接或焊接管道。接头由配件、套管和螺母组成（图5-15）。

（3）软管接头　液压软管由内管组成，流体在内管内流动，与液压流体直接接触。制造软管所用的橡胶或其他合成材料需要能够适应液压流体，并且能够承受工作的温度范围而不丧失其化学和物理稳定性。根据流体的兼容性、耐磨性等因素，液压软管可以用各种材料制造，包括：

1）塑料。塑料材料包括尼龙、编织尼龙软管、聚氯乙烯、纺织编织软管、热塑性塑料、聚四氟乙烯、氯磺化聚乙烯（Hypalon）、乙丙橡胶（EPDM）、氯化聚乙烯等。

2）均质合成橡胶。该类别的软管材料包括丁腈橡胶、氯丁橡胶、天然橡胶、丁基橡胶等。

液压软管是系统中的重要元件，在制造过程中需要检查其可靠性和耐用性。在许多液压系统中，驱动装置必须与管线一起移动，这时合成橡胶适合作为液压软管的材料。液压系统中也使用塑料管路来输送流体。

a) 套筒　　　　　　b) 三通　　　　　　　　c) 弯头

d) 异径管　　e) 六角螺纹接头　　f) 减径衬套　　g) 异径螺纹接头

h) 90°弯头

图 5-14　螺纹接头

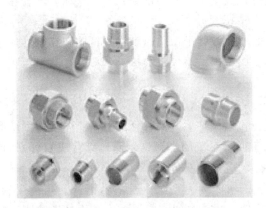

图 5-15　扩口管接头

图 5-16　液压密封件

9. 液压密封件

液压密封件（图 5-16）是用于防止液体驱动系统泄漏的器件，可以是垫片、填料、密封圈或其他用于密封的部件。液压密封件使液压液在通道内流动时保持一定压力，防止异物进入液压通道。为了防止泄漏，应使用现有的密封部件或材料，采用主动密封方法。部件滑动产生的油膜也能提供有效的密封。

液压密封件暴露于液压液（如碳氢化合物和磷酸酯）中，专为高压动态执行器（如液压缸）而设计。与气动密封件相比，液压密封件通常是摩擦力更大的密封件，但通常在较低的运行速度下运行。杆密封件、活塞密封件、U 形杯、V 形杯和法兰填料都可用于液压密封件的设计。有时使用复合密封件作为液压密封件，它由两种或三种材料制成，通常会有一个弹性体环和一个聚四氟乙烯（PTFE）环，从而使密封件具有这两种材料的优点。

液压密封件的使用寿命取决于许多因素，包括最高运行速度、最高运行温度、最高运行压力和真空额定值。在订购液压密封件时，必须知道轴的外径或密封件内径、轴承座孔径或密封件外径、轴向截面和径向截面。

练习

1) 为什么要在气动系统中使用接收器?

2) 讨论一下各类储气罐。

3) 列出内部冷却的各种好处。

4) 对各种内部冷却器进行分类,并至少给出每种内部冷却器的两个优点。

5) 结合绘图解释气动过滤器的结构、工作原理和工作方式。

6) 蓄能器的作用是什么? 它与储液箱有什么不同?

7) 液压液的特性是什么?

8) 简要叙述液压密封件和气压密封件。

9) 结合图形解释液压过滤器的结构、工作原理和工作方式。

10) 气动系统中的 FRL 单元是什么?

11) 什么是潮解式空气干燥器和除湿式空气干燥器? 为什么在工业中使用它们?

12) 结合图形解释空气润滑器的结构和工作原理。

13) 区分液压过滤器和气动过滤器。

14) 说明压力调节器和流量调节器之间的至少两处不同。

15) 区分重负载式液压蓄能器和弹簧式液压蓄能器。

16) 为什么在气动系统和液压系统中使用蓄能器?

17) 区分滤网和过滤器。

18) 区分全流量过滤器和旁通过滤器。

19) 液压系统中使用的流体的特性是什么?

20) 区分安全阀和(泄)减压阀。

21) 密封件的作用是什么? 简要说明在流体动力系统中使用的各种类型的密封件。

22) 在气动系统中,中间冷却器的作用是什么?

23) 列出在液压系统和气动系统中使用过滤器的原因。

第6章

气缸与马达

6.1 概述

执行器是流体动力系统的重要组成部分，也是流体动力系统的最后一部分。所有下游设备均通过执行器将流体动力转化为机械动力，流体动力系统通过执行器输出动力。流体动力系统的输出可以是线性或旋转的形式，产生线性输出的执行器称为气缸，产生旋转输出的执行器称为马达。图6-1所示即为一个具有两个执行器的系统。

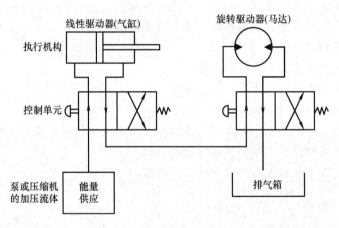

图6-1　具有两个执行器的系统

根据所使用工作流体的不同，气缸可以分为液压和气动两种类型。根据结构特点，气缸可以分为单作用和双作用两种类型。气缸通常由孔和行程确定，也可以选择安装缓冲装置，在行程结束时可以对气缸进行减速，防止撞击。

液压马达是将流体的能量转换为旋转运动动能的装置，用于工业中各种气动和液压装置的动力传输。液压马达可以分为单向马达和双向马达两类，输出轴仅向一个方向旋转的马达称为单向马达，输出轴可以向两个方向中任一个方向旋转的马达称为双向马达。此外，液压马达可以分为固定排量马达和可变排量马达两类。固定排量马达提供恒定的转矩和可变的速度，变速只能通过控制流量来调整。而可变排量马达可以改变内部和外部部件的相对位置，以获得不同的转矩和速度组合。

6.2　气缸

气缸是液压系统中最简单的部件之一。气缸是线性执行器，可以将流体动力转化为机械动力。因为气缸可产生线性运动和巨大的力，所以设计人员需要首先指定液压和气动系统。作为流体系统中最基本的组件，气缸已经有多种配置、尺寸和特殊设计，这种多样性不仅使更多的创新设计成为可能，而且使许多应用得以实现。气缸由缸体和在缸体内部移动的连杆和活塞组成，如图6-2所示，作用在活塞上的流体压力使活塞组件运动。

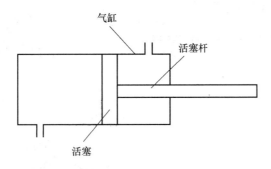

图6-2　带有连杆和活塞组件的气缸

气缸是产生运动的装置之一。当压力施加到一侧端口时，它会使缸体的这一侧充满流体，当流体作用在气缸面上的压力大于所连接的负载时，负载发生移动。如果压力保持不变，则气缸面积越大，产生的力越大。气缸有时被称为线性执行器或线性马达。

6.3　气缸的分类

气缸的分类方法较多，一般来说，气缸或线性执行器可根据以下因素进行分类：
1）结构。
2）工作介质。

6.4　基于结构的气缸分类

根据结构不同，气缸可以分为：
1）单作用气缸。
2）双作用气缸。
上述两种气缸的基本差异在于，单作用气缸只可以从一侧加压，而双作用气缸可以从两侧加压。

6.5　单作用气缸

单作用气缸示意图如图6-3a所示，气缸仅在一个方向上受力，且需要借助其他力返回，如外部负载或弹簧。该气缸只有一个头部端口，且液压/气动操作只能在一个方向上进行。当加压流体进入端口时，推动柱塞/活塞杆，从而扩大腔室，要返回或缩回气缸则必须将流体排除，可以通过负载的重量或某些机械力（如弹簧）使柱塞返回。在移动设备中，进出单作用气缸的流体由单动式换向阀控制。该类型的气缸通常用于千斤顶和升降机。弹簧复位式气动单作用气缸的剖面图如图6-3b所示。

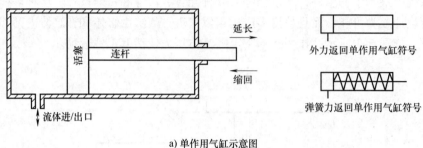

a) 单作用气缸示意图

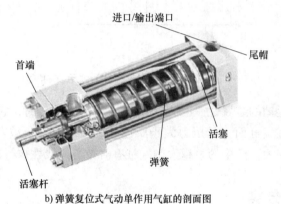

b) 弹簧复位式气动单作用气缸的剖面图

图 6-3　单作用气缸

6.6　双作用气缸

双作用气缸是最常见的应用于液压系统和气动系统的气缸。在这种设计中，压力可以施加到气缸的任何一侧。双作用气缸的符号表示该气缸有两个可以施加流体压力的端口，如图6-4所示。气缸的伸缩由液压/气动压力驱动所致。

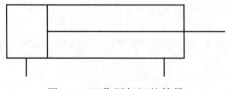

图 6-4　双作用气缸的符号

双作用气缸的构造如图6-5所示。双作用气缸由缸筒、活塞、活塞杆、气缸尾部、气缸头部、活塞密封件、活塞杆密封件、活塞杆防尘圈、气缸末端端盖、气缸杆侧端盖组成。

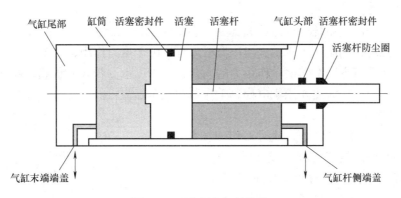

图 6-5　双作用气缸的构造

　　气缸由套筒或管、活塞和活塞杆（或柱塞）、两个端盖和配套的油封构成。套筒通常由无缝钢管或铸件制成，内部非常平滑。缸体内部的运动部件高度抛光，由镀铬钢活塞杆和实心铸铁活塞组成。缸体和头部由钢拉杆和螺母固定在一起。两端的头部都有供流体出入的端口，端口在端盖内，表面抛光。密封件和防尘圈安装在活塞杆的端盖上，以保持活塞杆的清洁并防止活塞杆周围发生外部泄漏。密封件还用于端盖、接头处及活塞和缸筒之间。通常在端盖处安装备件，包括用于固定安装的法兰或用于摆动安装的铰链。活塞处不应发生内部泄漏，因为这不仅浪费能源，还会因静水头阻塞（油滞留在活塞后面）而导致设备停止运行。

　　双作用液压缸的剖面图如图 6-6 所示。

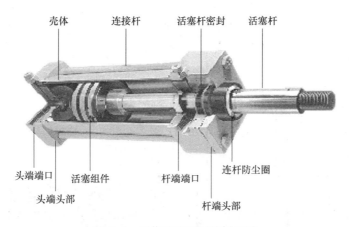

图 6-6　双作用液压缸的剖面图

6.7　单作用气缸的类型

　　单作用气缸有三种类型：

1）柱塞式气缸。

2）伸缩式气缸。

3）弹簧复位气缸。

1. 柱塞式气缸

柱塞式气缸是液压系统中最简单的气缸，它由流体室和流体入口组成，柱塞垂直安装，通过液压向上推动，如图6-7所示。当压力消失时，由于重力作用，柱塞自动返回。柱塞式气缸通常应用在垂直方向上需要单作用力的场合，它可以承受较大的负载，并且在较大的负载下具有很好的稳定性，主要用于电梯、千斤顶和汽车起重机。

2. 伸缩式气缸

伸缩式气缸应用于需要长时间工作的场合，由一系列称为套筒的嵌套气缸构成（图6-8）。这些套筒的直径逐渐变小，每个套筒都可以装入一个更大的套筒中，最终所有套筒都可以嵌套进入直径最大的套筒，从而使气缸结构变得非常紧凑。当所有套筒伸展时，气缸可以达到很大的行程。在伸展位置上，负载上的力取决于所使用的最小套筒。输出的力随杆的伸展而变化：在行程开始时使用最大活塞面积，作用力最大；在行程结束

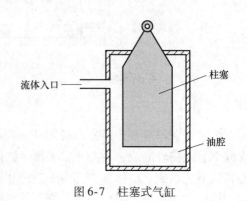

图 6-7　柱塞式气缸

时由于只有最后阶段的面积可以用来传输力，因此作用力最小。伸缩式气缸广泛应用于叉车和自卸货车等。

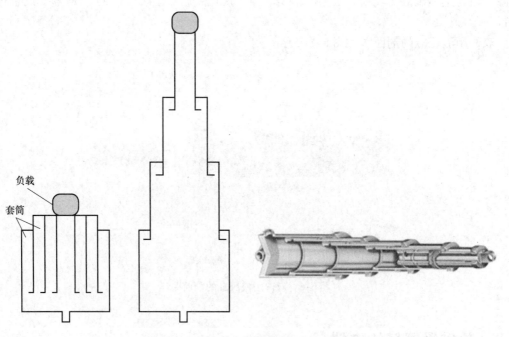

图 6-8　伸缩式气缸

3. 弹簧复位气缸

弹簧复位气缸是另一种类型的单作用气缸，压力施加在气缸一侧，它由流体室内的活塞组成，通过弹簧将活塞保持在一个极限位置（图6-9）。当压力施加在活塞上时，活塞克服弹簧弹力而移动；当施加在活塞上的压力消失时，活塞由于弹簧弹力而复位。

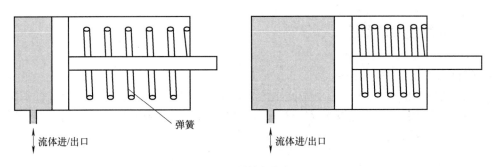

图 6-9　弹簧复位气缸

6.8　双作用气缸的类型

常用的双作用气缸的类型有：

1）双杆式气缸。

2）串联式气缸。

1. 双杆/通杆式气缸

双杆式气缸由活塞两端的连杆组成，所
以活塞两侧与流体接触的面积是相同的。这
种气缸可以在两个方向上产生相等的力和速
度，可以在一次行程中同时进行两种操作。
它有两个压力端口，如图 6-10 所示，双杆
式气缸配有空心杆，使得流体或其他机械元
件可以通过气缸。这种气缸应用于两个负载
移动相等距离的场合。

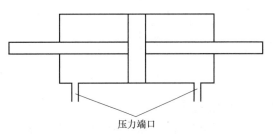

图 6-10　双杆式气缸

2. 串联式气缸

串联式气缸由两个气缸组成，但只有一根共用的活塞杆，如图 6-11 所示，也就是说两
个气缸与一根共用的活塞杆串联使用。流体压力同时作用于两个面上，并且这两个面彼此连
接为一个整体，因此这种气缸可以在同样的孔径和流体压力下获得更大的力。

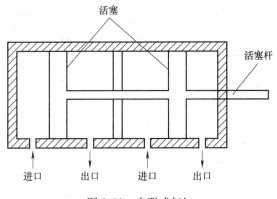

图 6-11　串联式气缸

6.9　其他类型的气缸

1. 拉杆式气缸

拉杆式气缸（图6-12）是工业中使用最早、最普及的气缸，缸体由四个或更多的拉杆连接在一起，这些拉杆穿过端盖或安装板延伸到整个缸体。在操作中，它们可以执行除伸缩以外的任何常用气缸功能。

2. 一体式气缸

一体式气缸（图6-13）最常用于移动设备和农业机械。缸体是整体铸造的，或者是头部和缸体焊接在一起。这种气缸成本低、结构紧凑且简单，但损坏或磨损时不能修复。

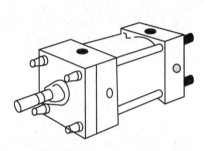

图6-12　拉杆式气缸

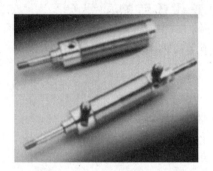

图6-13　单作用与双作用一体式气缸

3. 螺纹式气缸

螺纹式气缸是拉杆式气缸和一体式气缸的融合。螺纹单元相对紧凑且呈流线型，可通过拧开缸体的任意一端进行拆卸维修。

4. 隔膜式气缸

隔膜式气缸应用于液压系统或气动系统，适用于要求活塞摩擦力小、无泄漏，或对压力变化反应非常敏感的应用。在隔膜式气缸中，活塞连接到隔膜上，隔膜连接到端盖上，如图6-14所示。由于气缸活塞与缸筒之间没有摩擦作用，压缩空气进入气缸时，活塞和活塞杆几乎立即开始移动。活塞做自由无摩擦运动，当活塞沿缸筒的长度方向移动时，隔膜展开，使活塞得以继续运动。在回程时，隔膜缩回成原来的形状。这种气缸不需要外部润滑，常用作食品和药品行业中的气动执行器。因为它们不需要润滑，也不排放油雾污染。

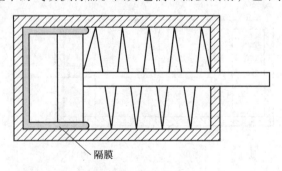

隔膜

图6-14　隔膜式气缸

5. 旋转式气缸

图 6-15 所示的旋转式气缸将直线运动传递到旋转装置上，常用来驱动转塔车床上的旋转卡盘。流体通过一个固定的分配器传送到旋转式气缸。旋转式气缸可使用实心活塞或空心活塞。

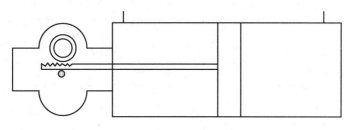

图 6-15　旋转式气缸

6. 非旋转式气缸

非旋转式气缸通过在标准气缸中加入特殊的导轨防止杆的旋转，常用于要求精确线性位置和角度方向的场合，但这种气缸通常成本高，应用不便。常用的是双杆式或矩形气缸，有时使用一个有圆角的独特方形活塞杆来防止旋转，其效果比其他的连杆结构更好。

7. 复式气缸

复式气缸由两个或两个以上的气缸连接成一排，但是复式气缸的活塞没有物理连接在一起（图 6-16）。一个气缸的杆伸到第二个气缸的非杆端，以此类推。复式气缸由两个以上的直列式气缸组成，各气缸的行程长度可能不同，根据各个活塞的驱动情况，复式气缸可以实现许多不同的固定行程长度。

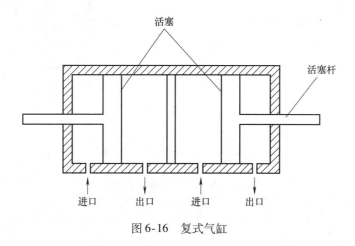

图 6-16　复式气缸

6.10　基于工作介质的气缸分类

根据工作介质，气缸可以分为：

1）液压缸。

2）气动气缸。

6.11　液压缸

　　液压缸是一种线性液压驱动器，将流体的静力转化为机械动力。液压缸常使用工业油作为液压流体，常用于工业应用。液压缸由圆柱形壳体内的柱塞或活塞组成，液压缸的孔必须是精确的圆柱形，以防止活塞受到任何阻塞。活塞密封件可防止液压缸内部的液压流体从高压侧泄漏到低压侧，连杆密封件是为了防止外部泄漏。进出缸体的活塞杆通常镀硬铬，以防止腐蚀和磨损。大多数液压缸是用钢、不锈钢或铝制成的。

　　液压缸有单作用式和双作用式的。单作用液压缸只在一个方向上运动，即拉进或推出，当液压消失时，内部弹簧可使柱塞返回。与双作用液压缸相比，单作用液压缸只需较少的阀门和管道。较为复杂的双作用液压缸受压时，根据需要在垂直平面、水平平面或其他任何平面上沿两个方向运动。这种液压缸比单作用液压缸具有更快速的操作和更严格的控制，并且对由于长管长度而可能产生的系统背压不太敏感。典型的双作用液压缸及其所有零件如图6-17所示，零件清单见表6-1。

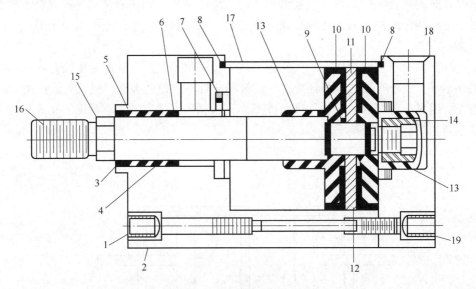

图 6-17　双作用液压缸的零件

表 6-1　双作用液压缸零件清单

序　　号	零件名称	数　　量
1	头部螺钉	4
2	头部	1
3	扣环	1
4	杆轴承	1
5	活塞杆刮垢器	1
6	杆密封件	1
7	带针阀的缓冲装置	2

（续）

序　号	零件名称	数　量
8	O 形环管密封件	2
9	活塞杆密封件	1
10	活塞密封件	2
11	活塞防磨条	1
12	活塞磁铁	1
13	活塞从动件	2
14	活塞与杆的固定螺母	1
15	活塞杆	2
16	用于固定螺母的主螺柱	1
17	管与缸体	1
18	端盖	1
19	端盖螺钉	4

6.12　气动气缸

气动气缸是气动系统、压缩空气控制系统或动力系统中的末端部件，是将压缩空气的动力转换成机械能的装置，机械能产生线性或旋转运动。以这样的方式，气缸在气动系统中可用作执行器，也被称为气动线性执行器。气动气缸的主要部件包括钢或不锈钢活塞、活塞杆、气缸筒和端盖，可应用于 5~20bar 的压力范围内。因此，它需要由密度较小的材料制成，如铝和黄铜。由于气体是可压缩的，气缸的运动难以精确控制。液压缸和气动气缸的基本原理一致。气动气缸可用于快速、清洁、可靠和经济的线性运动，而且有多种可用的设计、样式和选择，适用于大多数场合。典型的双作用气动气缸与其中的各零件如图 6-18 所示，零件清单见表 6-2。

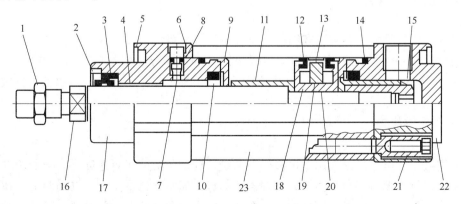

图 6-18　ISO 标准双作用气动气缸

表 6-2　双作用气动气缸零件清单

序　号	零件名称	数　量
1	防松螺母	1
2	扣环	1
3	杆密封件	1
4	杆轴承	1
5	防尘圈	1
6	固定垫螺钉	1
7	缓冲螺钉	1
8	O 形环	1
9	减振装置	1
10	减振密封件	1
11	用于缓冲的矛状体	1
12	活塞密封件	2
13	活塞防磨条	1
14	桶密封件	2
15	活塞的固定螺母	2
16	活塞杆	1
17	杆端盖	1
18	活塞	1
19	磁铁	1
20	O 形环	1
21	端盖螺栓	4
22	头部端盖	1
23	缸筒	1

6.13　气缸的应用

气缸应用于食品加工、化工和制药设备、电厂、垃圾发电厂、阀门执行器、海运业中的大坝和污染控制、印刷机械、医疗和外科手术台、包装机械、阻尼控制、土方机械、矿业、建筑机械、工厂工程、国防科技、汽车工程、机械工程、纺织工业、铁路和农业机械等。

6.14　气缸缓冲

气动气缸与液压缸广泛应用于机械处理系统。气动气缸的运行速度远高于液压缸，因此当活塞快速接近末端时，存在活塞撞击端盖的趋势。通常撞击发生在气缸的两端，在机器或设备的结构操作部件内产生破坏性冲击。在活塞撞击端盖之前，通常需要某种形式的缓冲来降低活塞的移动速率，减小气缸上的应力，同时降低对其所在结构造成的振动。为了减缓运动和防止活塞行程结束时的撞击，一些驱动气缸在气缸的一端或两端安装有缓冲装置，该装置是一个流量控制阀，气缸活塞到达气缸的某个点后，它才会工作，通过限制气流来减缓活塞的运动，使活塞以较低的速度移动到行程的末端。通常在气缸盖的端部设置缓冲装置。在活塞行程的一端或两端的缓冲装置用于减小冲击和振动。除小型以外的所有双作用气缸均配有末端缓冲装置。

下面结合两端配有缓冲装置的双作用气缸来说明缓冲的工作原理（图 6-19）。

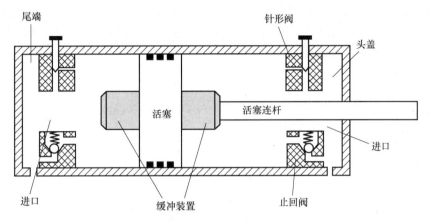

图 6-19　两端配有缓冲装置的双作用气缸

在气缸中移动的活塞两侧都安装有缓冲装置，这些缓冲装置与尾端被称为缓冲室的空腔相匹配。缓冲装置由针形阀机构组成，针形阀可调节缓冲效果，即通过针形阀的旋转针降低或增加冲击强度。当活塞向后移动时，即它朝向图 6-19 所示的尾端移动时，缓冲装置进入缓冲室。尾端之前封闭的流体就可以流过一条精心设计的阻流路径，产生反向的压力，阻碍活塞和活塞杆的运动，使运动减速，动作平稳。

当上述过程结束后，缓冲装置完全进入缓冲室，由于缓冲装置面积很大，而流体进入的入口被有意制作得较小，向前行程需要一段时间后才能开始。为了解决这个问题，有时在缓冲室下面设置单向阀通道，使开始该过程不会消耗大量时间。

理想缓冲是指没有行程末端反弹的缓冲，即活塞的移动方向在整个缓冲过程中都是相同的，并且到达行程末端时其速度恰好为零。接触端盖的声音可以忽略不计，可以使总周期时间最小化。缓冲是影响气缸寿命的一个重要因素，不仅可以确保平稳的操作，而且可以防止振动以延长气缸的使用寿命。图 6-20 所示为一个具有常规气动结构和弹性缓冲的气缸。

图 6-20　气缸

6.15　气缸安装

根据不同的孔、杆和行程尺寸组合，气缸可采用不同标准的安装方式。气缸的安装方式与操作压力对设备有直接的影响。根据力的方向和安装条件，气缸的标准安装方式分为两大类：

1）直线传递力的气缸。这类气缸主要包括具有固定安装方式的气缸，在刚性条件下是稳定的。这类气缸的安装分为两类：一类吸收气缸中心线上的力，另一类不吸收气缸中心线上的力。

2）沿可变路径传递力的旋转气缸。该类气缸具有围绕固定的销旋转，并且能够在操作过程中补偿平面对齐变化的安装方式。

气缸的安装方式对其性能和使用寿命至关重要。安装不当可能会损坏气缸甚至损坏使用气缸的设备。不正确的安装或不合适的安装方式可能会导致安装位置偏移，导致有害的侧向载荷和弯曲。气缸的常用安装方式如下：

1）扩展拉杆式安装。

2）法兰安装。

3）侧面或凸耳安装。

4）枢轴安装。

5）耳轴安装。

1. 扩展拉杆式安装

扩展拉杆式气缸适用于直线传递力及安装空间有限的场合，该装置如图 6-21 所示。对于拉力应用（在活塞杆产生拉力的情况下），头端拉杆安装是合适的解决方案；而对于推力应用（在活塞杆产生压缩力的情况下），末端拉杆安装件是一种优秀的解决方案。这种安装方式能平稳处理推力载荷，并且只要空间允许，就可以使用这种安装方式。在大行程的水平安装装置上，应考虑为缸体提供额外的支撑。

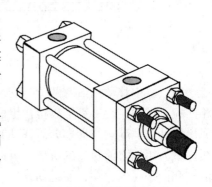

图 6-21　扩展拉杆式安装

NFPA（美国国家流体动力协会）推荐的安装拉杆式气缸的方式如图 6-22 所示。

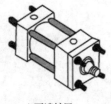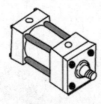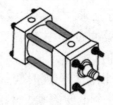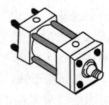

a) 两端扩展　　　b) 没有扩展　　　c) 头端扩展　　　d) 尾端扩展

图 6-22　较佳的拉杆安装方式

2. 法兰安装

法兰安装的气缸也适用于直线传递力的应用，是最坚固的刚性安装方法之一（图 6-23）。使用这种安装方式时，几乎不会出现偏移，但是当需要大行程时，应该对安装的自由端提供支撑以防止其下垂及可能与气缸发生相撞。尾端法兰安装最适合于推力负载应用（拉杆处于压缩状态），前端法兰安装最适合于拉力应用。法兰安装方式的选择取决于主要工作方向是会使拉杆承受拉伸载荷还是压缩载荷。前端法兰安装单元适用于拉杆保持张紧状态的

"拉式"应用,"推式"应用使拉杆承受压缩载荷,最适合于后端法兰式安装。

NFPA 推荐的法兰安装气缸的安装方式如图 6-24 所示。

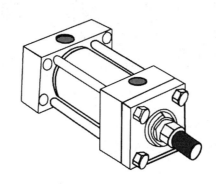

图 6-23　法兰安装

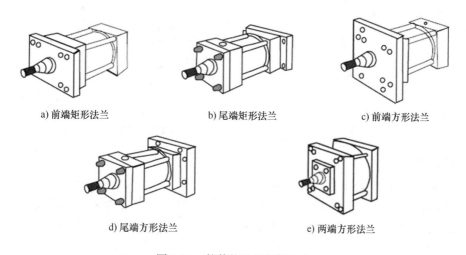

a) 前端矩形法兰　　　　　　b) 尾端矩形法兰　　　　　　c) 前端方形法兰

d) 尾端方形法兰　　　　　　e) 两端方形法兰

图 6-24　较佳的法兰安装方式

3. 侧面或凸耳安装

安装在侧面或凸耳上的气缸不会吸收中心线上的力,因此,气缸的运动会施加转动力矩,使气缸绕其螺栓旋转。侧面或凸耳安装的气缸具有刚性底座。当气缸处于全行程时,这些类型的气缸可以承受轻微的错位,但随着活塞向末端移动,对错位误差的允许程度减小。需要注意的是,如果正确使用气缸(没有偏移),安装螺栓只承受简单的剪切或拉伸应力而没有任何复合应力(图 6-25)。

NFPA 推荐的侧面或凸耳安装气缸的安装方式如图 6-26 所示。

4. 枢轴安装

所有的枢轴气缸都需要在两端设置枢转装置。这种类型气缸的设计是为了承受剪切力。由于杆的重量,大行程、枢轴安装(图 6-27)的气缸不可避免地会产生高侧边负荷。在这些应用中,止动管或

图 6-25　侧面安装

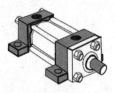

a) 侧凸耳安装

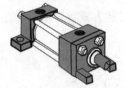

b) 脚凸耳安装

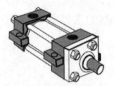

c) 中心线凸耳安装

图 6-26　较佳的凸耳安装方式

双活塞至关重要，两者均增加了杆轴承和活塞之间的距离，从而减小这两点的有效负载。

NFPA 推荐的枢轴安装气缸的安装方式如图 6-28 所示。

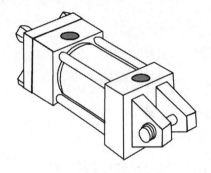

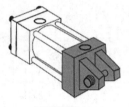

a) 脚架安装

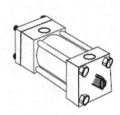

b) 固定吊环安装

图 6-27　枢轴安装　　　　　　　　　　图 6-28　较佳的枢轴安装方式

5. 耳轴安装

这种气缸为吸收中心线上的力而设计（图 6-29），适用于"推式（压缩）"和"拉式（拉伸）"应用，也可用于机器部件要沿着弯曲路径移动的场合。耳轴枢轴销应该由轴承固定，轴承在销的整个长度上同时固定并与销紧密配合。在耳轴安装的气缸中，必须尽可能靠近气缸盖安装轴承座或配套轴承，尽量减小气缸盖中的弯曲应力。耳轴安装座上应避免使用球形轴承座，因为它们会导致弯曲应力的产生。

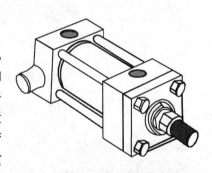

图 6-29　耳轴安装

NFPA 推荐的耳轴安装气缸的安装方式如图 6-30 所示。

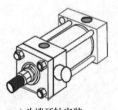

a) 头端耳轴安装

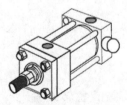

b) 尾端耳轴安装

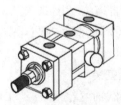

c) 中间耳轴安装

图 6-30　较佳的耳轴安装方式

6.16　气缸尺寸

要确定特定系统所需的气缸尺寸，必须知道某些参数。首先，必须对负载进行全面评估，总负载不仅是必须要移动的基本负载，还包括所有摩擦力和加速负载所需的力，以及通过连接管路、控制阀等从气缸的另一端将气体排出的力。此外，必须克服的力也都作为总负载的一部分。一旦确定了负载和所需力的性质，就应该假定一个工作压力，所选择的工作压力必须是运动发生时缸体活塞处的压力。显然，由于管路和阀门的流量损失，气缸的工作压力低于实际系统压力，在确定总负载（包括摩擦力）和工作压力的情况下，可以使用帕斯卡定律计算气缸尺寸。力等于施加于特定区域的压力，其描述公式为

$$力 = 区域 n 处的压力$$

1. 气缸的面积

气缸面积分为气缸杆侧面积和无杆侧面积。气缸的作用力和速度都取决于气缸的面积。值得注意的是，气缸杆侧的面积与无杆侧的面积不同。无杆侧的面积等于镗内横截面积，可以用数学方法给出（in^2）：

$$气缸面积 = \frac{\pi}{4} D^2$$

同样地，可以求出杆的面积，从而给出杆侧的活塞面积：

$$面积（杆侧）= 活塞面积 - 杆的面积$$

在此补充说明的是，与气缸的无杆侧相比，当压力作用于气缸杆侧时，它将移动得更快并且具有更小的力。

2. 气缸中的力

气缸中活塞通常受到两个作用力。当相同压强的流体进入输入、输出端口时，由于无杆侧活塞的面积更大，其受到的作用力也更大。p_1 和 p_2 是在 $p_1 = p_2$ 的条件下作用在活塞两侧的压强，假设 A_1 和 F_1 分别是无杆侧活塞的面积和活塞受到的压力，同样 A_2 和 F_2 是杆侧的活塞面积和活塞受到的压力。数学表达式为

$$p_1 = p_2$$

$$\frac{F_1}{A_1} = \frac{F_2}{A_2}$$

$$F_1 = \frac{F_2 A_1}{A_2}$$

$$F_2 = \frac{F_1 A_2}{A_1}$$

从上面的表达式中可以看出，在活塞无杆侧的压力 F_1 比活塞杆侧的压力 F_2 更大。

6.17　气缸规格

可以根据以下方面来详细说明气缸：

1）气缸内径。

2）活塞杆直径。

3）行程长度。

4）压力范围。

5）最大压力下的输出力。

6）安装方式。

7）杆端。

8）缓冲（一端或两端）。

9）标准工作温度。

6.18 马达简介

流体动力马达是将流体动力能量转换为旋转运动和力的装置，其中将压力转换成转矩，流量转换为速度。液压马达的功能与泵的功能相反，但是流体动力马达的设计、操作与泵非常相似，不同之处在于液压马达并非像泵那样推动流体，而是通过油压推动旋转元件，即叶片、齿轮、活塞等，使马达轴旋转，从而产成必要的转动转矩和连续旋转运动。流体动力马达的工作原理如图 6-31 所示。

流体动力马达有固定排量马达和可变排量马达两种类型。固定排量马达提供恒定的转矩和可变的速度，通过控制输入流量来改变速度。可变排量马达的构造使得内部部件的工作关系可以改变，从而改变排量。在输入流量和工作压力保持不变的情况下，改变排量可以改变转矩和转速的比值从而适应负载要求。流体动力系统中使用的大多数马达是固定排量马达，而可变排量活塞式马达主要用于静液压传动。

大多数流体动力马达都能在任意方向上旋转运动，但某些应用要求其只能在一个方向上旋转。在这些应用中，马达的一个端口连接到系统压力管路上，另一个端口连接到回流管路或排放到大气中。流向马达的流体的流量由流量控制阀、双向换向控制阀或通过启停电源来控制，转速可以通过改变流体的速率来控制。在大多数流体动力系统中，马达需要在任一方向上提供驱动力。在这些场合中，马达的端口称为工作端口，交替作为流体的入口端口、出口端口，流向马达的流体的流量通常由四通换向控制阀或可变排量泵控制。

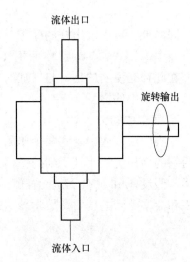

流体出口

旋转输出

流体入口

图 6-31　流体动力马达的工作原理

6.19 马达等级

液压马达的额定参数如下：

（1）转矩　转矩是马达轴旋转时产生的旋转力。转矩随着工作压力的增加而增加，随着工作压力的减小而减小。

（2）压力　马达所需的压力取决于转矩要求及位移。与较低排量的马达相比，较高排量的马达需要较低的压力来产生特定的转矩。

（3）排量　排量定义为让马达轴旋转一圈所需的流体量，与泵排量相同，它以 in^3/r（立方英寸/转）表示。液压马达有固定排量型和可变排量型。在恒定的流量和工作压力下，固定排量马达提供恒定的速度和转矩。可变排量马达即使在恒定的流量和工作压力下也能提供可变的速度和转矩。

（4）速度　马达的速度是其排量和输入流量的函数。马达的最大速度是指在特定时间内可以维持的并且不会损坏马达的最大速度，其最小速度是马达平稳连续旋转的最小速度，马达的转矩输出与其转速无关。

6.20　液压马达和气动马达

液压马达可以将液压能转换为机械能。在工业液压回路中，泵和马达通常与配套的阀门和管道相结合，从而形成液压传动。泵与原动机机械连接（一般情况下泵通过输送线与马达相连），从储液器抽取流体并将其压入马达中。流体使马达中的可移动部件运动，进而使连接轴旋转。轴与工作负载以机械方式连接，并产生旋转机械运动。最后，流体在低压下排出并输送回泵。根据具体的应用场合，液压马达比电动机或气动马达更高效、更适用、更经济。

液压马达的基本操作如图 6-32 所示。

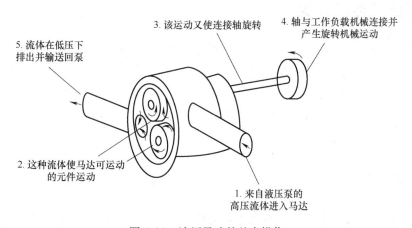

3. 该运动又使连接轴旋转

4. 轴与工作负载机械连接并产生旋转机械运动

5. 流体在低压下排出并输送回泵

2. 这种流体使马达可运动的元件运动

1. 来自液压泵的高压流体进入马达

图 6-32　液压马达的基本操作

液压马达的优点：

1）液压马达的转矩与转速无关。因此，即使在变速的情况下，液压马达也能获得恒定的转矩。

2）液压马达可以防止因过载造成的损坏。液压系统都配有安全阀，当系统压力因过载而升高时，安全阀打开。

气动/空气马达用于在压缩空气系统中产生连续的旋转动力，在结构和功能上与液压马达相似，应用于需要低、中等大小转矩的场合。气动马达优于电动机之处：

1）气动马达不需要电力，可用于挥发性气体环境。

2）气动马达通常具有较高的功率密度，因此较小的气动马达也可以提供与电动机相同的功率。

3）与电动机不同，气动马达的运行不需要辅助减速器。

4）可通过简单的流量控制阀对气动马达的转速进行调节，而不用昂贵且复杂的电子速度控制器。

5）可以通过调节压力轻易地改变气动马达的转矩。

6）气动马达产生的热量比电动机少。

6.21　马达符号

液压马达和气动马达的符号如图6-33所示。

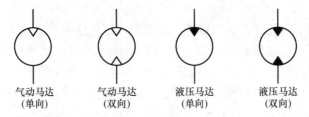

气动马达　　气动马达　　液压马达　　液压马达
（单向）　　（双向）　　（单向）　　（双向）

图6-33　液压马达和气动马达的符号

6.22　液压马达的分类

旋转泵有三种基本设计：齿轮泵、叶片泵及活塞泵，它们及压缩机的各种设计，在第4章中已有介绍，这些设计可作为旋转式执行器的基础。液压马达和气动马达的原理非常相似，液压马达转速较低时，在高压下仍产生较大的转矩和动力。液压马达通常根据由流体直接驱动的内部元件的类型进行分类。最常见的元件是齿轮、叶片和活塞，所以液压马达可以分为：

1）齿轮式马达。

2）叶片式马达。

3）活塞式马达。

虽然大多数移动设备中所使用的马达是可反转的，但这几类马达都可以由马达生产商制作成单向的或可反转的。

6.23　齿轮式马达

齿轮式马达是最常见的液压装置，由一对封闭在壳体中匹配的直齿轮或斜齿轮组成，齿轮式马达的运转如图6-34所示。这两个齿轮都是从动齿轮，但只有一个连接到输出轴。齿轮式马达的运转基本上与齿轮泵的运转相反，来自泵的流体进入入口并沿壳体内表面的任意方向流动，迫使齿轮如图6-34所示旋转，此旋转运动可使输出轴工作。与齿轮泵相同，齿轮式马达中的齿轮紧密配合，安装在壳体端部，因此，只有当齿轮旋转时，流体才能从马达的入口流向出口。齿轮式马达是固定排量型的，这意味着只有当流经马达的流体流速变化时，输出轴的转速才会变化。这类马达通常是双向的，流体从相反的方向流经马达即可实现马达的反转。

齿轮式马达能够在任意方向上产生旋转运动，图 6-34 所示的马达正在一个方向上运行，端口可以交替地作为流体的入口和出口，实现反向旋转，即当流体通过出口流入马达时，齿轮以相反的方向旋转。齿轮式马达是成本最低但噪声最大的液压马达，虽能高速运行，但在低速时效率却很低。

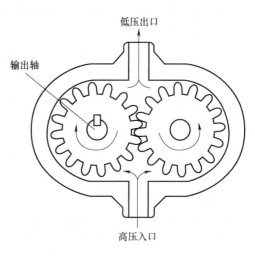

图 6-34　齿轮式马达

6.24　叶片式马达

典型的叶片式马达如图 6-35 所示，这种特殊的马达只能在一个方向上旋转。当压力油流入进口时，叶片的面积不等导致在马达轴上产生转矩，叶片的接触面积越大或者压力越高，产生的转矩越大，从而使轴旋转。由于在马达开始旋转之前不存在离心力，必须用某种方法（通常使用弹簧）在初始时将叶片固定在壳体轮廓上，但在叶片式泵中通常不需要弹簧，因为最初时驱动轴能提供离心力以确保叶片与壳体接触。只有当通过叶片式马达的流体反向时，叶片式马达才会沿一个方向旋转。液压叶片式马达是最常用的通用马达，但由于其对高压系统的耐受性差，以及相对于低速下的较低总流体流量，其滑动或内部泄漏发生率较高，因此受到限制。

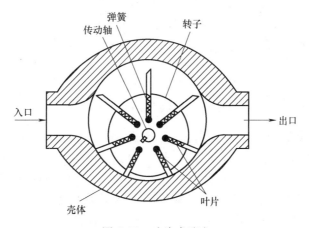

图 6-35　叶片式马达

6.25　活塞式马达

活塞式马达最常用于液压系统中，用来将液压能转换为机械（旋转）能，除此之外基本与液压泵相同。最常用的液压马达是固定排量活塞式马达，其属于正排量马达，通过油压作用在活塞上，可以在轴上产生输出转矩。而对于转速范围较大的设备则应使用可变排量活塞式马达。液压活塞式马达可以是轴向或径向的，且通常是液压马达中成本最高的。然而，与其他马达相比，活塞式马达有许多优势，即更适用于大转矩、低速运转、系统压力很高的场合。

活塞式马达有以下三种类型：

1）斜盘直线轴活塞式马达。

2）斜盘弯轴活塞式马达。

3）径向活塞式马达。

1. 斜盘直线轴活塞式马达

图6-36所示为斜盘直线轴活塞式马达，有一组气缸彼此平行的排列成一个圆（360°）。每个气缸都有一个活塞，活塞的一端推动位于气缸组一端的偏心斜盘，使活塞做往复运动。偏心斜盘通过一个机械装置连接到与气缸轴向对齐的输出轴上。在马达运行过程中，气缸内充满高压液压流体，按特定的顺序使活塞向外移动，并依次推动斜盘旋转。在活塞的回程中，流体在低压下回流到储液器。该操作将旋转运动传递到输出轴，输出轴的一端连接到斜盘而另一端连接到工作负载。斜盘直线轴活塞式马达是一种结构紧凑的圆柱形液压马达。

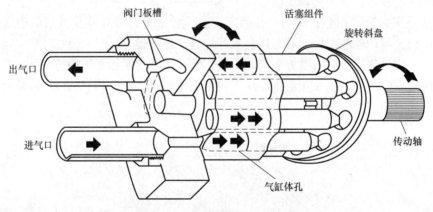

图6-36　斜盘直线轴活塞式马达

轴向活塞式马达具有较高的容积效率，在高速和低速下都具有良好的运行性能。

2. 斜盘弯轴活塞式马达

斜盘弯轴活塞式马达与泵十分相似，有不同尺寸的固定排量和可变排量设计（图6-37）。可变排量马达可以通过机械或压力补偿进行控制，除了活塞推力作用于驱动轴法兰外，这类马达的运行方式与直线轴马达相似。推力的平行分量使法兰转动，在最大排量时转矩最大，转速最低。这种活塞式马达的设计十分笨重，尤其是可变排量马达，因此在移动设备上的应用受到限制。虽然某些活塞式马达可由方向控制阀控制，但它们通常与可变排量泵配合使用。这种泵-马达的组合（液压传动装置）用于在驱动元件（如电动机）和从动元件之间传输动力。液压变速器可应用于减速器、变速驱动、恒速或恒定转矩驱动、变矩器等应用。

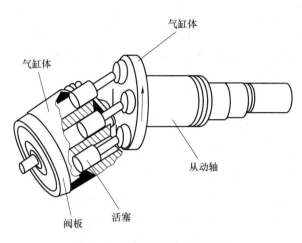

图 6-37　斜盘弯轴活塞式马达

3. 径向活塞式马达

径向活塞式马达可以在低速时产生很大的转矩。这类马达有一个连接到从动轴的缸筒，筒内有许多可在径向孔内做往复运动的活塞。径向活塞式马达与径向活塞泵的运行过程相反。在径向活塞泵中，当气缸体旋转时，活塞对转子施加压力，并被迫进出气缸，从而接收流体并将其推入系统中；在径向活塞式马达中，流体被迫进入气缸并驱动活塞向外移动，活塞推动转子使气缸体旋转。独立气缸体中每个径向气缸的设计如图 6-38 所示。活塞通过曲柄或其他机构连接到轴上，配套的阀门设计使液压油进入气缸并使活塞往复运动，从而使轴旋转，最终输出较大的动力与转矩。

 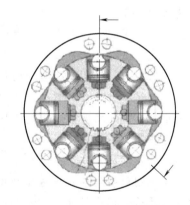

图 6-38　径向活塞式马达

6.26　马达的应用

液压马达为无限速度控制、全转矩下失速、高动力质量比和小尺寸等应用场合提供了解决方案。液压马达的特点使之在各行各业都有广泛的应用，其中包括：

1）航空航天工业。

2）食品加工行业。

3）建筑和农业设备。

4）挖掘机、滑轨、叉车、重型自卸货车、推土机等重型土方移动设备。

在成本方面，活塞式马达成本最高，而齿轮式马达成本最低。然而，根据使用方式的不同，每一类马达都有自己的优势。

 练 习

1）什么是执行器？

2）对执行器进行分类。

3）对气缸进行分类。

4）用简要示意图说明单作用液压缸的结构和工作原理。

5）用简要示意图说明双作用液压缸的结构和工作原理。

6）绘制双作用气缸的符号。

7）结合绘图说明液压缸的结构特点。

8）区分双作用液压缸和双作用气动气缸，并说明双作用气缸的工作原理。

9）讨论单作用气缸的各种配置。

10）列出单作用气缸和双作用气缸之间的区别。

11）列出液压缸与气动气缸的区别。

12）用简要示意图表示液压、气动双作用气缸的各个部分。

13）用简要示意图说明液压和气动气缸的构造、工作原理、设计和安装。

14）说明柱塞式气缸和伸缩式气缸的作用。

15）什么是串联式气缸？

16）列出工业中使用的各种标准安装方式。

17）列举串联式气缸和复式气缸的应用？

18）什么是气缸缓冲？说明气缸缓冲的作用。

19）列出用于制造气缸的各种材料。

20）绘制一个配有缓冲装置的双作用液压缸，并标注组件。

21）简要讨论马达的类型。

22）列出马达的额定参数。

23）用简要示意图说明齿轮式马达和叶片式马达的构造和工作原理。

24）画出气动马达的标准符号。

第7章

控　制　阀

7.1　概述

气动系统或液压系统的作用通常是从压缩机或泵向流体执行器［即马达或液压（气）缸］供应动力，但问题并不总是相同的，例如，气缸的移动时快时慢，可以通过使用阀门的组合来解决这些流体问题。

几乎所有流体系统都需要阀门来控制流体的方向、流量、压力或数量。根据用途，阀门可分为四类：方向控制阀、流量控制阀、压力控制阀和特殊阀门；根据结构，阀门可分为提升阀和滑阀；还可以根据驱动方式对阀门进行分类，即可以通过手动、电动、电磁或流体作用区分阀门。本章重点介绍与液压和气动回路有关的阀门的定义、功能、结构和位置。

液压系统是高压系统，而气动系统是低压系统。液压阀门是由坚固的材料（如钢）精密制造而成的，而气动阀门由低成本的材料（如铝和聚合物）制成，且制造成本也更低。

7.2　阀门分类

阀门可以分为：

1）方向控制阀。

2）流量控制阀。

3）压力控制阀。

4）单向阀。

方向控制阀经常用于流体动力系统，在所有阀门中最为重要。它们将流体的流动引至所需要的方向。

流量控制阀可以根据需要改变流体流量，分为固定流量控制型和可调流量控制型。

压力控制阀用于调节流体系统中流体的压力，包括泄压阀、调节阀等。

其他所有只允许流体在一个方向上自由流动的阀门属于单向阀类型，如逆止阀、快速排气阀、双压阀、单向流量控制阀等。

下面将介绍一些重要的阀门。

7.3 方向控制阀

方向控制阀可以在需要时引导流体流动至流体动力系统中工作的位置。方向控制阀是中间件，可以起动、停止、调节流体的方向，并在所需的管道内引导流体，从而能够根据需求将部件或泵中的加压流体输送到执行器（气缸或马达）。方向控制阀由端口数及其可能的工作位置数来决定。

1. 方向控制阀的符号与名称

1）方向控制阀由流体端口数和阀门工作的位置数决定。斜线前的数字表示端口数，第二个数字表示阀门可以工作的位置数，如 3/2 方向控制阀是二位三通方向控制阀，4/3 方向控制阀是三位四通方向控制阀等。

2）如图 7-1 所示，方向控制阀的符号由一系列框构成，每个框表示阀的一个可用位置，相连框的个数指示阀门工作的位置数。

3）端口是流体在压力作用下进入和离开方向控制阀的路径或开口。通常，方向控制阀可能有 2、3、4 或 5 个端口，每个阀门端口应在符号上有所表示。端口仅在其中一个框上，该框表示循环开始时的流通路径，如图 7-2 所示。

4）如图 7-3 所示，方向控制阀最多有三位状态，包括 ON、OFF 或中位（1、2 或 0），分别由一个单独的框表示。

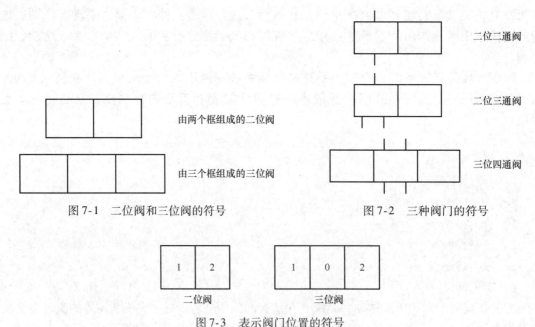

图 7-1　二位阀和三位阀的符号　　　图 7-2　三种阀门的符号

图 7-3　表示阀门位置的符号

5）端口命名是标准化的，遵循表 7-1 所列规范。

6）线和箭头表示流体通过阀门的流动和方向。每个框都有一组线条，表示当阀门在该位置工作时的流通路径。如果端口被阻塞，将以图 7-4 所示的符号表示。如果两个端口连接并且流体可以流动，则用两个端口之间的线表示。在正常操作循环期间，流体出口旁的流通路径末端的箭头表示流体流动方向。图 7-4 所示的 2/2 方向控制阀可以解释上述情况。

表 7-1　端口命名规范

P	压力端口/供应端口
R、T	排放端口，R 用于气动装置，T 用于液压装置
A、B、C	给执行器（气缸或马达）提供压力的工作端口
L	泄漏端口（只存在于液压装置）
X、Y、Z	先导供应（用虚线表示）
⟶	液压装置中的箭头是实心的

在图 7-4 中，左侧的框表示循环开始时的情况，端口 P、A 被阻塞。当阀转换时，流动状态如右侧方框所示，即端口 P 流向端口 A。

7）阀门的正常位置是进行命名的位置。在图 7-5 所示的阀门符号中，右侧是阀门的正常位置。X 和 Y 是先导供应。

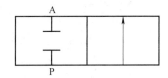

图 7-4　2/2 方向控制阀

图 7-5　3/2 先导式常闭方向控制阀

2. 方向控制阀分类

方向控制阀分类的依据如下：

1）根据阀门起动方式。

2）根据结构。

3. 根据起动方式对方向控制阀进行分类

通过改变方向控制阀的工作位置来控制流体流动。了解控制方法非常重要，因为阀门的起动总是取决于阀门的应用场合。执行器能使阀门从一个位置转换到另一个位置。阀门执行器的选择取决于许多因素，如操作阀门所需的转矩及是否需要自动执行。有多种不同的起动方式可以起动方向控制阀，可用的不同类型的执行器有：

（1）手动起动　手动起动即表示设计的系统不是全自动的，且阀门可以不间断地连续操作。手动执行器能将阀门置于任何位置，但不能自动起动。有四种手动起动方式：

1）按钮。按下按钮，直到从该阀门流出的流体达到所需的压力，然后松开按钮；阀门在弹簧弹力的作用下再次回复到初始位置（弹簧在阀门的另一侧与之结合使用）。图 7-6 所示为带有按钮的方向控制阀。

2）推/拉按钮。在这种情况下，阀门的另一侧没有弹簧复位，因此更改位置时需要操作员再次拉动阀门。

3）踏板。可以通过踩踏板来起动阀门。

4）手柄。可以通过推拉手柄来起动阀门。

（2）机械起动　此类起动包括所有由外力操作的机械部件。机械起动的类型有：

1）滚轮。使用弹簧复位杆来改变阀门位置。推力施加在杠杆上，阀门位置就会改变。杠杆上安装了一个滚轮，使得杠杆与施力部件之间无摩擦。当活塞伸出时，外部施力部件可

图 7-6　带有按钮的方向控制阀

以是气缸的活塞杆，也可以是通过滚轮向杠杆连续提供运动的凸轮（图 7-7）。

2）柱塞。

3）弹簧。大多数方向控制阀通过弹簧使导流元件保持在中位位置。弹簧可将未起动的阀门保持在某一位置，当有足够大的驱动力压缩弹簧时，阀门才会移动。当驱动力消失时，弹簧使阀门返回到初始位置。

（3）先导操作/起动　除了气缸伸缩，还使用加压流体对阀门进行操作，称为先导操作/起动，用于此目的的阀门称为先导阀。先导操作阀（图 7-8）可安装在加压流体能输送到的任何位置。根据使用的流体不同，先导操作有两种类型：液压式和气动式。

图 7-7　滚轮操作式方向控制阀

液压执行器在压力下使用液压油来进行操作。由于加压流体还需要由方向控制阀控制，因此这种阀门不能单独使用。气动执行器使用压缩空气进行操作。

（4）制动器　制动器是锁定装置，在驱动力消失之后将阀门保持在最后的位置，直到施加更强的力将阀门转换到另一个位置。驱动力再次消失时，制动器将阀门保持在这个新位置。带制动器的方向控制阀如图 7-9 所示。

图 7-8　先导式方向控制阀　　　　　　图 7-9　带制动器的方向控制阀

（5）电磁铁　电磁铁通常称为电磁阀（图 7-10）。由于电力在工业中即时可得，电磁阀在工业机器中应用广泛。电磁阀由线圈和电枢组成，当线圈通过电流时，其周围会产生磁场，从而吸引电枢，电枢移动从而推动阀芯。

电磁铁是暂时性的磁铁，当有电流通过时具有磁性，并以相同的方式激励活塞使之在结构中运动，通过该运动来起动阀门。

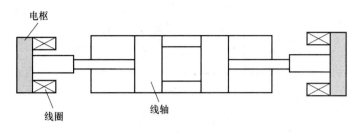

图 7-10　电磁阀

（6）先导式电磁操作　当先导阀和电磁阀组合使用时，可称为先导式电磁操作。例如，用于操作主 5/2 方向控制阀的 3/2 先导式方向控制阀（气动或液压式）本身也由电磁阀操作。

4. 阀门执行器的符号

阀门执行器的符号绘制在阀箱末端旁。阀门执行器有标准符号，可以绘制在阀门的任一端，且其含义相同。阀门执行器的符号见表 7-2。

表 7-2　阀门执行器的符号

手动起动		机械起动		先导操作		电气操作		先导式电磁操作		制动器	
⊏⊐	按钮	⊙⊢	滚轮	→▷	气动起动		电磁阀		电动气动	⌁	
⊢	踏板	⊏	柱塞						电动液压		
⊢	手柄	⋀⋁⋀	弹簧	→▶	液压起动						
⊂⊃	推/拉按钮										

5. 带执行器的方向控制阀示例

4/2 弹簧复位式电磁方向控制阀如图 7-11 所示。绘制规则为每个阀门执行器要绘制在其处于命令状态时的方框旁。

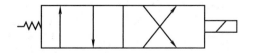

图 7-11　4/2 弹簧复位式电磁方向控制阀

在图 7-11 中，当弹簧控制阀门时，存在左侧方框中的流动路径。当电磁阀（右侧执行器）处于命令状态时，存在右侧方框中的流动路径。

典型的方向控制阀由三部分组成（图7-12）。

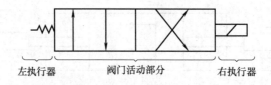

左执行器　　　　阀门活动部分　　　　右执行器

图7-12　方向控制阀实例

常见的带执行器的方向控制阀见表7-3。

表7-3　带执行器的方向控制阀

方向控制阀名称	符　号
2/2 按钮型弹簧复位式方向控制阀	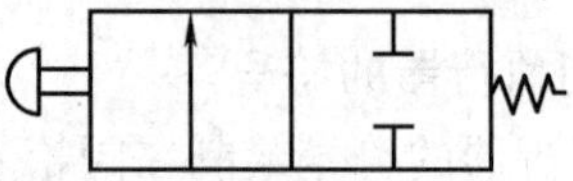
3/2 按钮型弹簧复位式方向控制阀	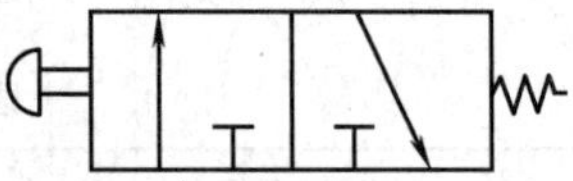
3/2 滚轮型弹簧复位式方向控制阀	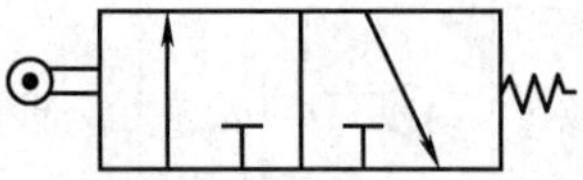
3/2 手柄型弹簧复位式方向控制阀	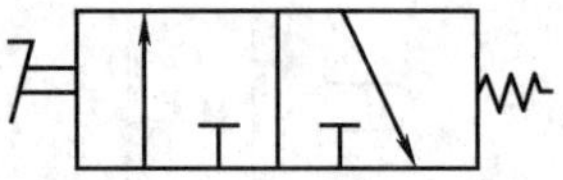
3/2 先导气动型弹簧复位式方向控制阀	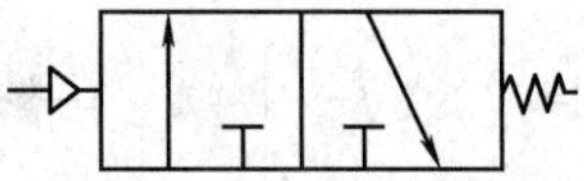
4/2 先导式方向控制阀	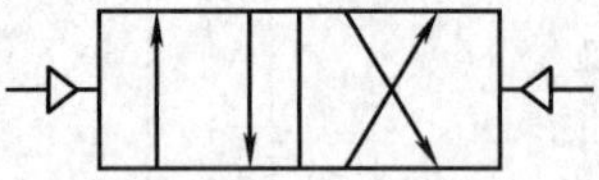
4/2 按钮型弹簧复位式方向控制阀	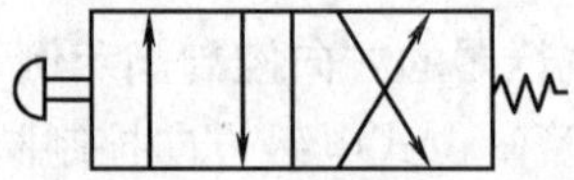
4/2 气动型弹簧复位式电磁方向控制阀	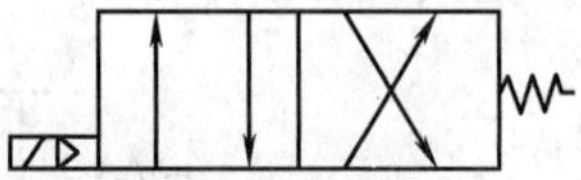
4/3 弹簧复位式电磁方向控制阀	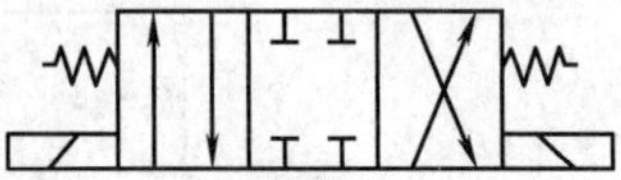

6. 根据结构对方向控制阀的分类

根据结构，方向控制阀可以分为三种类型：

1）旋转阀。

2）提升阀/座阀。

3）滑阀。

（1）旋转阀 旋转阀包括阀体内的旋转阀芯。旋转阀芯有供流体流动的通道，阀芯可以手动或机械旋转，旋转时会阻塞阀口或将阀口与通道连接。旋转阀的工作原理如图 7-13 所示。

开始时压力端口 P 连接工作端口 A，端口 B 连接油箱，如图 7-13a 所示。当阀门处于如图 7-13b 所示状态时，所有的端口都被锁定在中间位置。处于极限位置时，当阀芯旋转时，压力端口 P 的流体流向端口 B，来自端口 A 的流体流入油箱，如图 7-13c 所示。旋转阀的结构紧凑、简单，主要用于气动系统中的手动操作。

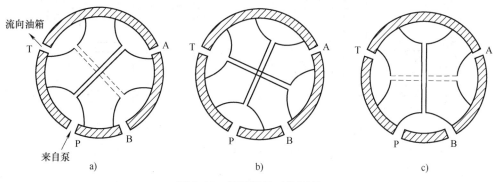

图 7-13　旋转阀的工作原理

（2）提升阀 提升阀或座阀以球体或活塞锥作为阀座元件，通常用轻质弹簧将其保持在关闭状态。在该类阀门中，提升阀被迫离开阀座，只允许单向流动，不允许反向流动。一个简单的提升阀如图 7-14 所示，当按下按钮时，球离开阀座并允许流体流动，如图 7-14b 所示。当松开按钮时，弹簧再次迫使球体关闭阀门（图 7-14a）。相比滑阀，座阀具有完全密封的优点。

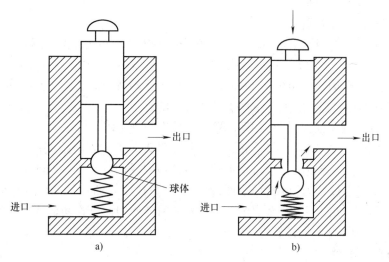

图 7-14　提升阀的工作原理

（3）滑阀　滑阀式换向阀是液压系统中最常用的阀门。滑阀由阀芯和阀壳组成，阀壳上切出不同的端口，并且阀芯被限制在阀壳内且只能沿轴向移动。根据阀芯的位置，当阀芯在通道之间滑动以打开或关闭流动路径时，流体会流入或流出工作端口。滑阀成本低，易于制造，与座阀相比，仅需要较少的精加工。滑阀与所有阀门的起动方式兼容，而座阀却不可以。滑阀由于其特殊的结构，无法实现完全密封。滑阀可以在多个位置间转换，从而能在不同的出入端口组合中控制流体，因此被广泛应用。

图 7-15 所示为一种典型的方向控制阀，其由一个内部有流动通道的阀体和一个滑动阀芯组成。当阀芯处于图 7-15a 所示的位置时，流动路径开放，即压力端口 P 连接到工作端口 A。当阀芯往另一侧移动时，流动路径关闭，如图 7-15b 所示。

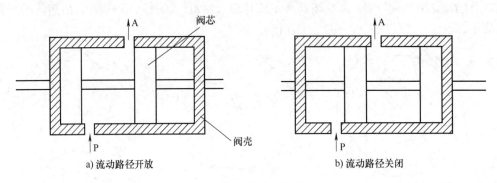

a) 流动路径开放　　　　　　　　　b) 流动路径关闭

图 7-15　滑阀的工作原理

7.4　2/2、3/2 和 4/2 方向控制阀的结构

1. 2/2 方向控制阀

2/2 方向控制阀是二位二通方向控制阀，该阀由两个端口组成，这两个端口由阀芯的不同位置控制连通或断开。2/2 方向控制阀可以分为两类：

1）2/2 滑阀式方向控制阀。

2）2/2 座式方向控制阀。

（1）2/2 滑阀式方向控制阀　结合图 7-16 来说明 2/2 滑阀式方向控制阀。如图 7-16a 所示，2/2 方向控制阀处于关闭位置，即压力端口 P 与工作端口 A 不连接。阀芯前后移动可以允许或阻止流体流经阀门。如图 7-16b 所示，当按下手动按钮时，阀芯向内移动，从而使压力端口 P 与工作端口 A 连接。阀门位置以符号表示。

2/2 按钮型弹簧复位式方向控制阀的符号如图 7-17 所示。

（2）2/2 座式方向控制阀　结合图 7-18 来说明 2/2 座式方向控制阀。在这种结构中，带有阀座的提升阀置于弹簧上，通过手动按钮可以改变阀门的位置。如图 7-18a 所示，由于端口 P 和端口 A 未连接，阀门处于关闭位置，因此流体不能通过该阀门，也就是处于阀门的"OFF"位置。当如图 7-18b 所示按下手动按钮时，阀门向下移动，从而使流体通过，这样就可以达到阀门的"ON"位置。

2. 3/2 方向控制阀

3/2 方向控制阀是二位三通方向控制阀，有三个通过通道彼此连接的端口，通道可处于

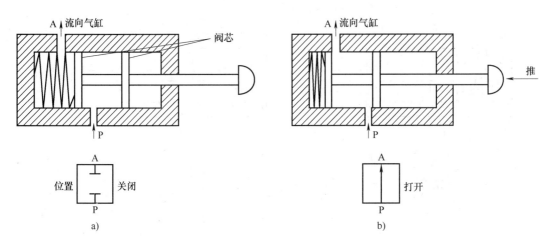

图 7-16 2/2 滑阀式方向控制阀

连接或断开状态。3/2 方向控制阀可以分为两类:

1) 3/2 滑阀式方向控制阀。

2) 3/2 座式方向控制阀。

(1) 3/2 滑阀式方向控制阀 3/2 滑阀式方向控制阀的结构类似于 2/2 滑阀式方向控制阀,只是增加了输出端口 R 或 T (用于气动系统的 R 和用于液压系统的 T)。再次转换阀芯位置可以使气缸伸出或缩回 (图 7-19)。

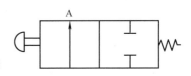

图 7-17 2/2 按钮型弹簧
复位式方向控制阀符号

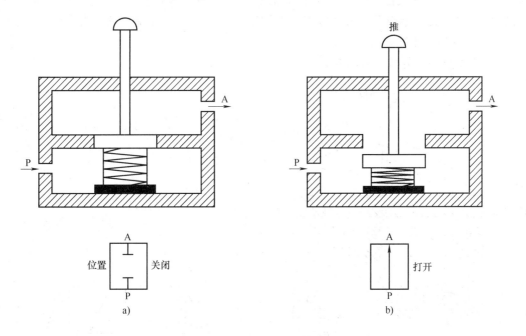

图 7-18 2/2 座式方向控制阀

3/2 按钮型弹簧复位式方向控制阀的符号如图 7-20 所示。

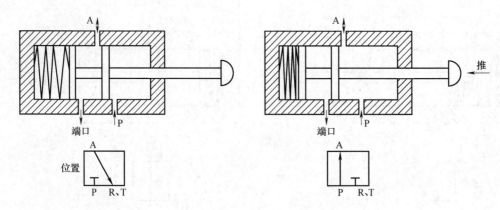

图 7-19   3/2 滑阀式方向控制阀

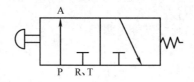

图 7-20   3/2 按钮型弹簧复位式方向控制阀符号

（2）3/2 座式方向控制阀   3/2 座式方向控制阀的总体布置如图 7-21 所示。使用杠杆作为起动装置，当手柄被拉动时，左侧压力端口 P 与工作端口 A 连接，来自油箱的流体输送至执行器；类似地，当该手柄被推动时，左侧端口 P 关闭，工作端口 A 与排气口 R 或 T 连接，来自气缸的流体被排出。

3/2 手柄型弹簧复位式方向控制阀的符号如图 7-22 所示。

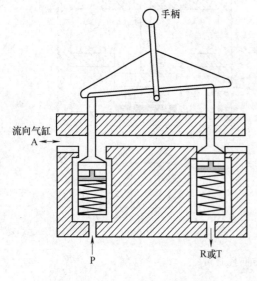

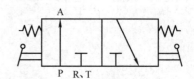

图 7-21   3/2 座式方向控制阀

图 7-22   3/2 手柄型弹簧复位式方向控制阀

3. 4/2 方向控制阀

4/2 方向控制阀是二位四通方向控制阀，有四个通过通道彼此连接的端口，通道处于连接或断开状态。四通阀用于控制液压/气动回路中的流体流动方向。4/2 方向控制阀可以分为两类：

1）4/2 滑阀式方向控制阀。

2）4/2 座式方向控制阀。

（1）4/2 滑阀式方向控制阀　4/2 滑阀式方向控制阀非常常见，主要应用于双作用缸的控制。该阀由四个端口和两个位置组成，如图 7-23 所示，通过分析 4/2 方向控制阀的所有位置来说明其工作原理，其阀芯由两侧的先导供应起动。

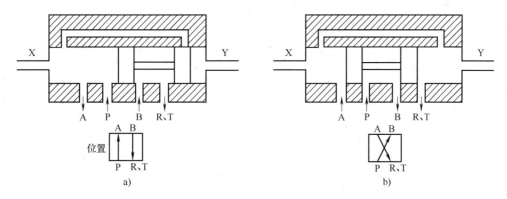

图 7-23　4/2 滑阀式方向控制阀

如图 7-23a 所示，当阀芯处于供应压力端口 P 连接到端口 A、端口 B 连接到排放端口的位置时，气缸将延伸。当阀芯移动到另一个极限位置，即左侧位置时，压力端口 P 连接到端口 B，端口 A 连接到排放端口（图 7-23b），此时气缸缩回。用回路中的方向控制阀可以控制气缸的活塞杆伸缩进行工作。

4/2 先导式方向控制阀的符号如图 7-24 所示。

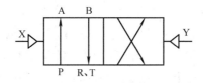

图 7-24　4/2 先导式方向控制阀符号

（2）4/2 座式方向控制阀　4/2 座式方向控制阀如图 7-25 所示，其有四个端口（即 P、R、A 和 B）和两个位置。弹簧复位按钮用于控制导轨内座阀的垂直运动。通过上下移动座阀，各个端口交替连接或关闭。最初未按按钮时，压缩空气可以经阀座间的通道从压力端口 P 流到工作端口 B，且在另一侧压缩空气可以从工作端口 A 排出到排放端口 R。当按下按钮时，压力端口 P 通过内部通道与工作端口 A 连接，工作端口 B 与排放端口 R 连接。

4/2 按钮型弹簧复位式方向控制阀的符号如图 7-26 所示。

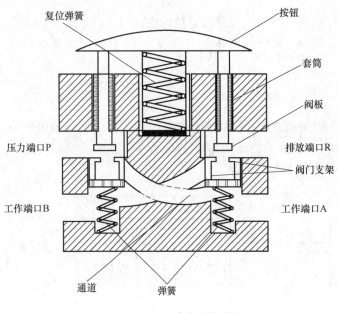

图 7-25 4/2 座式方向控制阀

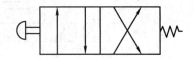

图 7-26 4/2 按钮型弹簧
复位式方向控制阀符号

7.5 四通方向控制阀的中心状态

　　四通（4 端口）方向控制阀阀芯的默认位置为中心位置，阀芯的中心位置决定方向控制阀的操作状态。方向控制阀的中心状态有如下几种：

　　1）开放中心状态。

　　2）闭合中心状态。

　　3）串联中心状态。

　　4）浮动中心状态。

　　（1）开放中心状态　在开放中心状态下，所有端口（即 A、B、P 和 T）互相连接，如图 7-27 所示。在这种情况下，执行器不承受压力，泵内流体在低压下进入油箱。开放中心状态的符号表明四个端口相互连接。在泵流量只执行一次操作时使用这种中心状态，该中心状态适用于执行器不受压力的场合。这类阀芯有助于将位置转换时的振动降至最低。

　　（2）闭合中心状态　在闭合中心状态下，所有端口都被阻塞，如图 7-28 所示。在这种情况下，流体不能通过阀门，也不能用于其他操作。当单个泵执行多个操作并要求没有压力损失时，使用闭合中心状态的阀门。闭合中心状态的符号表明四个端口被阻塞。此状态的缺点是这种情况下泵的流体不能流到油箱，并有可能发生泄漏。

　　（3）串联中心状态　在串联中心状态下，压力端口连接到油箱端口，并且两个执行器端口都被阻塞，如图 7-29 所示。在这种情况下，泵内流体在低压下进入油箱。这类中心状态用于两个或多个执行器与同一动力源串联的场合。串联中心状态的符号表明执行器端口 A 和 B 被堵塞，压力端口 P 连接到油箱端口 T。

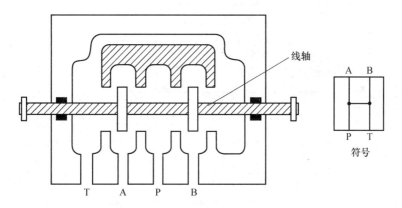

图 7-27 四通方向控制阀的开放中心状态

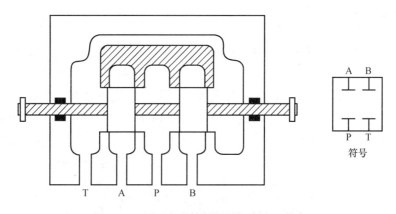

图 7-28 四通方向控制阀的闭合中心状态

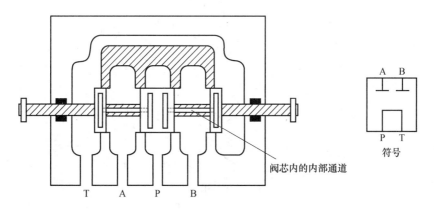

图 7-29 四通方向控制阀的串联中心状态

（4）浮动中心状态 在浮动中心状态下，压力端口被阻塞，执行器端口连接到油箱端口，如图 7-30 所示。在这种情况下，压力保持在压力端口中，执行器端口与油箱端口无压力。该中心状态用于使用先导操作方向阀的场合。浮动中心状态的符号表明执行器端口 A 和 B 连接到油箱端口 T，压力端口 P 被阻塞。

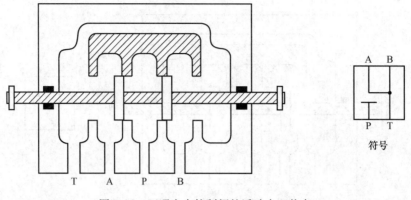

图 7-30　四通方向控制阀的浮动中心状态

7.6　止回阀

　　止回阀是一种单向换向阀，只允许流体单向流动，不允许反向流动（图 7-31），因此也可称为单向阀。为了防止泄漏，这类阀门都具有提升式结构，由一个球体或提动阀芯组成，在弹簧弹力的作用下保持在常闭位置。当流体压力大于弹簧弹力时，提动阀芯被迫离开阀座，从而允许流体在该方向上流动，流体不可能反向流动。由于止回阀应用场合的多样性，其经常在液压和气动回路中使用。

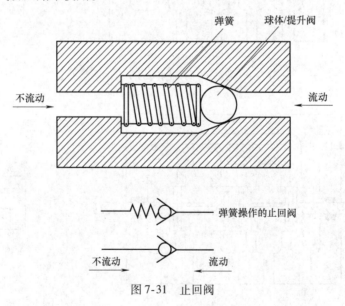

图 7-31　止回阀

　　止回阀的应用：

　　（1）在液压系统中防止回流　止回阀用于防止液体从液压系统回流。控制单作用气缸的基本液压回路图（见第 8 章）说明了止回阀的应用。与泄压阀相同，每个液压系统都需要止回阀。

　　（2）速度控制　这类阀门也可用于控制气动气缸或液压缸的速度。此应用在回路的速度控制中得到了体现（见第 8 章）。

气动和液压回路内的流度也可以通过止回阀调节器来控制。通过研究图 7-32 所示的例子可以理解止回阀调节器的工作原理，该回路可以减缓活塞前后移动的速度。加压流体（液压或气动装置中）被输送至压力端口 P 时，通过工作端口 A 离开方向控制阀并流向调节器。在这种情况下，止回阀的布置使得流体从泵/压缩机流入气缸时必须通过变速控制。因此，速度会降低，即活塞向前行程期间的移动速度降低。

当方向控制阀的位置变化时，加压流体会进入气缸的有杆腔，并从气缸的另一侧排出气体。从气缸排出的加压流体必须通过止回阀和可变限流器，从而导致活塞在向后行程期间的速度降低。因此，使用流量控制阀可以降低气缸的运行速度。

（3）在液压系统中绕开堵塞管路　有时还使用止回阀阻止堵塞管路中的流体流动，如图 7-33 所示。

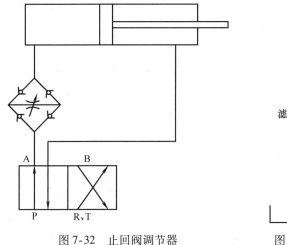

图 7-32　止回阀调节器　　　　　图 7-33　止回阀用于绕开堵塞的过滤器

7.7　先导式止回阀

先导式止回阀允许流体单向流动，阻止反向流动，除非施加先导压力才允许反向流动。先导式止回阀包括可移动的提动阀芯和基于先导压力作用于提动阀芯的活塞，由先导端口 X，一个入口端口和一个出口端口组成（图 7-34）。

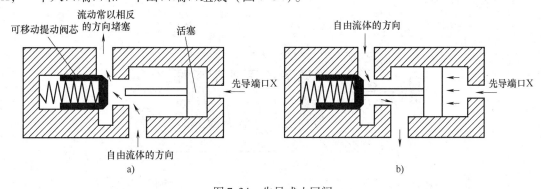

图 7-34　先导式止回阀

如图 7-34a 所示，加压流体通过入口端口时，会导致提动阀芯移位，从而允许此方向上的流动。流体不可能反向流动。只有在施加先导压力时才可以反向流动。如图 7-34b 所示，通过先导端口 X 施加先导压力时，流体压力迫使活塞移动推动阀芯，从而允许反向流动。

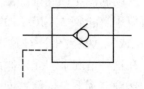

图 7-35　先导式止回阀符号

先导式止回阀的符号如图 7-35 所示，先导压力线沿打开阀门的方向作用。

7.8　压力控制阀

所有液压系统中都有充当安全装置的压力控制阀。这类阀门有助于实现各种功能，如保持系统压力低于预期上限，维持部分回路的设定压力。大多数压力控制阀为常闭型，这意味着从阀门出口端口到入口端口的流动都被堵塞，直到有足够大的压力引起不平衡动作。此类阀门包括泄压阀、减压阀、顺序阀、平衡阀和卸荷阀。压力控制阀可设计成提动式、座式或滑阀式阀门。滑阀式阀门的优点是行程短、响应迅速；座式阀的优点是完全无泄漏。同时，滑阀式压力控制阀能实现精确控制。

7.9　泄压阀

泄压阀是液压系统中最常用的压力控制阀。在液压系统中，要求液压管路中的压力不能超过部件的设计极限。液压管路中需要泄压阀来限制管路中的压力，并确保液压系统组件的安全，避免出现过载和爆裂的危险。它通常连接在泵管路和油箱管路之间，避免流体通道堵塞，并在需要时起作用。由于其功能，泄压阀也被称为最大压力阀或安全阀。

图 7-36 所示的泄压阀包括一个由弹簧保持的活塞/柱塞主体部分和一个控制活塞运动的盖端部分。通过调节阀门中的弹簧压缩力，为其设置特定压力。开始时，阀门处于平衡位置，当管路中的压力增加，且流体压力超过设定压力时，流体进入阀门并迫使活塞/柱塞（弹簧加载）向内移动。流体通过另一个端口直接排入油箱，从而使系统组件免受爆裂的危险。当液压系统中的压力再次恢复正常时，即当阀外压力小于阀内压力时，活塞再次回到初始位置且通道被堵塞。

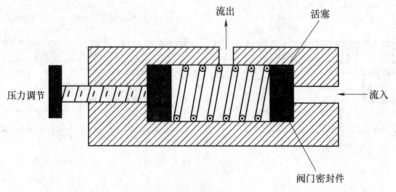

图 7-36　泄压阀

泄压阀的符号如图 7-37 所示，方框代表了一侧带有弹簧的泄压阀，这表示该阀门是弹簧式的，弹簧上的箭头表示它是可调节的。

开启压力、全流量压力和压力超增：

①开启压力是指使泄压阀打开并允许流体通过的最小压力；②全流量压力是指允许通过阀门的流量最大时的压力；③压力超增是指全流量压力与开启压力之差。

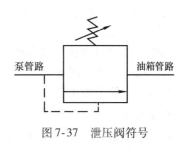

图 7-37　泄压阀符号

7.10　减压阀

减压阀用于在必要时降低液压系统中的压力，重点是对流体的精确控制。例如，如果在液压系统中，分支回路的压力上限为 250PSI，而主回路工作压力为 750PSI，则应将主回路中的泄压阀调节至高于 750PSI 的设定值以满足主回路的要求，但是这将超过分支回路压力的上限 250PSI。因此，除主回路中的泄压阀外，还应在分支回路中安装减压阀并设定上限为 250PSI。

减压阀如图 7-38 所示。通过调节弹簧的压缩力来设定分支回路压力。来自主回路的流体通过入口端口进入阀门，并通过出口端口进入分支回路（图 7-38a）。从阀门流出的流体压力基本等于弹簧从上方施加的压力，因此，弹簧的运动可以忽略不计。在图 7-38b 中，与系统压力（即由弹簧设定的压力）相比，从阀门流出的流体压力非常高。因此，流体压力将作用于阀芯底部，导致阀芯向上移动，从而减少高压流体入口处的通过量，这将降低出口处的压力。

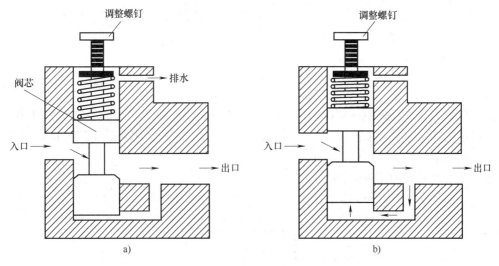

图 7-38　减压阀

7.11　顺序阀

液压系统中使用的顺序阀也属于压力控制阀，顺序阀用来按顺序控制各种操作。例如，使用顺序阀按顺序控制两个气缸执行钻孔操作：一个气缸夹住工件，另一个气缸执行钻孔操作。在原理和操作方式上，顺序阀与泄压阀十分类似。在泄压阀中，一旦达到设定压力，泄压阀即将流体排回油箱；而在顺序阀中，一旦达到设定压力，加压流体就可用于下一步操作。顺序阀是常闭二通阀门，可以调节回路中各种功能的执行顺序。

典型压力控制顺序阀的操作方式如图 7-39 所示，通过调节将活塞保持在常闭位置的弹簧弹力获得开启压力。活塞顶部的面积比底部大，流体通过入口端口进入阀门，在活塞底部自由流动，并通过出口端口离开阀门，在主要单元中执行所需的操作，如图 7-39a 所示。该流体压力也会作用于活塞的下表面。

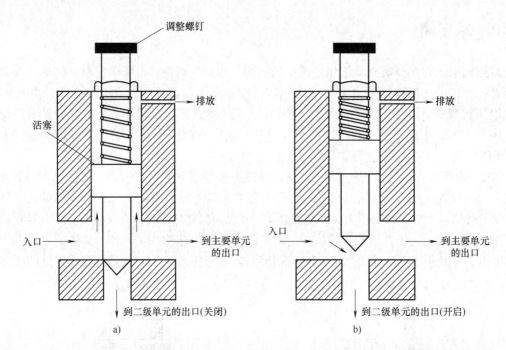

图 7-39　顺序阀

当主要单元完成操作时，管路中的压力会增加到足以克服弹簧弹力，从而使活塞升高。于是阀门处于开启位置，如图 7-39b 所示，进入阀门的流体通过阻力最小的路径流向二级单元，通过活塞泄漏的流体可以经排放通道从顶部排出。

顺序阀的符号如图 7-40 所示。

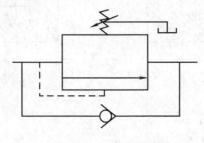

图 7-40　顺序阀符号

7.12 平衡阀

平衡阀是一种压力控制阀，用来保持对垂直缸的控制，防止其因重力或附着在其上的负载而自由落下。平衡阀允许流体在一个方向上自由流动，并在达到一定的压力之前，对另一个方向上的流动形成阻力。该阀通常位于方向控制阀和垂直安装的驱动缸出口之间的管路上，平衡阀用来支撑部件或者使其在一段时间内保持在某一位置上。平衡阀的压力高于系统负载压力。如果气缸需要延伸，则压力必须升高到设定压力以上，然后打开平衡阀。平衡阀相当于是对驱动缸的液压阻力。先导式止回阀和平衡阀之间的主要区别在于，先导式止回阀的开启压力取决于阀后的压力，而平衡阀的开启压力取决于阀后的弹簧压力。平衡阀如图 7-41 所示。

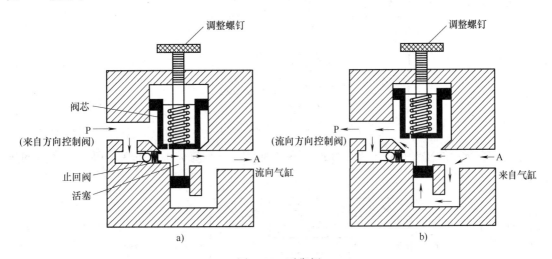

图 7-41 平衡阀

平衡阀的初始位置为关闭位置，如图 7-41a 所示，来自方向控制阀的加压流体通过端口 P 进入平衡阀。在关闭位置，滑阀堵塞排出端口 A，因此流体不能流过阀门。流体将通过止回阀流到排出口并提升气缸。由于其上附加有负载或重力，气缸有下降的趋势，但由于平衡阀的高压设定，气缸仍处于向上的位置。

在反向流动过程中，来自气缸的流体进入平衡阀，如图 7-41b 所示。由于平衡阀处于关闭位置，加压流体不能流向方向控制阀。当管路中的流动阻力导致压力增加时，流体转移到先导管线。加压流体的压力作用于活塞底部，流体压力克服阀门的设定压力，使阀芯向上移动，这使得流体能在滑阀轴处自由流动，并最终从入口端口 P 排出。

在一些液压叉车中也使用平衡阀，当叉架下降时，它对来自驱动油缸的流量有一定的阻力；在叉架上升时，它又有助于支撑叉架。

平衡阀的符号如图 7-42 所示。

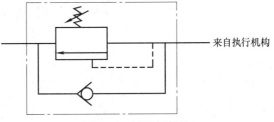

图 7-42 平衡阀符号

7.13 流量控制阀

由于在液压和气动系统中流量控制阀的主要作用是控制气缸和液压马达的速度，所以这类阀门也称为速度控制阀。流量控制阀通过调节流速来控制执行器的速度。流量控制阀主要有两类：

1）固定节流阀。

2）可调节流阀。

若要速度恒定，则流速必须是恒定的。固定节流阀用于需要减小流量的场合。如图 7-43 所示，流体要通过一个长圆柱形的容器。气动系统中由于流体黏度的影响增大，使用这种阀门能起到很好的效果，内部摩擦和发热会使流速降低。

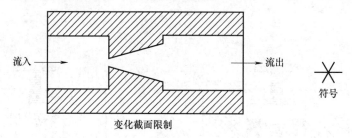

图 7-43 截面变化时的阻力说明

图 7-44 所示的装置是对前者的修改。在这种情况下，流体黏度的影响降低，产生的热量更少。

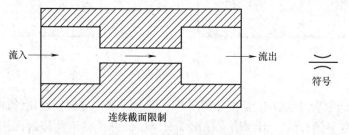

图 7-44 连续截面限制说明

可调节流阀用于需要气缸和马达以无限速度运转的场合，或是气缸和马达在负载变化时以恒定速度运转的场合。对于可调节流阀，通常根据需要使用可调节针来改变流量配置。其总体布置如图 7-45 所示。

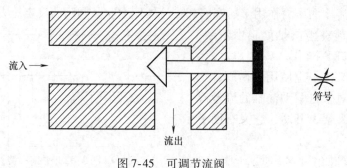

图 7-45 可调节流阀

7. 14 单向流量控制阀

单向流量控制阀结合了可变流量控制阀与止回阀的特点，这种装置用于控制流体单向流动，流动方向取决于止回阀的位置和方向。如图 7-46 所示，当流体从下端口流向上端口时，流体流动不受限制，但当流体从上端口流向下端口时，流体流动受到限制。

单向流量控制阀的符号如图 7-47 所示。

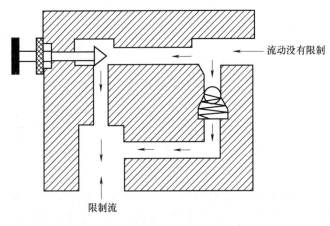

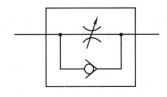

图 7-46 单向流量控制阀　　　　　　　　　图 7-47 单向流量控制阀符号

单向流量控制阀在气缸速度控制中的应用如下：

在低速时加入或排出加压流体，可以降低气缸的速度，这可以通过在气缸的入口或出口处分别使用单向流量控制阀来实现。第 8 章 "入口和出口节流式回路" 中详细介绍了这一主题。流量控制阀可以降低气缸的速度，而在气动系统中使用快速排气阀可以增加气缸的速度。

7. 15 快速排气阀

快速排气阀用于在气动系统中以较快的速度从气缸中排出加压流体，这是通过防止从气缸排出的空气流经方向控制阀实现的。快速排气阀如图 7-48 所示。

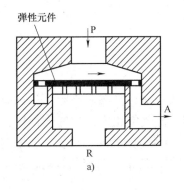
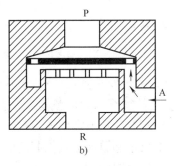
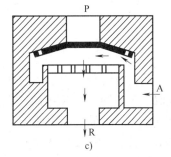

图 7-48 快速排气阀

快速排气阀由流体从主管路流出的压力端口 P、流体流入气缸的工作端口 A 和排放端口 R 组成。当加压流体（空气）进入气缸时，即当加压流体从 P 口流到 A 口（从主管路到气缸）时，允许流体通过，如图 7-48a 所示。当流体要从气缸中返回时，弹性元件由于流体（空气）的压力而发生移位，如图 7-48b 所示，流体不经过 P 口而直接通过 R 口排出，如图 7-48c 所示。因此，使用快速排气阀可以增加气缸的运行速度。由于无须回收系统中的空气，因此该阀不适用于压缩空气的流速调节。

快速排气阀的符号如图 7-49 所示。

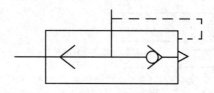

图 7-49　快速排气阀符号

7.16　延时阀/空气定时器

使用延时阀可以将信号延迟 5~15s，因此该阀通常称为空气定时器。延时阀是先导式阀门，通过可变节流器供应先导空气，因此需要一定的时间达到运行压力。通过调节可变节流器可以调节延迟时间。延时阀由一个 3/2 先导弹簧复位式方向控制阀、一个内置的储气室和一个单向流量控制阀组成，如图 7-50 所示。

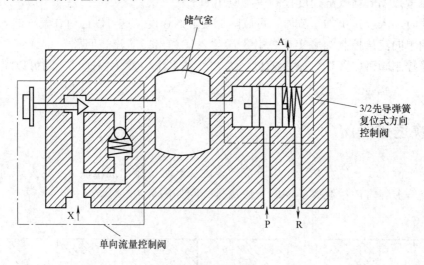

图 7-50　延时阀

若要将信号（以加压流体的形式）发送到系统中的其他执行器，则阀芯必须移位，而这取决于先导管线 X 中的压力。先导管线与单向流量控制阀、储气室相连，空气会积聚在储气室中。当储气室中的压力达到阀芯移位所需的压力时，方向控制阀的阀芯移位，压力端口 P 连接到工作端口 A。储气室的大小和单向流量控制阀的设置决定了方向控制阀阀芯移位所需的时间，该时间等于延时阀的延迟时间。

延时阀的符号如图 7-51 所示。

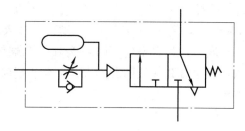

图 7-51　延时阀符号

7.17　气动逻辑阀

在需要精确控制的情况下，气动装置总是优于液压装置。气动阀能够在各种工业应用中执行所需的逻辑功能。通过使用电子逻辑门、定时器、开关等，并对可编程逻辑控制器（PLC）进行编程，可以实现机器的完全自动化。然后，该机器就一定会反复地执行同样的工作。类似地，气动逻辑元件可以用作人工大脑，能够起动、停止、检查并在紧急情况下发出警告。所有逻辑门（NOT、YES、AND、OR、NOR、NAND 和 MEMORY）都来自于四个基本逻辑功能，即 NOT、AND、OR 和 MEMORY。而从气动阀门的角度来看，双压阀和梭阀是较重要的。它们的描述如下。

7.18　双压阀

它由一个具有 3 个端口的阀体和一个可移动阀芯组成，如图 7-52 所示。由于需要两个相等输入来传送信号，该阀门也称为与门。如果有来自端口 A 和 B 且大小相等的输入，则在端口 C 处有输出，且只在端口 C 处有流量。如果只有来自端口 A 的输入，则阀芯将向右移动，关闭从 A 到 C 的流动通道。类似地，如果只有来自端口 B 的输入，则阀芯将向左移位，关闭从 B 到 C 的流动通道。

双压阀的符号如图 7-53 所示。

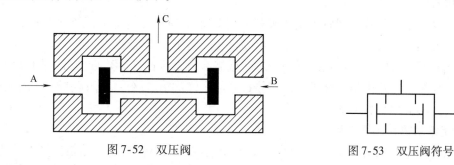

图 7-52　双压阀　　　　　　　　　　图 7-53　双压阀符号

7.19　梭阀

梭阀由一个三端口（A、B 和 C）的阀体组成，如图 7-54 所示。由于需要单个输入或两个相同的输入来传送信号，该阀门也称为或门。A 和 B 是输入端口，C 是输出端口，并有球形控制元件。此处至少需要一个输入来获得端口 C 的输出。如果空气从端口 A 流入，则球形元件将关闭端口 B，空气从端口 C 流出；如果空气从端口 B 流入，则球形元件将再次移动并关闭端口 A，空气从端口 C 流出；如果空气同时从端口 A 和端口 B 流入，空气也会从端口 C 流出。即空气从端口 A、从端口 B 或从两者流入，都会从端口 C 流出。

梭阀的符号如图 7-55 所示。

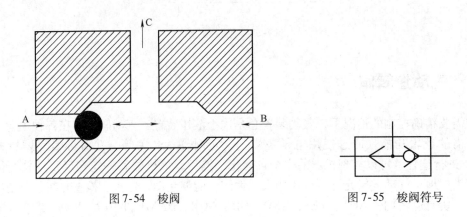

图 7-54 梭阀   图 7-55 梭阀符号

7.20 伺服阀

伺服阀通常用于对电气或电子控制信号做出压力响应，可以任意放置以控制流体的流量、压力和方向。伺服控制是指通过较小的能量来控制较大的能量。

一般来说，伺服阀包含先导阀和随动阀。先导阀使用转矩电动机或执行电动机作为其启动器，且能将放大信号以加压流体的形式发送到从动阀（也称为主阀）。还可通过一些方法来提供反馈，以判断主阀的阀芯是否达到期望的位置。这种在某一方向上执行流体控制功能的阀门称为两级伺服阀。伺服阀有单级、两级或三级的。单级阀是直接操作的阀门；两级阀由先导级和最后级/主级组成；三级阀也类似，除了先导阀是两级伺服阀。三级伺服阀用于预计流量非常大的场合。

伺服阀这一术语传统上理解为机械反馈阀，转矩电动机通过弹簧元件（反馈线）连接到主阀阀芯，阀芯位移会使电线向先导阀电动机传递转矩。当反馈线偏转的转矩等于电流通过电动机线圈所感应的电磁场转矩时，阀芯将保持在原来位置。这类两级阀包含由转矩电动机控制的先导级，以及由第一级排出的流体控制的主级或第二级。由于能控制大量流体，伺服阀在工业上的应用日益增加。

1. 转矩电动机和电枢组件

转矩电动机和电枢组件如图 7-56 所示。转矩电动机由电枢构成，电枢安装在一组永磁体产生的磁场气隙中心，如图 7-56a 所示。通过传递来自电枢线圈的电流，电枢端部极化，从而被一个磁极片吸引并被另一个磁极片排斥。这样就在电枢组件中产生了转矩，使其围绕固定套筒旋转，如图 7-56b 所示。借助于联动装置，无论是借助射流管还是挡板，电枢组件的向上运动都将以线性运动的形式传递到主阀芯。

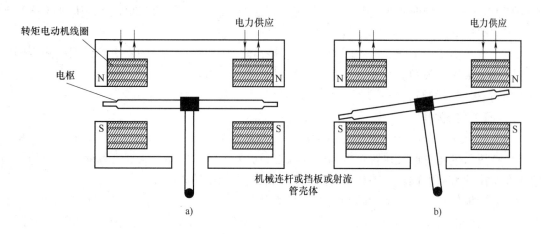

图 7-56   转矩电动机和电枢组件

2. 伺服阀的分类

伺服阀大致可以分为：

1）单级伺服阀。

2）多级伺服阀。

3. 单级伺服阀

当电信号直接作用于控制主阀位置并且不需要其他中间件时，该阀门称为单级伺服阀。单级伺服阀由主阀（将要被控制的）和转矩电动机组成，电枢或转矩电动机通过机械连杆与主阀的阀芯连接。电枢沿其中心旋转，并被转矩电动机的线圈包围，如图 7-57 所示。无论电信号强度是低、中还是高，电枢都会在电信号的作用下向内或向外偏转。对于主滑阀也是如此。

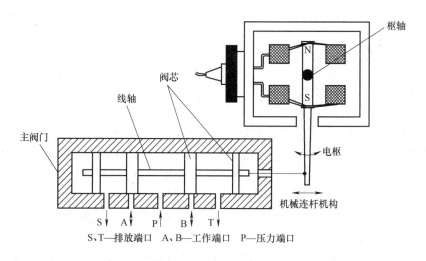

S、T—排放端口   A、B—工作端口   P—压力端口

图 7-57   单级伺服阀

在低电信号或电信号几乎为零的情况下，压力端口 P 将连接到工作端口 A，工作端口 B 连接到排放端口 T。当电信号为 50% 时，电枢变直，这类似于主阀关闭中心位置，此时，所

113

有端口彼此分离,如图 7-57 所示。在第三种情况下,当电信号为 100% 时,压力端口 P 连接到工作端口 B,工作端口 A 连接到排放端口 S。

对于重载操作,由于来自主阀的流体流量较高,移动阀芯所需的力更大,因此两级伺服阀通常优于单级伺服阀。此外,这些单级伺服阀可以分为两类:

1)挡板射流伺服阀。

2)管道射流伺服阀。

(1)挡板射流伺服阀 挡板射流伺服阀的总体布局如图 7-58 所示,其由主阀、转矩电动机、挡板、带孔管道及在转矩电动机线圈之间放置电枢处的喷嘴组成。线圈通过电信号使挡板在所需的方向上偏转。挡板的另一端用于控制主阀中的先导压力。

只要挡板保持平直,主阀两侧的先导压力就保持不变,阀保持在图 7-58a 所示的位置。但随着电信号的改变,挡板会改变位置,从而使一侧的压力增加,而使另一侧的压力降低。主阀的另一位置是通过配置挡板来实现的,如图 7-58b 所示。

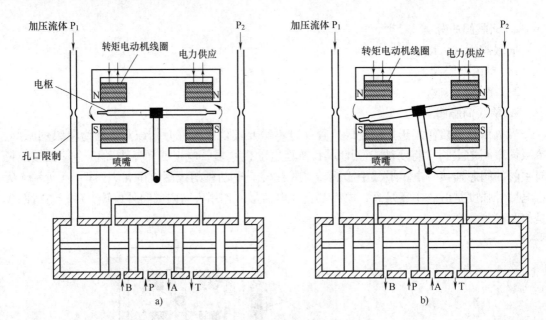

图 7-58 挡板射流伺服阀

(2)管道射流伺服阀 管道射流伺服阀也使用电信号来改变主阀的位置。该阀由转矩电动机、电枢、喷嘴、射流管和阀芯式结构的主阀组成,如图 7-59 所示。为了使阀处于静止位置(图 7-59 所示的位置,即当所有端口都彼此闭合时),只施加 50% 的控制信号,这样电枢可以保持平直,且主阀的两个先导管线中的流量相等。

改变控制信号可以改变伺服阀的位置,并会使电枢偏转,从而将更多的流体引入一个先导管线,而将更少的流体引入另一个先导管线。电枢的底部自由端与主阀的阀芯相连,这样做是为了确保阀芯达到所需的位置,并在达到所需的位置后,阀芯和电枢进一步移动,自动消除电信号。

4. 多级伺服阀

所有上述设计均可用于设计多级液压伺服阀,每种设计都是针对特定的应用需求,通常

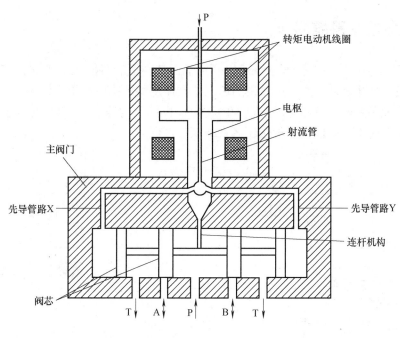

图 7-59 管道射流伺服阀

情况下，大多数的设计都不会超过三级。将喷嘴挡板、射流管或直接驱动阀安装在较大的主级中可以满足大多数的动力学要求和流量要求。射流管阀有时用于多级结构，并用电子反馈取代传统射流管的机械反馈。这种伺服射流方式具有典型射流管的先导特性。

7.21 伺服系统

图 7-60 所示的伺服系统包含放大信号的放大器，以便将其作为伺服阀的信号。现有两个输入进入系统的下一个部件，如伺服阀。第一个输入是来自泵的加压流体，将由伺服阀引导至执行器，第二个输入是放大器或先导阀的控制信号。伺服阀将流体引导至执行器，即双作用液压缸。双作用液压缸产生运动，通过电子方式测量该运动。将实际值与期望值进行比较，并给出相关的误差信号。

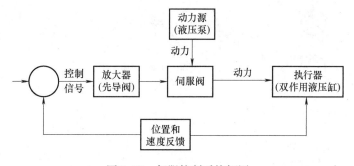

图 7-60 伺服控制系统框图

7.22 伺服控制系统示例

图 7-61 所示为一个液压伺服系统运行的例子，其中电动机驱动的轴向柱塞泵是能量的来源。通过液压过滤器从供给箱中获得加压流体。使用伺服阀使加压流体进入执行器，伺服阀有一定的放大率并能将流体引导至正确的方向。根据泵的压力-流量特性，也可以加入蓄能器。然后在一些机器中使用该加压流体来移动工作台。

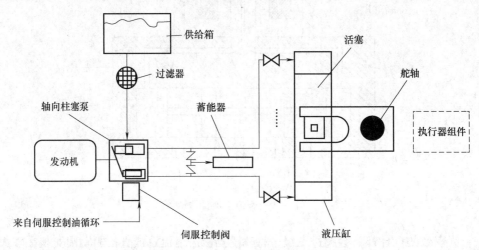

图 7-61 使用伺服系统移动工作台

7.23 液压符号和气动符号

泵和压缩机
液压泵

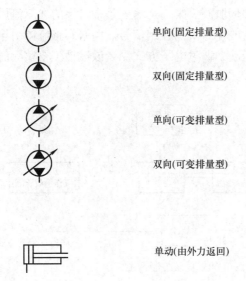

单向(固定排量型)

双向(固定排量型)

单向(可变排量型)

双向(可变排量型)

空气压缩机
气缸

单动(由外力返回)

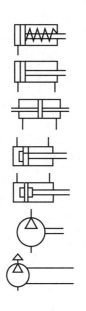

单动(由弹力返回)

双动气缸

双动(双端活塞杆)

单固定缓冲

双固定缓冲

单向

真空泵

液压和气动执行机构
液动马达

单向(固定排量型)

双向(固定排量型)

单向(可变排量型)

双向(可变排量型)

摇动马达

气动马达

单向

双向

单向(可变排量型)

双向(可变排量型)

摇动马达

止回阀

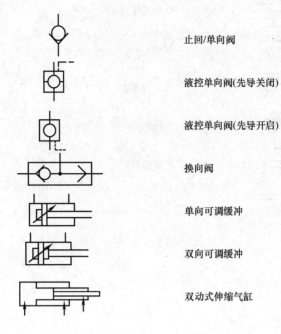

止回/单向阀

液控单向阀(先导关闭)

液控单向阀(先导开启)

换向阀

单向可调缓冲

双向可调缓冲

双动式伸缩气缸

液压阀和气动阀
方向控制阀

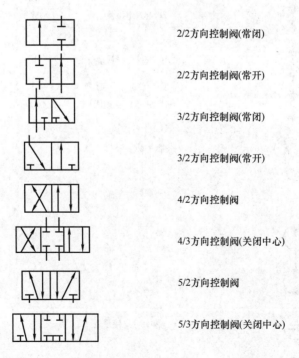

2/2方向控制阀(常闭)

2/2方向控制阀(常开)

3/2方向控制阀(常闭)

3/2方向控制阀(常开)

4/2方向控制阀

4/3方向控制阀(关闭中心)

5/2方向控制阀

5/3方向控制阀(关闭中心)

起动方法
手动控制

手动控制(一般符号)

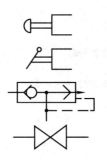

按钮

手柄

快速排气阀

截止阀

流量控制阀

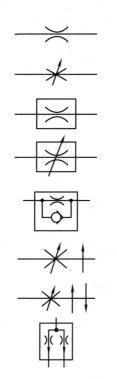

固定孔

可调节流阀

流量控制阀(固定输出)

流量控制阀(可变输出)

非返回流量控制阀

压力补偿

压力和温度补偿

分流阀

压力控制阀

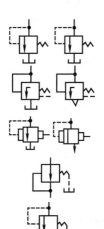

泄压阀(常闭)

先导式泄压阀

比例泄压阀

减压阀

顺序阀

联合操作

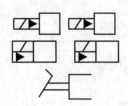

电磁驱动先导阀

任何人都可以独立地起动

踏板

机械控制

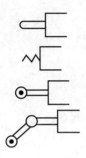

柱塞

弹簧

滚轮

单向滚轮

电气控制

电磁阀(单绕组)

电磁阀(双绕组)

电磁阀(变量控制双绕组)

电动机

先导操作

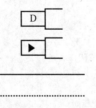

气动

液动

工作管线

先导管线

排放管线

挠性软管

流体配件

过滤器

气水分离器与手动排水

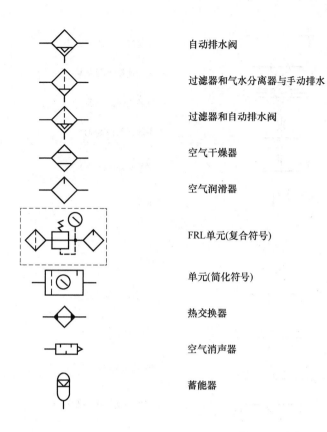

自动排水阀

过滤器和气水分离器与手动排水

过滤器和自动排水阀

空气干燥器

空气润滑器

FRL单元(复合符号)

单元(简化符号)

热交换器

空气消声器

蓄能器

能量传输

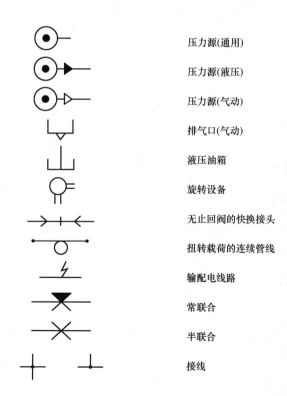

压力源(通用)

压力源(液压)

压力源(气动)

排气口(气动)

液压油箱

旋转设备

无止回阀的快换接头

扭转载荷的连续管线

输配电线路

常联合

半联合

接线

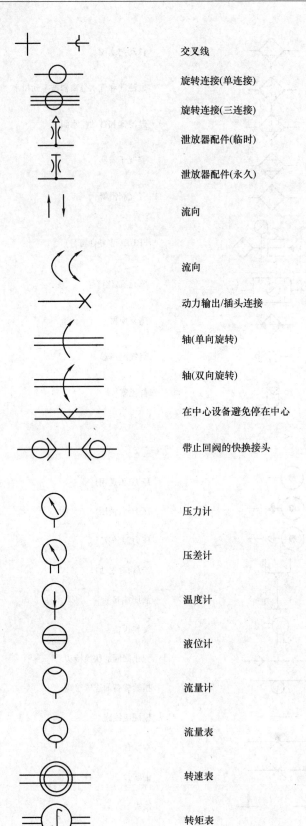

先导操作

测量仪表

	交叉线
	旋转连接(单连接)
	旋转连接(三连接)
	泄放器配件(临时)
	泄放器配件(永久)
	流向
	流向
	动力输出/插头连接
	轴(单向旋转)
	轴(双向旋转)
	在中心设备避免停在中心
	带止回阀的快换接头
	压力计
	压差计
	温度计
	液位计
	流量计
	流量表
	转速表
	转矩表

 练 习

1）什么是方向控制阀？

2）区分气动回路中不同类型的气动阀门。

3）方向控制阀的作用是什么？区分各类方向控制阀。

4）什么是伺服系统？

5）什么是顺序压力阀？

6）结合图形描述气动流量控制阀的工作原理。

7）什么是 5/2 先导式方向控制阀？

8）绘制 4/2 方向控制电磁阀和气动压力调节阀的示意图。

9）什么是四通方向控制阀？

10）什么是 5/2 方向控制阀？

11）什么是延时阀？

12）什么是电磁阀？它的工作原理是什么？

13）什么是伺服阀？

14）简要画出梭阀。

15）写出伺服阀的三种类型。

16）什么类型的方向控制阀适用于控制双作用的气动执行器？

17）什么类型的方向控制阀适用于控制单作用的弹簧式气动执行器？

18）结合图形说明气动方向控制阀的结构和工作原理。

19）区分开放中心式与闭合中心式的方向控制阀。

20）结合图形说明止回阀的工作原理。

21）AND 门和 OR 门的替代名称是什么？

22）绘制单向流量控制阀和双压阀的标准图形符号。

23）绘制弹簧居中的先导式四通方向控制阀的标准图形符号。

24）绘制处于任何位置的滑阀和提升阀的横截面。

25）找出适用于流体动力控制的标准图形符号（PTU，2002.12）。

26）结合图形说明压力控制阀的工作原理。

27）先导式止回阀与普通的止回阀有何区别？

28）绘制气动 AND 阀。

29）气动系统中快速排气阀的作用是什么？

30）什么是伺服阀？结合图形说明各种伺服阀的结构和工作原理。

31）区分伺服控制阀和先导式阀门。

32）绘制任意伺服阀的标准图形符号。

33）说明液压流量控制阀的工作原理。

34）写出方向控制阀的分类。

35）讨论流体动力系统中用于压力控制和流量控制的各类阀门。

36）区分滑阀和座阀。

37）结合图形说明旋转阀的工作原理。

38）方向控制阀中有哪些不同的中心条件？

39）结合图形说明平衡阀的工作原理。

40）阐述方向控制阀的各种起动方式。

41）简要画出气动 OR 阀。

42）区分压力控制阀与流量控制阀。结合图形说明任意双压力控制阀的工作原理。

43）5/2 阀门的作用是什么？

44）什么是顺序阀？它的作用是什么？

45）什么是快速排气阀？

46）结合图形说明双压阀和梭阀的工作原理。

47）说明管道射流伺服阀的结构和工作原理。

48）在液压和气动系统中，止回阀的作用是什么？讨论止回阀的应用。

49）什么是开启压力和压力超增？

50）什么是伺服阀？它的工作原理是什么？

51）止回阀可用于控制气动气缸和液压缸的速度。说明其工作原理。

52）画出以下阀门的符号：①止回阀；②顺序阀；③平衡阀；④延时阀；⑤双压阀；⑥梭阀。

53）区分泄压阀和减压阀。

54）伺服控制阀与先导式阀门之间的区别是什么？

55）结合图形说明由配套的流量调节阀和流量控制阀控制的双作用气缸的工作原理。

第 8 章

回 路 设 计

8.1 概述

气动系统或液压系统是为完成特定的工作而设计的，它们主要由大量诸如动力单元、服务单元、附件、阀门、执行器等设备组成。这些设备按逻辑顺序组合在一起，通过执行器获得输出，用元件的标准符号表示出来，构成一个流体回路。工程师设计流体回路时，为绘制流体回路图须熟记每个元件的标准符号及具体功能。本章重点介绍符合 ISO（国际标准化组织）标准的标准流体符号，通过举例来说明绘制回路的方法。

流体符号参考第 7 章（控制阀）的说明。

气动回路图和液压回路图区别较小，常见区别如下：

1）气动回路图与液压回路图不同，不需要返回线路，因为在气动系统中气缸中的空气可以直接排放到大气中。

2）气动回路图中 R 代表排放端口，液压回路图中 T 代表排放端口。

气动回路和液压回路中的压力端口和工作端口的名称相同。

从主题的角度而言，本章的基本回路是很重要。为便于读者阅读，我们将从气动和液压两方面分别介绍基本回路。

8.2 建立回路图

无论是气动回路图还是液压回路图，都包含确定的基本元件，这些元件可以分为三类：

1）驱动元件。

2）控制元件。

3）耗能元件。

驱动元件包括泵/压缩机、过滤器、调节器、压力表、服务单元、泄压阀等。

控制元件包括各类阀门，如方向控制阀、流量控制阀、压力控制阀、信号元件等。

液压执行器和气动执行器属于耗能元件。

另外还有某些元件属于单稳态或双稳态元件。

单稳态元件有一个稳定位置，当开关信号消失后自动返回至稳定位置，典型例子是带弹簧复位的方向控制阀、压力开关、近程探测器和逻辑阀。

双稳态元件有两个稳定位置，需要一个开关信号将其从一个状态转换到另一个状态。其中典型的例子有不具备弹簧复位的方向控制阀，如先导-先导式、螺线管-螺线管式方向控制阀、带止动器的阀和不带弹簧复位的开关。

图8-1所示为控制链流程图，其表示信号如何在气动/液压回路中从下到上通过各种元件。需要提供能量的元件绘制在底部，所需的能量应从底部分配到顶部。该流程图意味着绘制回路图时不需考虑元件的实际物理位置，并且所有气缸和方向控制阀必须沿水平方向绘制。

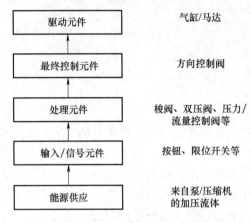

图 8-1　控制链流程图

8.3　回路图中元件的名称

将气动/液压系统的各个元件按功能能排列成一个序列后，即可绘制回路图。有时流体回路非常复杂以至于难以了解它由何处开始及于何处结束。为了解决这个难题，可以采用命名元件的系统。在回路图中有两种命名元件的系统：

1）使用数字的系统。

2）使用字母的系统。

1. 使用数字的系统

1）第一种方法是给回路中的组件分配连续的序号，如1、2、3等。这种方法可避免混淆，尤其是针对复杂的回路。

2）第二种方法是把一个气动回路分成若干小组，给每个小组分配连续的序号，如1、2、3…，然后进一步给出组内的序列号。完整的名称由一个组号加组内的序列号组成，如2.4表示组号为2，序列号为4。

2. 组号的分配

组号的分配见表8-1。

表 8-1　组号的分配

第0组	所有涉及能源供应的部件
第1、2、3、4组	一组分配一个气缸和它的子部件

序列号是将组号作为前缀，见表 8-2。

表 8-2 序列号

.1	控制元件
.01、.02	在移动组件和控制组件之间的元件，如流量控制阀、压力控制阀或止回阀
.2、.4 （偶数）	所有影响向前行程的元件
.3、.5 （奇数）	所有影响向后行程的元件

上述术语将结合以下例子予以说明。

图 8-2 所示的回路采用双作用气缸作为冲头进行特殊冲压操作，当安全盖固定且操作员按下按钮时，开始冲压操作。气缸快速地延伸并冲出一个孔，随后缓慢返回其初始位置。

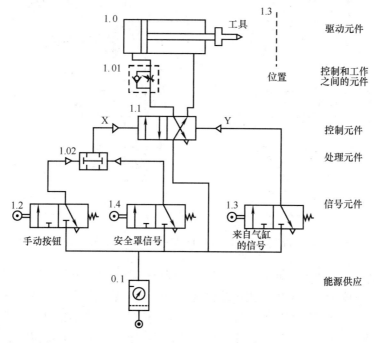

图 8-2 回路图中的各种元件

上述回路可分为两组：

1）第 0 组：能源供应。

2）第 1 组：双作用气缸作用元件。

在图 8-2 所示的气动回路图中，压缩空气来自公共动力源（如集中式压缩机），并借助管道供应到 FRL/服务单元（0.1）；然后，这些空气供给 3 个序列号分别为 1.2、1.3、1.4 的信号元件（3/2 方向控制阀）及控制元件 1.1（4/2 方向控制阀），序号 1.02 表示双压阀。

按下信号元件 1.2 的手动按钮，但在信号元件 1.4 运行前，供应压力不能通过 1.02 双压阀。当正确固定工件上的安全罩时，就可以操作信号元件 1.4 了。当满足这两个条件时，即首先按下手动按钮，然后固定住工件上的安全罩，接下来加压流体即空气才可从阀 1.02 通过并进入先导管线 X，从而推动控制元件并改变其位置。当活塞杆在正常速度下开始向外延伸时，由于流量控制阀位于管线中，在向前到达极限位置后，活塞以相对较低的速度自动返回。

8.4 气动回路

气动回路可用气动系统元件的图形表示，这些元件由相应的符号表示，这些符号按输出的性质以特定的方式按照顺序排列。下面将详细介绍一些基本的气动回路。

1. 控制单作用气缸的气动回路

控制单作用气缸的基本气动回路如图 8-3 所示。

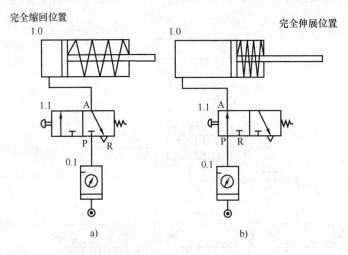

图 8-3　控制单作用气缸的基本气动回路

如图 8-3 所示，单作用气缸 1.0 由一个 3/2 按钮控制，弹簧复位方向控制（DC）阀 1.1 作为控制元件。由位于任意位置的主压缩机提供压缩空气给 FRL 单元（服务单元），空气经过滤、润滑并调节至所需压力后通向控制元件 1.1。在图 8-3a 所示的初始位置，方向控制阀 1.1 处于常闭位置，气缸处于完全缩回位置。当按下控制元件 1.1 的按钮时，压力端口 P 连接到工作端口 A，加压流体即空气开始从方向控制阀 1.1 流动到气缸入口，使气缸向前移动。图 8-3b 所示的气缸处于完全伸展的位置。当气缸 1.0 在弹簧弹力的作用下返回时，控制元件 1.1 的按钮被释放，气缸就会回到原来的位置。

2. 控制双作用气缸的气动回路

控制双作用气缸的基本气动回路如图 8-4 所示，双作用气缸 1.0 由一个 4/2 按钮操作的带有弹簧复位的方向控制（DC）阀 1.1 控制。该回路表示气缸向前和向后运动的手动控制。在图 8-4 所示的回路中，双作用气缸内没有用于缩回活塞杆的复位弹簧，因此气缸的向前和向后运动都由加压流体即空气和方向控制阀控制。

如图 8-4 中 a 所示，起初气缸 1.0 处于完全缩回位置。压力端口 P 连接到工作端口 B，

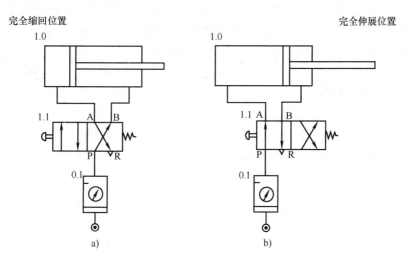

图 8-4 控制双作用气缸的气动回路

工作端口 A 连接到排气端口 R。当按下控制元件 1.1 的按钮时,方向控制阀的位置发生变化,压力端口 P 连接到工作端口 A,加压流体即空气开始从方向控制阀 1.1 流动到气缸,使得气缸向前移动。图 8-4b 所示气缸处于完全伸展的位置,为使气缸 1.0 向后运动,松开方向控制阀 1.1 的按钮,由于弹簧的作用,方向控制阀 1.1 达到图 8-4a 所示的初始位置。

3. 2/2 和 3/2 方向控制阀的应用

2/2 方向控制阀只能用于驱动没有流体回流的设备,如气动马达转子旋转后,空气逸出到大气中。图 8-5 所示为 2/2 和 3/2 方向控制阀的应用。

图 8-5a 中,方向控制阀 1.1 和 1.2 都处于常闭位置,当按下方向控制阀 1.2 的按钮时,压力端口 P 连接到工作端口 A,压缩空气开始从压力端口 P 流向方向控制阀 1.2 的工作端口 A。

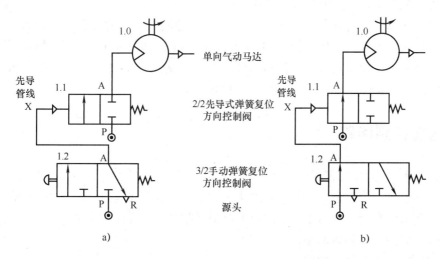

图 8-5 2/2 和 3/2 方向控制阀的应用回路

如图 8-5b 所示,压缩空气进入控制元件 1.1 的先导管线 X 并起动方向控制阀 1.1。当方向控制阀 1.1 的位置发生变化时，端口 P 连接到端口 A，压缩空气到达气动马达的入口，空气直接从马达的出口排出，因此不需要返回管线。松开方向控制阀 1.2 的按钮可以使马达停止旋转，两个阀门在弹簧弹力的作用下回到常闭位置。

8.5 机械反馈回路

如图 8-6 所示，机械反馈回路是针对以下情况所设计的，即按下方向控制阀 1.2 的手动按钮时，活塞杆从 A 位置延伸到 B 位置，然后自动缩回到起始位置。

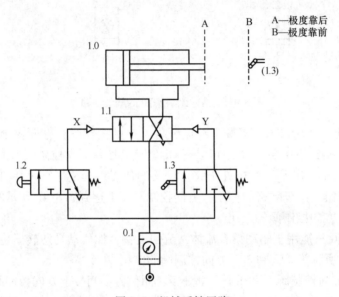

图 8-6　机械反馈回路

开始时气缸 1.0 处于完全缩回的位置，如图 8-6 所示。当操作员按下方向控制阀 1.2 的手动按钮时，压缩空气流向先导管线 X 并改变方向控制阀 1.1 的位置。随着阀门位置发生变化，压缩空气进入气缸 1.0，使得气缸 1.0 的活塞杆从位置 A 伸出。当它到达位置 B 时，起动方向控制阀 1.3 的滚轴行程，使得压缩空气进入先导管线 Y，进一步改变方向控制阀 1.1 的位置。由此压缩空气进入气缸并致使气缸缩回。

8.6 速度控制回路

流量控制阀也称为速度控制器，因其常用于气动回路中降低气缸速度。可调单向节流阀通常用于气动系统，可以进行调节以获得所需的输出。止回阀总是与流量控制阀一起作用。根据流量控制阀的布置，双作用气缸的速度控制回路可以分为两种类型：

1）进料节流/节流输入回路。

2）出料节流/节流输出回路。

进料节流是一种降低气动气缸速度的方法，双作用气缸入口处的流体从控制节流阀流过使气缸内活塞的速度降低，而排出气缸的空气不受限制。

出料节流是一种降低气动气缸速度的方法，双作用气缸的出口处的流体从控制节流阀流过使气缸内活塞的速度降低，而进入气缸的空气不受限制。

这些方法可通过回路图进一步说明，如图 8-7 所示。

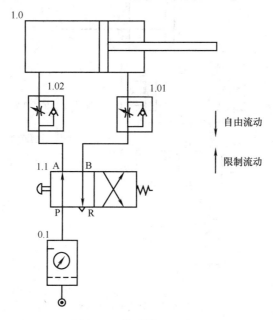

图 8-7　节流输入回路

1. 节流输入回路

节流输入回路如图 8-7 所示。该回路由一个服务单元 0.1、一个作为控制元件 1.1 的 4/2 方向控制阀、两个单向流量控制阀 1.01 和 1.02 及一个双作用气缸 1.0 组成。

图 8-7 所示的阀门处于正常位置，压力端口 P 连接到工作端口 A，端口 B 连接到排放端口 R。来自压缩机的压缩空气通过控制元件 1.1，到达单向流量控制阀 1.02。由于旁路管线上安装有单向阀，因此该处的空气必须从可变节流阀通过，这导致气缸入口 1.0 处的压缩空气流量减小。因此，气缸向前平稳地延伸。与此同时，活塞杆侧的压缩空气被排出。压缩空气必然通过单向流量控制 1.01。但此时空气无限制地通过旁路从单向阀排出。当按下控制元件 1.1 的手动按钮时，方向控制阀 1.1 的位置发生变化，空气通过单向流量控制阀 1.01 进入。同样，由于在此方向上的单向流量控制阀处于"无流动"位置，在入口处的空气必须通过可变节流阀，使活塞在回退方向上缓慢运动。活塞另一侧的空气通过止回阀 1.02 再次排出，并且从气缸排气不会遇到阻力。

2. 节流输出回路

节流输出回路如图 8-8 所示。该回路的结构与节流输入回路的结构相同。唯一的区别是需要在该回路中改变单向阀的方向以限制出口处的空气。

图 8-8 所示阀门处于正常位置，压力端口 P 连接到工作端口 A，端口 B 连接到排气端口 R，来自压缩机的压缩空气通过控制元件 1.1 进一步到达单向流量控制阀 1.02。阀门 1.02 对其没有限制，因为单向阀允许空气流过。空气最终进入气缸并向前推动活塞，同时从活塞杆侧排出空气，因此空气必须通过单向流量控制阀 1.01，此时单向阀不允许空气自由通过，

因而空气受到限制。当空气慢慢排出节流阀时，活塞的速度减慢。在向前行程完成之后，按下控制元件1.1上的手动按钮，回路的运行方式与向前行程的情况相同。

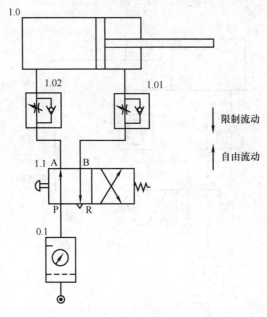

图 8-8　节流输出回路

在气动回路中，一般来说，首选节流输出回路而非节流输入回路，因为前者可以获得更好的控制效果。在排气管上增加流量控制阀也是很重要的，安装5/2方向控制阀作为控制元件（图8-9）。

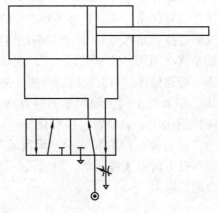

图 8-9　气动回路

8.7　使用流量控制阀控制单作用气缸

流量控制阀也可用于控制单作用气缸。图8-10所示的回路描述了使用流量控制阀在单作用气缸前后行程中控制速度的方式。

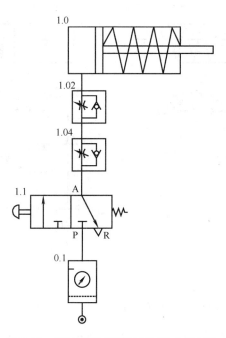

图 8-10 通过流量控制阀控制单作用气缸

如图 8-10 所示，将两个单向流量控制阀 1.02 和 1.04 进行串联。开始时，气缸 1.0 处于图中所示的完全缩回的位置。当按下方向控制阀 1.1 的按钮时，压力端口 P 连接到工作端口 A，加压流体即空气通过两个单向流量控制阀 1.02 和 1.04 进入气缸。在气缸向前的行程中，流量控制阀 1.02 对空气进行限制。松开方向控制阀 1.1 的按钮时，气缸向后移动，在向后的行程中，流量控制阀 1.04 对空气进行限制，所以在气缸向前和向后的行程中速度都会降低。

8.8 使用快速排气阀的气动回路

流量控制阀可用于降低气缸速度。类似地，快速排气阀也可使气缸的空气以更快的速度排出，而不需要通过方向控制阀来增加气缸的速度。下面给出的回路说明了在单作用和双作用气缸中如何使用快速排气阀实现活塞的加速。

1. 单作用气缸中使用快速排气阀

该回路（图 8-11）通过 3/2 手动弹簧复位式方向控制阀（1.1）和快速排气阀（1.01）来控制单作用气缸（1.0）。

开始时，气缸处于图 8-11a 所示的完全缩回位置。工作端口 A 连接到排放端口 R，当按下方向控制阀 1.1 的按钮时，压力端口 P 连接到工作端口 A，加压流体即空气通过快速排气阀 1.01 开始从方向控制阀 1.1 移动到气缸 1.0，使其向前移动。图 8-11b 所示为气缸的完全伸展位置。松开方向控制阀 1.1 的按钮使气缸向后运动。当松开方向控制阀 1.1 的按钮时，由于弹簧弹力的作用，气缸开始向后移动，压缩空气通过快速排气阀 1.01 排出到大气中，而没有通过方向控制阀 1.1 排出。因此，可以通过更快地排出气缸内的空气

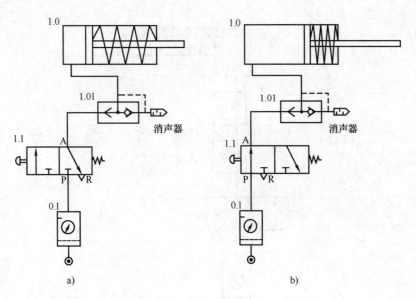

图 8-11　通过快速排气阀控制单作用气缸

来提高气缸的速度。在快速排气阀的出口安装消声器，以减小向大气排出空气时产生的噪声。

2. 双作用气缸中使用快速排气阀

该回路（图 8-12）显示通过采用作为控制元件 1.1 的 4/2 手动操作的弹簧复位式方向控制阀及一个快速排气阀 1.01 实现对双作用气缸 1.0 的控制。

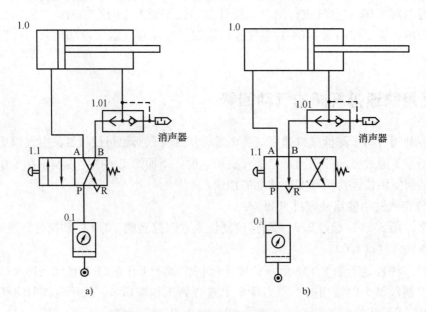

图 8-12　通过快速排气阀控制双作用气缸

开始时，气缸 1.0 处于图 8-12a 所示的完全缩回位置，压力端口 P 连接到工作端口 B，工作端口 A 连接到排放端口 R，加压流体即空气开始通过快速排气阀 1.01 从控制元件 1.1

移动到气缸 1.0。当按下方向控制阀 1.1 的按钮时，压力端口 P 连接到工作端口 A，加压流体即空气开始从控制元件 1.1 移动到气缸 1.0，使得气缸向前运动。图 8-12b 所示为气缸完全伸展的位置。在排气时，空气可以通过快速排气阀 1.01 自行排出。因此空气不会回到控制元件 1.1 中，达到了排尽气体的目的。在快速排气阀的出口处安装消声器可以减小向大气排出空气时产生的噪音。这使气缸以更快的速度伸展。在此需要注意的是，快速排气阀在活塞向后（缩回）过程中不起任何作用。

8.9　延时回路

图 8-13 所示的延时回路用于延迟已经启动的信号。该回路由双作用气缸 1.0、4/2 先导式方向控制阀 1.1、延时阀 1.01、两个 3/2 手动和滚轮按钮操作的弹簧复位式方向控制阀 1.2 和 1.3、FRL 单元 0.1 和压缩机组成。

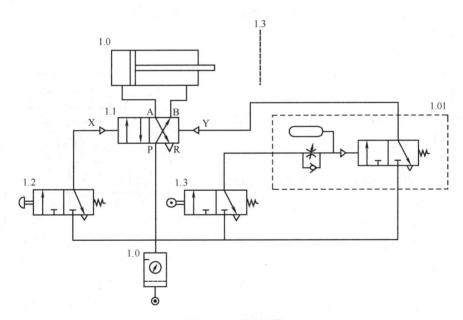

图 8-13　延时回路

开始时，压力端口 P 向方向控制阀 1.1 的工作端口 B 供气，气缸 1.0 处于完全缩回的位置，如图 8-13 所示。当按下信号元件 1.2 的手动按钮时，气流开始在回路中流动，控制元件 1.1 由先导管线 X 起动，由此空气进入气缸并向前推动活塞，活塞杆完全伸出时，可以起动信号阀门元件 1.3。由此压缩空气被引导至延时阀 1.01。延时阀可根据需要将信号延迟 5～15s。来自延时阀 1.01 的信号起动控制元件 1.1 的先导管线 Y，从而改变方向控制阀的位置，使流体进入活塞杆侧，并排出另一侧空气。延时阀还可用于某些特殊应用，如双作用气缸的工作任务是在两个工件之间填充黏合剂并在其上施加一段时间的热和压力，从而使两个工件粘合在一起。在工件上施加一段时间的压力可以通过上述回路来实现。气缸在完全伸展后将会停止，然后开始施加压力并持续一段时间（5～15s，具体取决于时间延迟阀的规格）。

8.10 回路需满足的必要条件

某些类型的回路是为了满足特定的条件而绘制的。这类回路包括：

1）应用双压阀的回路。

2）应用梭阀的回路。

8.11 双压阀的应用

图 8-14 所示为应用双压阀的回路。双压阀需要两个相同的输入来产生一个输出。双压阀也称为"气动与门元件"，因为它具有"与门"的基本逻辑功能，即只有在两个输入信号都存在时，输出端才会发出信号。回路图是通过综合考虑一些特殊条件绘制的，即只有当两个特殊条件都满足时，双作用气缸才会开始伸展。此条件分别是：

1）卸除已处理的部件。

2）装载待处理的新部件。

图 8-14 所示的回路由一个作为执行器的双作用气缸 1.0、一个 4/2 先导弹簧复位式方向控制阀 1.1、双压阀 1.01 和两个 3/2 按钮操作的弹簧复位式方向控制阀 1.2 和 1.4 组成。

如图 8-14 所示，在初始位置，向控制元件 1.1 供应压缩空气，压力端口 P 连接到工作端口 B，工作端口 A 连接到排放端口 R，气缸处于完全缩回的位置。当满足上述两个条件时，信号元件 1.2 和 1.4 由机器操作员起动，信号通过双压阀 1.01 发送到控制元件 1.1 的先导管线 X，使气缸向前运动。值得注意的是，在这两个开关（1.2 和 1.4）未被按压的情况下，不能开始操作气缸（安装有工具）。

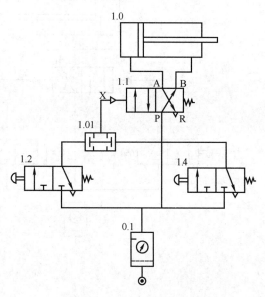

图 8-14　应用双压阀的回路

8.12 梭阀的应用

图 8-15 所示为梭阀的应用，不管输入的数量是 1 还是 2，梭阀的输出只有一个。梭阀也被称为"气动逻辑或门元件"，它具有"或门"的基本逻辑功能，即如果一个输入端或另一个输入端，或者两个输入端都有信号，则在输出端只给出一个信号。该回路由一个作为执行机构的双作用气缸 1.0、一个作为控制元件 1.1 的 4/2 先导弹簧复位式方向控制阀、梭阀 1.01 和两个 3/2 按钮操作弹簧复位式方向控制阀 1.2 和 1.4 组成。

如图 8-15 所示，在初始位置，向控制元件 1.1 供应压缩空气。压力端口 P 连接到工作端口 B，工作端口 A 连接到排放端口 R，气缸处于完全缩回的位置。输入信号元件 1.2 和

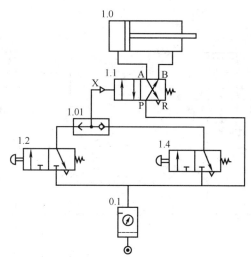

图 8-15　应用梭阀的回路

1.4 执行相同的功能。两个信号元件都用于将信号输入梭阀 1.01，通过按下 1.2 和 1.4 中的任一开关，压缩空气进入管道并流过梭阀，压缩空气从梭阀进入控制元件 1.1 的先导管线 X 并改变其位置，从而使气缸向前运动。该类型的回路被用来为所有涉及 "if 判断" 的问题提供解决方案。

8.13　液压回路

液压回路用图形表示液压系统各元件，其中的元件由相应的符号表示，并且根据所需输出的性质以特定的方式顺序排列这些符号。液压回路和气动回路的主要区别在于液压元件适用于高压（20～400bar），气动回路适用于低压（5～20bar）。

液压回路类似于气动回路，因为在液压系统和气动系统中使用的大部分元件是相似的，液压系统中经常使用的液压回路有一些特定的要求（如泄压阀、单向阀、压力计等）。可结合以下简单回路来说明液压回路。用于控制单作用气缸的液压回路：

1. 使用 2/2 方向控制阀控制单作用气缸的液压回路

在图 8-16 所示的回路中，单作用气缸 1.0 由一个 2/2 手动弹簧复位式方向控制阀 1.1 控制。在泵和马达组件的协同工作下维持管路所需的压力。压力计 0.1 和泄压阀 0.3 设置在流体管路中。在这种情况下，如果压力超过阈值，泄压阀就会排出多余的流体以确保系统的安全。单向阀 0.2 可以防止流体流入气缸，流体通过液压过滤器 0.4 返回到油箱，从而去除流体中存在的污垢颗粒。在给定的回路中，还有一个 2/2 方向控制阀用于控制单作用气缸，一般而言是通过 3/2 方向控制阀控制单作用气缸的，但是由于此处使用了单向阀，采用 2/2 方向控制阀可以达到同样的效果。

开始时，气缸处于缩回位置，如图 8-16a 所示。压力端口 P 未连接到工作端口 A，加压流体不能通过单向阀或方向控制阀 1.1 进入气缸。当按下控制元件 1.1 的按钮时，压力端口 P 连接到工作端口 A，如图 8-16b 所示。加压流体通过控制元件 1.1 开始流入气缸，导致气

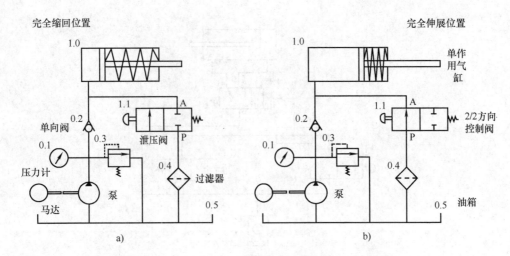

图 8-16　用 2/2 方向控制阀控制单作用气缸的液压回路

缸向前运动。当按钮被释放时，由于弹簧作用，方向控制阀返回其初始位置。来自气缸的加压流体通过单向阀进入油箱，导致气缸向后运动。

2. 使用 3/2 方向控制阀控制单作用气缸的液压回路

在图 8-17 所示的回路中，单作用气缸 1.0 由一个 3/2 手动弹簧复位式方向控制阀 1.1 所控制，在泵和马达组件的协同工作下，维持管路所需的压力。流体管路中设有压力计 0.1 和泄压阀 0.3，在这种情况下，如果压力超过阈值，泄压阀就会排出多余的液体，以确保系统的安全。随后，单向阀（0.2）可以防止流体流入气缸。液压油通过一个液压过滤器 0.4 返回到油箱，从而去除油中存在的污垢颗粒。

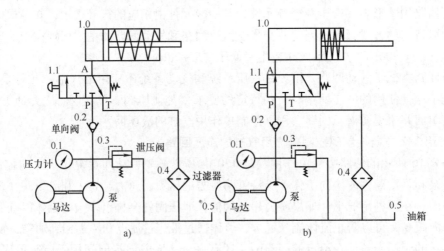

图 8-17　使用 3/2 方向控制阀控制单作用气缸

如图 8-17a 所示，开始时气缸处于缩回位置。工作端口 A 连接到排放端口 T，加压流体不能进入气缸。当按下控制元件 1.1 的按钮时，压力端口 P 连接到工作端口 A，如图 8-17b 所示。加压流体开始通过控制元件 1.1 流入气缸，导致气缸向前运动，当按下按钮时，循环再次进行。

8.14　用于控制双作用气缸的液压回路

用于控制双作用气缸的基本液压回路如图 8-18 所示，双作用气缸是指流体从一个端口进入后，同时从另一个端口排放使得活塞和活塞杆开始运动的气缸。为此至少需要一个 4/2 方向控制阀。该过程中双作用气缸 1.0 由一个 4/2 按钮操作的弹簧复位式方向控制阀 1.1 控制，固定排量泵通过单向阀 0.2 和泄压阀 0.3 将加压流体输送到控制元件 1.1，液压油通过液压过滤器返回油箱，该过程可去除油中的污垢颗粒。该回路表示手动控制气缸的向前和向后运动。在图 8-18 所示的回路中，没有复位弹簧来缩回活塞杆，因此气缸的向前和向后运动均由加压流体和方向控制阀 1.1 控制。

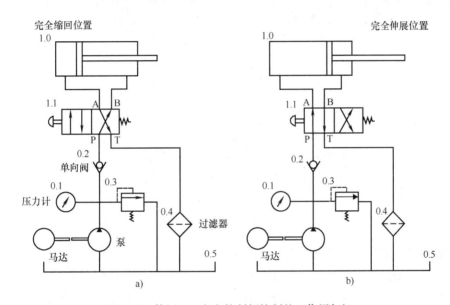

图 8-18　使用 3/2 方向控制阀控制的双作用气缸

开始时，图 8-18a 所示的气缸 1.0 处于完全缩回位置，压力端口 P 连接到工作端口 B，工作端口 A 连接到排放端口 T。当按下方向控制阀 1.1 的按钮时，方向控制阀 1.1 的位置改变，压力端口 P 连接到工作端口 A，加压流体开始从方向控制阀 1.1 流动到气缸，使气缸向前移动。图 8-18b 所示的气缸处于完全伸展的位置，松开 4/2 方向控制阀的按钮可以使气缸向后运动。由于弹簧的作用，方向控制阀回到原来的位置，开始重复下一循环。

在图 8-18 所示的回路图中，活塞和活塞杆的运动仅停止在气缸的两个极限位置，但也可以使活塞和活塞杆停止在气缸的任意极限位置，可使用三位的方向控制阀来实现该过程。这类阀门不仅适用于上述用途，而且具有下文所讨论的独特特性。

8.15　使用三位阀门的回路

1. 中位常闭回路

该回路之所以称为中位常闭回路，是因为其控制元件是一个中位常闭 4/3 方向控制阀。

由于是中位常闭，阀门处于中位位置时所有端口都相互分离（图8-19）。当阀门处于中位位置时，输送到双作用气缸的加压流体无法返回，此时加压流体就会被堵塞在杆侧和气缸的另一侧，因此活塞会立即停止运动。例如，我们假设活塞正在伸展或收缩，但是一旦方向控制阀处于中位常闭位置，活塞就会立即停止。

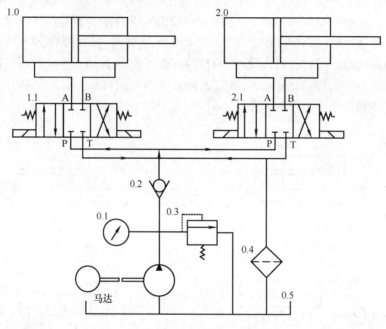

图8-19　中位常闭回路

2. 中位常开回路

中位常开回路是指将一个中位常开方向控制阀作为控制元件的回路。该回路（图8-20）有一个优点，即方向控制阀的中心位置允许（气缸中）流体在低压下从气缸中排出，确保减少由此产生的热量。在该回路中，流体在液压泵的作用下上升并输送至控制元件（弹簧复位式4/3电磁方向控制阀）。阀门的两个极限位置，即开启位置和关闭位置，分别控制气缸的缩回和伸展，处于中位位置时连接了压力端口P与工作端口A、排放端口T与工作端口B。因此，气缸两侧的流体流回油箱，该位置仅在泵关闭且液压管路中必须设置低压区域时才会起作用。

但该回路有两个缺点：首先，在中位位置时，所有气缸必须在端口始终连接的状态下起动和停止；其次，在中位位置时负载不能被锁定，这可能会导致事故。

3. 中位旁通回路

在图8-21所示的中位旁通回路中，中位旁通4/3方向控制阀作为控制元件。该回路不需要关闭泵，而且双作用气缸的运动可以在气缸两端之间的任何位置停止。这种阀门比中位常闭回路更具有优势，即能将来自端口P的加压流体直接供应到端口T，从而确保流体能从一个子系统流动到另一个子系统，而在中位常闭回路中，流体流动线路被分为两条，压力损失和产热量也较少，来自双作用气缸两侧的流体被堵塞，从而把活塞和活塞杆固定在那个位置。堵塞在气缸内的加压流体可能会导致流体泄漏问题。

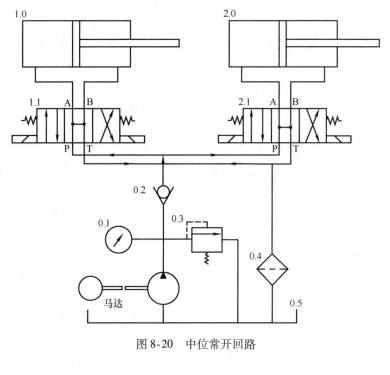

图 8-20 中位常开回路

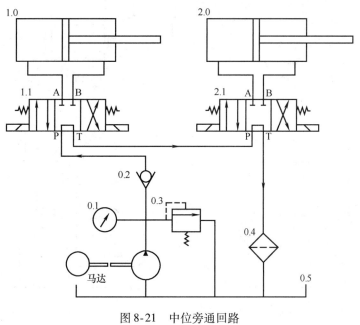

图 8-21 中位旁通回路

8.16 液压回路中的速度控制

液压执行机构的速度是通过改变流速来控制的，可以使用固定节流阀或流量控制阀来改变其流速。在回路中有固定节流阀或节流孔的情况下，流量取决于负载所提供的阻力，速度无法精确控制。如果需要恒定速度且无须考虑阻力，应使用流量控制阀。流量控制阀有两种配置。简单的可调节流阀可在双作用气缸的返回和前进行程中提供速度调节功能，而带有旁通单向阀的可调节流阀仅提供一个方向上的速度调节功能，也称为单向流量控制阀。

图 8-22 显示了可调节流阀在液压回路中的位置。节流阀 0.6 安装在方向控制阀的入口处。因此从泄压阀排出的入口管路中的流体压力升高，通过这种方式，双作用气缸在气缸盖端侧的流体变少。活塞将以较低的速度伸展，在回程中也重复相同的过程。

虽然不建议使用可调节流阀，但它在液压系统中很常见，且总是配有旁通单向阀。在液压管路中单向阀的方向决定了来自气缸的流量何时调节，在进气口还是排放口调节。速度控制回路有以下两种类型：

1）入口节流式回路。

2）出口节流式回路。

1. 入口节流式回路

在入口节流式回路中，流体在进入气缸之前必须通过流量控制阀，即当流体必须进入气缸时，流体速度降低。图 8-23 所示为入口节流式回路的详情。该回路由作为控制元件 1.1 的 4/2 方向控制阀、两个单向流量控制阀 1.01 和 1.02 及一个双作用气缸 1.0 组成。

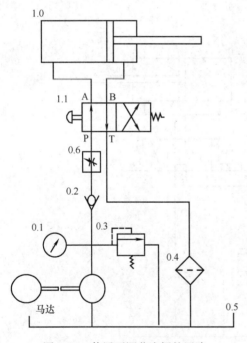

图 8-22　使用可调节流阀的回路

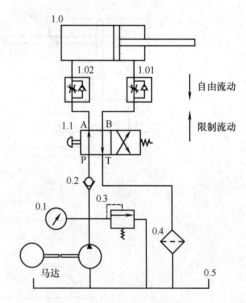

图 8-23　入口节流式回路

来自泵的加压流体通过控制元件 1.1 进入单向流量控制阀 1.02。由于流量控制阀位于主管路中，并且止回阀在此方向上关闭，因此流体的通过受到限制，这导致执行机构在伸展/前进行程中的速度下降，从气缸中排出的流体将不受限地通过流量控制阀 1.01。当按下控制元件 1.1 的按钮时，其位置改变。此时加压流体通过单向流量控制阀 1.01 进入回路。此外，由于止回阀在该方向上的"无流动"位置，在入口处流体必须通过可调节流器，使活塞沿返回方向缓慢运动。

除少数情况外，不建议使用入口节流式回路，因为用于推动气缸活塞的液压流体在进入液压缸之前，其压力会降低。该配置可以对速度进行更好的控制，因此常适用于精密和低压系统。

2. 出口节流式回路

在出口节流式回路中，流体从气缸中排出之后必须通过单向流量控制阀，即当流体从气缸中流出时速度会降低。图 8-24 所示的回路结构与入口节流式回路相同，唯一的区别是在该回路中单向阀的方向发生了改变，从而限制了出口处流体的流速。

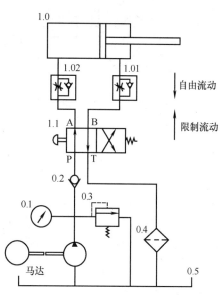

如图 8-24 所示，阀门处于正常位置，压力端口 P 连接到工作端口 A，端口 B 连接到排放端口 T。从控制元件 1.1 流过的加压流体到达单向流量控制阀 1.02，由于单向阀允许流体流过，单向流量控制阀 1.02 对其没有限制，流体进入气缸并推动活塞向前运动。同时，流体必须经过单向流量控制阀 1.01 并从气缸的活塞杆侧排出，此时单向阀不允许流体自由流过，流体的流动受到限制。因此，随着流体缓慢地从节流器中排出，活塞的速度降低，在完成向前行程之后，按下控制元件 1.1 上的手动按钮，回路则会以与向前的行程相同的方式运转。

在液压系统中，出口节流式回路是首选的，因为在该回路中输入流体的压力不像在入口节流式回路中那样会降低。全部压力能被转换为机械能。使用液压马达时，出口节流式回路也可用于控制速度，而入口节流式回路则不适用。在出口节流式回

图 8-24 出口节流式回路

路中，由流量控制阀产生的热量不会影响系统即执行机构的工作，因为流体流经执行机构后才到达流量控制阀。

8.17 泄放回路

在泄放回路中，来自泵的少量加压流体被直接送至油箱，这是为了在两个方向上即向前和向后的行程中，降低气缸的速度。在旁路管线中使用流量控制阀来调节流量。该回路仅用于降低气缸速度。由于流量控制阀位于回路中的方向控制阀之前，因此速度只能降低到某个有限的值。

图 8-25 所示为较为简单的控制双作用气缸的回路图，结合其来解释泄放回路。为了便于读者阅读，下面通过三个步骤来解释该回路及各个位置上的方向控制阀。其中，双作用气缸 1.0 由作为控制元件 1.1 的 4/3 弹簧复位式电磁方向控制阀所控制。由马达和泵组件维持管路所需的压力，用泄压阀 0.3 及旁路管线中的流量控制阀 0.2 调节管路的流量。

步骤 1：回路的 OFF 位或中位。

如图 8-25a 所示，开始时控制元件处于常闭位置。所有端口 P、A、B 和 T 彼此断开连

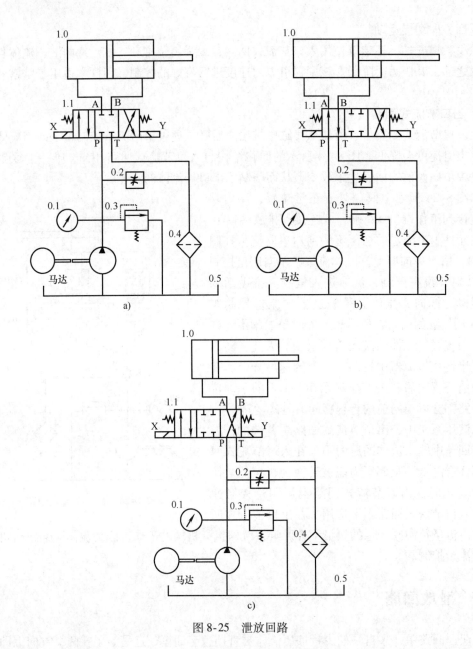

图 8-25　泄放回路

接。当不使用回路时，在 OFF 位时所有的线圈即 X 和 Y 都断电。在此阶段，气缸两端即盖端和杆端的压力相等。

步骤 2：向前行程。

气缸的向前行程可以通过激励电磁阀 X 来实现。当电磁阀 X 通电时，控制元件 1.1 位置改变，压力端口 P 连接到工作端口 A，端口 B 连接到端口 T，如图 8-25b 所示。少量加压流体从端口 P 流向端口 A 并通过流量控制阀 0.2 送入油箱，这会降低气缸在向前行程期间的速度。电磁阀断电后，由于弹簧弹力的作用，方向控制阀 1.1 回到其原始位置即常闭位置。

步骤 3：向后行程。

在此步骤中，当电磁阀 Y 通电时，方向控制阀 1.1 位置改变。如图 8-25c 所示，压力端口 P 连接到工作端口 B，端口 A 连接到端口 T。由于从端口 P 到端口 B 的少量加压流体通过流量控制阀 0.2 输送到油箱，在向后行程期间气缸的速度会降低，电磁阀断电后由于弹簧弹力的作用，方向控制阀 1.1 回到初始位置即常闭位置。

8.18 再生回路

当要求气缸快速伸展以承受负载时，可使用再生回路。再生回路可以实现具有推力的向前运动。图 8-26 所示为较为简单的控制双作用气缸的回路图，结合其对再生回路进行说明。图中，双作用气缸 1.0 由作为控制元件 1.1 的 4/3 弹簧复位式电磁方向控制阀所控制。在气缸和控制元件 1.1 之间放置一个 3/2 弹簧复位式电磁方向控制阀 1.3，由马达和泵组件的作用维持管路所需的压力，另外还放置了一个泄压阀 0.3。为便于读者阅读，下面通过三个步骤来解释该回路以各个位置上的方向控制阀。

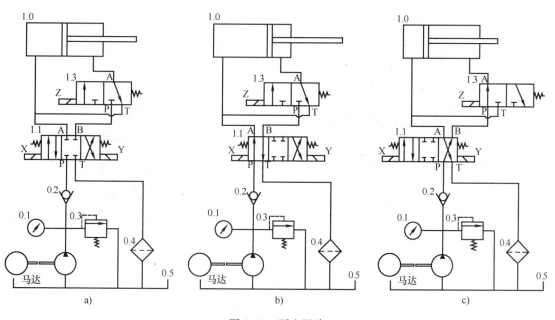

图 8-26 再生回路

步骤 1：回路的 OFF 位或中位。

如图 8-26a 所示，开始时控制元件处于常闭位置，所有端口 P、A、B 和 T 彼此断开连接，当不使用回路时，在 OFF 位时所有的线圈即 X、Y 和 Z 都断电。在此阶段，气缸两端即盖端和杆端的压力相等。

步骤 2：向前行程。

气缸的向前行程可以通过激励电磁阀 X 来实现。当电磁阀 X 通电时，电磁方向控制阀 1.1 的位置改变，压力端口 P 连接到工作端口 A，端口 B 连接到端口 T，如图 8-26b 所示。从气缸 1.0 出来的加压流体通过方向控制阀 1.3，与来自泵的流体相混合。来自泵的流体及来自气缸杆端的流体被引至气缸的盖端，导致活塞和活塞杆端部组件快速向前运动。

步骤 3：向后行程。

在气缸的向后行程期间，不需要再生回路，因为只有在向前行程中才需要气缸的快速运动，电磁阀 Y 和 Z 通电以停用再生回路并分别改变控制元件的位置。当电磁阀 Y 和 Z 通电时，压力端口 P 连接到工作端口 B，加压流体通过方向控制阀 1.3 进入气缸杆侧，从而使气缸向后运动，如图 8-26 c）所示。向后行程期间，气缸以正常速度运行，因为在向后行程期间从气缸排出的流体不会返回到压力管路。

8.19　使用平衡阀的回路

平衡阀用于防止气缸由于自重或附于其上的负载而下落。可结合图 8-27 所示的控制双作用气缸的一个简单回路图来说明平衡阀是如何运作的。如图 8-27 所示，双作用气缸 1.0 由作为控制元件 1.1 的 4/3 弹簧复位式电磁方向控制阀所控制，平衡阀 1.01 位于气缸和控制元件之间，由马达和泵组件维持管路所需的压力，另外还设置了一个泄压阀 0.3。为便于读者阅读，下面通过三个步骤来解释该回路及其中各个方向控制阀的位置。

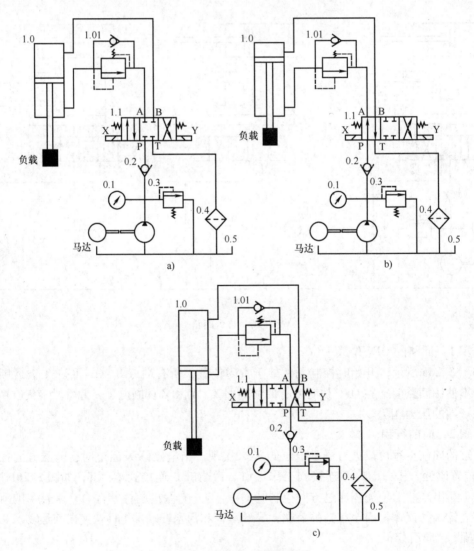

图 8-27　使用平衡阀回路

步骤 1：回路的 OFF 位或中位。

如图 8-27a 所示，开始时控制元件处于常闭位置。所有端口 P、A、B 和 T 彼此断开连接，当不使用回路时，在 OFF 位时所有的线圈即 X 和 Y 都断电。在此阶段，气缸两端即盖端和杆端的压力相等。

步骤 2：向前行程。

气缸的向前行程可以通过激励电磁铁 X 来实现。当电磁铁 X 通电时，压力端口 P 连接到工作端口 A，端口 B 连接到端口 T，如图 8-27b 所示。由于平衡阀 1.01 处于闭合位置，从端口 P 流向端口 A 的加压流体通过单向阀，并向上推升活塞。然而由于其上附着有负载，活塞有下降的趋势，因此使用了平衡阀。与附着在活塞上的负载施加在流体上的压力相比，平衡阀的压力上限可设置得更高。由于平衡阀的压力设置得较高，可使活塞保持在垂直位置。

步骤 3：向后行程。

如图 8-27c 所示，当电磁阀 Y 通电时，压力端口 P 连接到工作端口 B，端口 A 连接到端口 T。从端口 P 到端口 B 的加压流体在活塞上施加压力，超过负载敏感平衡阀的压力上限，因此平衡阀打开，活塞开始向下移动，如图 8-27c 所示。

8.20 时序回路

时序是指在多个气缸的向前和向后行程期间以预期的顺序运动。以简单的两个气缸的行程顺序来解释时序回路。例如，有两个气缸 1 和 2，当按下起动按钮时，气缸 1 的活塞开始伸展，而当其完全伸展时，气缸 2 的活塞开始伸展；当两个气缸都处于伸展位置时，气缸 1 的活塞开始缩回，而当气缸 1 的活塞处于完全缩回的位置时，气缸 2 的活塞开始缩回。上述序列的时序控制回路如图 8-28 所示。

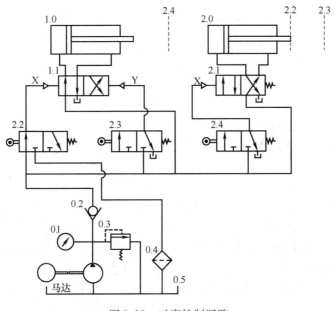

图 8-28 时序控制回路

　　根据执行机构的数量，回路被分成若干组。第一个执行机构 1.0 由一个双先导式 4/2 方向控制阀 1.1 所驱动，两个滚轴操作的弹簧复位式方向控制阀 2.2 和 2.3 分别位于气缸 2.0 的内部和外部的极限位置，一个滚轴操作的弹簧复位式 3/2 方向控制阀 2.4 放置在气缸 1.0 的外部极限位置。

　　如图 8-28 所示，起初两个气缸都处于完全缩回位置，方向控制阀 2.2 最初处于起动位置。来自方向控制阀 2.2 的加压流体起动控制元件 1.1 发出控制信号 X，加压流体进入气缸 1.0，导致气缸 1.0 向前运动，从而起动方向控制阀 2.4。方向控制阀 2.4 的起动改变控制元件 2.1 的位置，来自控制元件 2.1 的加压流体进入气缸 2.0，引起气缸 2.0 的向前运动，从而起动方向控制阀 2.3。

　　方向控制阀 2.3 的起动改变控制元件 1.1 的位置，导致气缸 1.0 向后运动。弹簧使得方向控制阀 2.1 复位，从而引起气缸 2.0 向后运动。这样就完成了这两个气缸的时序序列。

　　图 8-29 所示的时序回路表示了两个气缸在工件上进行钻孔作业的顺序。待完成的气缸顺序如下：

1）气缸 1.0 夹紧工件。

2）气缸 2.0 对工件进行钻孔作业。

3）气缸 2.0 返回。

4）气缸 1.0 松开工件。

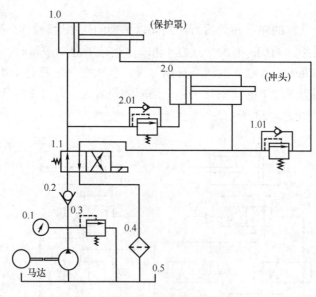

图 8-29　时序回路示例

　　如图 8-29 所示，起初两个气缸 1.0 和 2.0 都处于完全缩回位置。来自泵的加压流体进入气缸 1.0 并输送至方向控制阀 1.1，使气缸 1.0 向前运动，从而使其夹紧工件。加压流体通过顺序阀 1.01 的单向阀从气缸 1.0 排出，气缸 1.0 完全伸展的位置驱动顺序阀 2.01。此时加压流体开始通过顺序阀 2.01 流入气缸 2.0，使其进行钻孔作业。当电磁阀通电时，加压流体开始直接流入气缸 2.0，使其向后运动，从而使气缸 1.0 缩回。至此，上述时序序列得以实现。

8.21 减压回路

在减压回路中,减压阀设置在连接两个子系统的供应管线中。假设泵供应的压力为10bar 的流体通过方向控制阀直接输送到执行机构 1.0。为了在低压回路中驱动执行机构2.0,流体必须通过减压阀,使其压力降低到 5bar,然后通过方向控制阀输送到执行机构2.0,如图 8-30 所示。

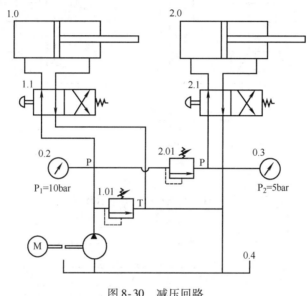

图 8-30　减压回路

8.22 回路设计中的典型问题

问题 1:设计一个带有气缸流量控制阀、压力调节阀、FRL 单元等元件的气动系统,气缸每 100s 运行一次,并分别在缩回和伸展的极限状态下停留 15s。

解决方案:如图 8-31 所示,为了满足上述问题中所给出的条件,回路中设置了单向流量控制阀 1.01、1.02 和延时阀 1.2、1.3。在该回路中,来自压缩空气源的压缩空气通过FRL 单元送到 2/2 电磁方向控制阀。当 2/2 电磁方向控制阀通电时,阀门开启,加压流体即空气被送到系统的其余部分。限位开关(3/2 方向控制阀 1.4 和 1.5)位于气缸的两端。当活塞杆在两端之间移动时,限位开关自动起动,控制信号 X 和 Y 通过延时阀交替发送。限位开关 1.5 和延时阀 1.3 控制气缸向后的行程,限位开关 1.4 和延时阀 1.2 控制活塞向前的行程。延时阀的延时为 15s。此外,还设置了流量控制阀 1.01 和 1.02,以便可以在 100s 后使气缸向前和向后运动。

问题 2:在墙内安装一扇钢制门。如图 8-32 所示,可以通过从外部或内部操作的 ON 和OFF 开关来打开或关闭此门。据此条件设计一个气动回路并解释它的工作原理。

解决方案:如图 8-33 所示,在该问题中需要提供两个开关用于打开门,两个开关用于

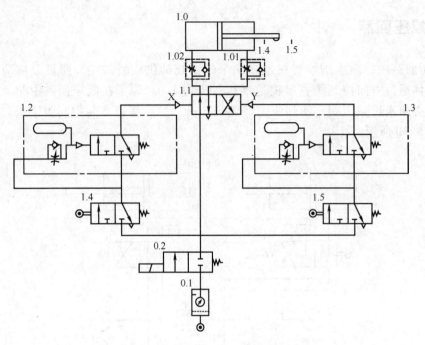

图 8-31　问题 1 解决方案示意图

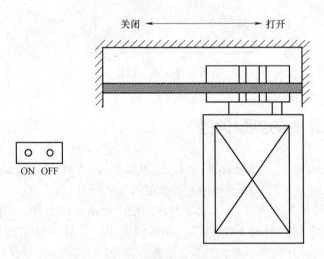

图 8-32　问题 2 示意图

关闭门，即在墙的两侧均有一个 ON 和一个 OFF 开关。可使用两个"或门"/梭阀 1.01 和 1.02，阀门 1.01 连接两个 3/2 按钮式方向控制阀 1.3 和 1.5，这两个阀门可以实现手动操作 OFF 开关的功能。同理，阀门 1.02 与两个 3/2 按钮式方向控制阀 1.2 和 1.4 连接，这两个阀门可以实现手动操作 ON 开关的功能。

每组 ON 开关和 OFF 开关均设置一个梭阀，整个门组件用固定杆 1.0 安装在含有贯穿杆的双作用气缸上。该类型气缸的杆体固定在两端之间，而气缸则可以自由地向前和向后移动，以这两种方式交替吸入和排出压缩空气。双作用气缸由压缩空气驱动，通过系统中的

4/3 中位常闭方向控制阀 1.1 来控制流体的流向。如上所述，两个梭阀 1.01 和 1.02 向 4/3 方向控制阀 1.1 提供控制信号（取决于按下哪个开关），然后门将沿该特定的方向移动。

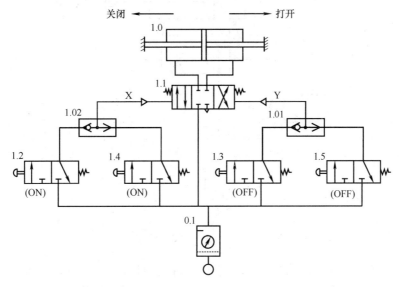

图 8-33　问题 2 解决方案示意图

问题 3：通过使用图 8-34 所示的双作用气缸，将零件从重力式仓库传输到工作站。按下按钮时开始传输，活塞自动返回以便重新启动该过程。针对上述问题设计一个气动回路，并说明其结构及其工作原理。

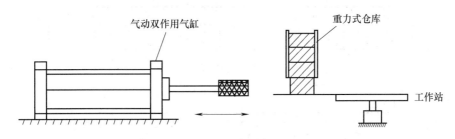

图 8-34　使用双作用气缸传输零件

解决方案：如图 8-35 所示，通过改变 4/2 方向控制阀 1.1 的位置控制气缸的前后运动。系统通过起动方向控制阀 1.2 开始工作，当按下方向控制阀 1.2 的手动按钮时，供应的压缩空气将被输送至控制元件 1.1 并发出控制信号 X，从而使气缸 1.0 向前运动。当到达最外端时，活塞杆推动由滚轴开关（3/2）控制的方向控制阀 1.3，实现活塞自动返回。

问题 4：设计一个液压回路以控制双作用气缸的运动，使活塞杆能够以三种不同的速度（低于正常速度）向前运动，但活塞能以正常速度返回。活塞也可以停在两个极端之间的任何位置。

解决方案：图 8-36 所示流体从液压过滤器和单向阀流过，到达 4/3 方向控制阀（中位常闭）。A 和 B 是控制阀 1.1 的工作端口，工作端口 A 连接到由三个 2/2 方向控制阀（1.01、1.02、1.03）组成的液压子系统，各方向控制阀均具有独立的可调流量控制阀

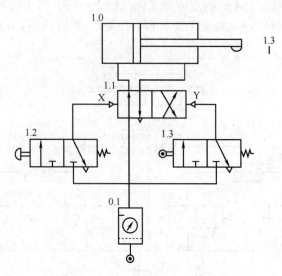

图 8-35　问题 3 解决方案示意图

（1.05、1.06、1.07），用于将流体的速度调整至特定的设定水平。此外，该回路还设置有一个单向阀 1.04，其功能是在向后行程期间将排出的流体从气缸传送至油箱。

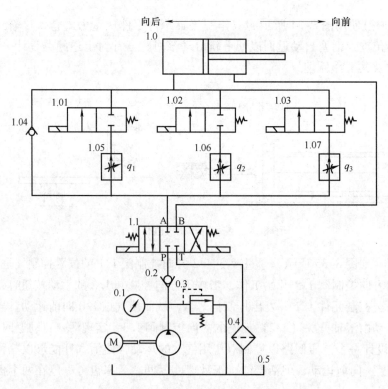

图 8-36　问题 4 解决方案示意图

该子系统的输出取决于方向控制阀 1.01、1.02 和 1.03，流体所需的速度是通过接通和断开相应的电磁阀（1.01、1.02 和 1.03）来获得的。在向后的行程期间，工作端口 B 之后没有类似的设置，因而气缸的运动速度更快。为满足双作用气缸在两端之间的任意位置均可停止活塞的要求，我们采用 4/3 中位常闭方向控制阀，此元件可满足上述条件。

问题 5：在某些生产过程中，要求机床的冲头在向前和向后的行程期间具有较高的运动速度，有时又要求机床的冲头具有较低的运动速度。在发生电力故障时，冲头可以自由地往复运动，可以进行手动操作。根据上述条件设计一个液压回路（注意：该系统使用恒速泵）。

解决方案：如图 8-37 所示，通过 4/3 中位浮动阀 1.1 来控制双作用气缸的运动。在中位时，工作端口 A 和 B 连接到排放端口 T，在该位置将所有流体排放至油箱，并且活塞可在气缸中自由移动。

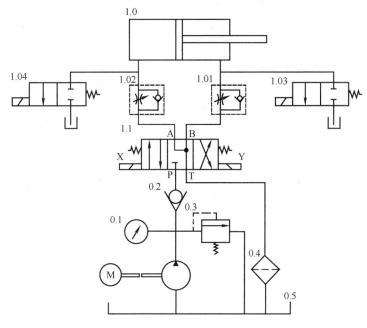

图 8-37　问题 5 解决方案示意图

两个单向流量控制阀 1.01 和 1.02 用于降低气缸速度，当不需要降低速度时，只需简单地接通电磁阀 1.03，流体便可直接通过 2/2 方向控制阀，即 1.03 和 1.04，从而直接将排出的流体冲至油箱中，因而不会限制气缸向前及向后运动。节流阀采用单向流量控制阀，因为它更适用于恒速泵。

练　习

1）气动回路图和液压回路图的基本区别是什么？

2）结合图形说明在液压回路或气动回路中命名元件的方法。

3）列出液压回路的各种基本类型。

4）阐述流体元件的结构、工作原理和性能特点。

5）明确列出液压回路中使用的基本元件。

6）结合图图区分节流输入和节流输出的速度控制回路。

7）绘制回路的基本模块，包括油箱、配件/附件、减压阀/泄压阀、泵和油箱管线。

8）绘制气动回路，以实现弹簧复位式单作用气动执行机构的连续往复运动。

9）结合图形说明快速排气阀的各项功能。

10）区分中位常开回路和中位常闭回路。

11）绘制可控制液压双作用气缸的回路图，使气缸在两端位置之间的任何位置均可停止。

12）绘制气动回路，该回路可操作双作用气动执行机构，使执行机构向前和向后运动在不同的速度下均可调控。

13）为什么在设计气动系统时，对速度控制不够准确，而且难以使气缸活塞处于中间位置？

14）绘制泄放回路图。

15）为什么在液压回路中需要使用泄压阀？

16）为实现夹紧作业绘制一个双手气动安全回路并说明其工作原理。从实现相同目标的角度来看，将此回路与单手回路进行比较。

17）绘制并说明可控制双作用气缸向前和向后运动速度的气动回路。

18）液压回路和气动回路中的压力范围是什么？

19）绘制减压回路，并说明它的工作原理和工作方式。

20）按照以下顺序设计液压回路原理图：将气缸伸展，停顿片刻，然后缩回气缸。

21）结合图形说明时序控制电路。

22）绘制以下气动回路：

① 控制单作用气缸的运动。

② 控制双作用气缸的运动。

③ 控制电机的运动。

第 9 章

气动逻辑回路

9.1 概述

气动系统不仅能够提供完成各项任务所必需的力，而且还具有控制功能，因此非常适用于工序自动化。通过独立的气动回路，工序就能实现完全自动化。以逻辑的方式利用简单的流体元件即可实现上述目的。专用电子设备常用于气动控制，这种方式是提供气动控制的最佳手段。气动控制常用于信号生成、设备启停及反馈等，目前，气动控制已经发展到可以单独执行所有与控制相关的功能。气动控制的相关问题有时较复杂，因此研发了一些技术用于解决回路设计问题并简化设计。本章将通过一些示例来解释这些技术。

9.2 控制系统

控制系统是根据人们的意愿保持或者改变设备内感兴趣的任何量的机构。将空气作为控制媒介时，气动系统可作为控制系统。与其他控制系统相同，气动控制系统可以分为：

1）开环控制系统。

2）闭环控制系统。

1. 开环控制系统

开环控制系统的控制功能与输出无关。气动开环控制系统如图 9-1 所示，其中系统输入为压缩空气，控制元件为方向控制阀，可在固定的时间间隔后改变工作位置，气流被引导至气动气缸，双作用气缸向外伸出作为系统输出。由于无法确定气缸何时到达最终位置，操作员需要手动按下按钮起动返回行程。开环控制系统结构简单，无须担心系统稳定性，输出的准确性取决于控制元件的稳定性、精度和产品质量。此系统一旦生成输出将不能再更改。

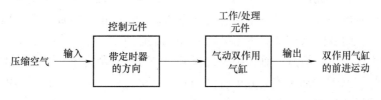

图 9-1　气动开环控制系统

2. 闭环控制系统

闭环控制系统又称为反馈控制系统，其控制功能与输出密切相关，如图 9-2 所示。

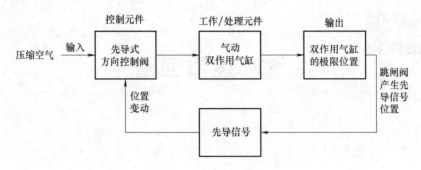

图 9-2　闭环控制系统

在上述气动闭环控制系统中，先导式方向控制阀作为控制元件将压缩空气流引导到双作用气缸合适的一侧使气缸向前运动，作为系统输出。当活塞杆达到极限位置时撞击限位阀，并启动控制信号，以此改变方向控制阀的位置，此过程即为控制过程。具体来说即空气只能进入气缸的一侧，直到活塞到达其极限位置后，才进入活塞的另一侧，从而实现活塞的自动前进和后退运动。与开环控制系统相比，闭环控制系统结构复杂且成本高，但其输出更加精确。气动设备成本低、可靠性高，因此是低成本闭环控制系统的良好选择。

9.3　回路设计方法

主要有两种回路设计方法：

1）试错设计法。

2）机理设计法。

1. 试错设计法

试错设计法也称为经验法，此方法不基于理论而依赖于经验，因此设计较为复杂的回路时需耗费更多时间，通常对于一个设计问题可以有多种方案。然而，该方法更易受到人为因素如设计能力、情绪、气动系统知识等的影响，此外，设计方案还要权衡低成本和高可靠性之间的关系。

2. 机理设计法

另一方面，机理设计法遵循一定的规则和说明以获得最佳方案。这种方法依赖于精确的定义推导，需要必备的理论基础，因此人为因素影响较小，而且此方法设计回路用时较短且能提供可靠的方案，因此该法广泛应用于工业领域，进一步说明控制系统可不受人为因素干扰。然而值得注意的是，该方法不是通过直观方法设计回路的，因此需要更多元件，但可通过减少项目设计耗时及降低维护成本来补偿元件的额外成本。

上述两种方法各有优缺点，难以确定选择哪一种方法。值得注意的是，不管采用什么方法或技术来设计回路图，都应该充分了解气动阀、开关、流体元件和执行器的相关知识。

常用的机理设计法包括：

1）级联设计。

2）代数方法（使用布尔代数）。

3）图解法（k 值映射）。

9.4　动作序列表示

自动系统由工作元件和控制装置组成。系统中元件的运动行程和启停条件必须预先明确，了解前期工作需求对最终结果非常重要，因此，以图表的形式显示气动系统中各种元件的操作序列尤为关键。主要有两种类型的图表可以表示动作序列：

1）动作图。

2）控制图。

动作图是工作元件（不参与控制的元件）所有工况的图形表示。类似地，控制图仅包含控制元件的信息，具体说明如下所述。

1. 动作图

动作图有如下类型：

1）分步位置图。

2）分时位置图。

（1）分步位置图　分步位置图如图 9-3 所示，该图记录了双作用气缸的两端位置。图中位置 A 表示活塞杆的缩回或后部位置，位置 B 表示活塞杆的伸展或前进位置。

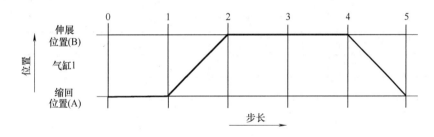

图 9-3　气缸 1 的分步位置图

按步长（元件的位置变化）逐步绘制各个组件的位置，X 轴表示分步步长，Y 轴为对应位置。起动或操作系统中的任何特定开关/器件时，活塞杆的位置可能发生改变（如从极端向内到极端向外）或保持不变，该图只可显示两状态的情况。气缸 1 的分步状态见表 9-1。

表 9-1　气缸 1 的分步状态

步　骤	气缸状态
0-1	缩回
1-2	伸展
2-3	伸展
3-4	伸展
4-5	缩回

例1：绘制图9-4所示的位置步骤图，其中所进行的一系列操作为：

1）气缸A夹紧工件。

2）工件进行机床加工。

3）气缸A后退，气缸B前进。

4）工件被推至传送带后，气缸B后退。

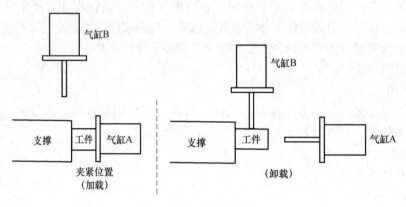

图9-4　位置步骤图

方案：

操作序列：上述两个气缸的操作序列见表9-2。

表9-2　两个气缸的操作序列

步　　骤	气缸 A	气缸 B
0-1	伸展	—
1-2	—	—
2-3	缩回	—
3-4	—	伸展
4-5	—	缩回

分步位置图：例1的分步位置图如图9-5所示。

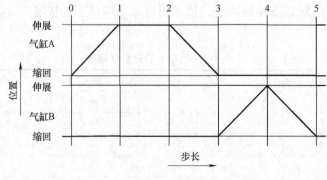

图9-5　分步位置图

（2）分时位置图

分时位置图与分步位置图相似，气缸位置按照时间绘制。分时位置图易于理解和绘制，图中包含位置与时间，可以更好地表示运行速度。上例的分时位置图如图9-6所示。

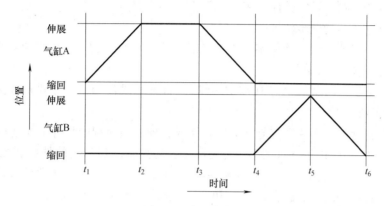

图9-6 分时位置图

2. 控制图

控制图的对象是特定的控制元件，可简单地显示特定控制元件执行的动作序列，也被称为分步状态图。

流量阀中的电磁铁工作状态如图9-7所示。当电磁铁通电时流体开始流动，当电磁铁断电时流体停止流动。

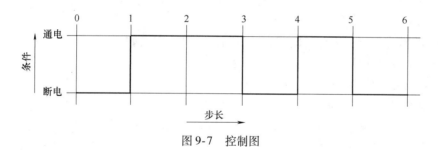

图9-7 控制图

9.5 级联设计

级联设计是一种常用的气动回路设计方法。如上文所述，对于复杂回路直接进行整体设计并不适用，级联设计可以降低设计的复杂性，减少回路中的组件数量，缩小组件尺寸。

级联又可称为"串联"，通过各种类型的信号元件控制气缸运动的顺序。这些信号元件虽是由气缸前后行程驱动，但所需的空气是通过级联系统输送到控制管线。在级联系统中，将气缸的前后运动分为不同的组，然后这些特定的运动组由级联系统的组件控制。该系统由组切换阀、汇流母线和操作线路组成。贯穿整体的母线线路属于气动能量线，为气动系统提供气动能量。

1. 级联设计步骤

使用级联方法绘制回路的步骤如下：

1）气缸根据其编号命名为 A、B、C 等。

2）气缸前进动作用"＋"表示，后退动作用"－"表示，如气缸 A 的前进运动表示为 A^+，而后退运动表示为 A^-。

3）根据具体问题，设定的序列用"＋"和"－"表示。

4）绘制设定序列的分步位置图。

5）将气缸分成若干组。确保字母 A 或 B 在一个组中只出现一次而无须考虑 A 或 B 的具体符号，即可为 ＋ve 或 －ve。

6）为每组分配"母线"或"压缩空气线"，每条母线仅为一个组供应压缩空气，故母线数应等于编组数。

7）每个气缸配备一个4/2 先导式方向控制阀，即方向控制阀数等于气缸数。

8）限位开关/阀门位于气缸两端，并由活塞杆触发，确定气缸的伸展和缩回极限位置。限位开关由机械触发的电触点组成，当某些机器组件到达特定位置（即极限位置）时将触发限位开关。限位开关状态用后缀"0"和"1"表示。后缀"0"表示气缸处于缩回行程，后缀"1"表示气缸处于伸展行程。每个气缸都配有两个限位开关，每条母线采用3/2 方向控制阀向组内的限位开关提供压缩空气。

9）组切换阀通常是4/2 先导式方向控制阀，用作限位开关的能量源，用于控制气缸的运动。一般来说，组切换开关的数量总是等于母线的数量或编组数量减 1。

10）根据给定的序列来绘制回路图时，不仅需要掌握如何针对特定问题绘制级联系统的方法，还必须熟悉级联系统的所有组件。在下文中将通过各种示例进一步说明级联方法及系统的各个组件。

2. 符号定义

采用某些符号来定义气缸的向前和向后动作。符号定义如下：

1）气缸伸展动作用 ＋ve（正）符号表示。

2）气缸回缩动作用 －ve（负）符号表示。

3）根据编号，将气缸命名为 A、B、C、D 等。

因此定义气缸 A 做伸展动作时用符号 A^+ 表示，回缩动作则用 A^- 表示。

3. 序列

序列定义为按照正确顺序排列事物的过程。根据具体分配问题，序列属于回路设计的主要步骤。可以安排回路中所有气缸的前后动作。分步位置图还可以进一步生动地显示这个序列。

4. 示例

例2：使用级联设计法为如下气缸设计一个气动逻辑回路，动作序列如下：回路中包含两个气缸，第一步气缸 A 做伸展动作，第二步气缸 B 做伸展动作，第三步气缸 A 缩回，第四步气缸 B 缩回。

本例方案使用级联设计法绘制气动回路的步骤如下。

1）构建动作序列。

本例问题的动作序列为：

$$A^+B^+A^-B^-$$

在相同步骤中发生的动作可以写在同一列中。

2）绘制分步位置图。上述动作序列的分步位置图如图 9-8 所示。

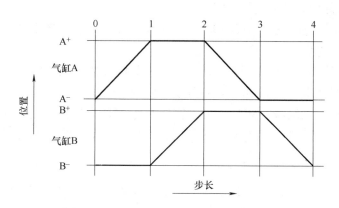

图 9-8　例 2 分步位置图

3）分组。对气缸运动序列进行分组，确保每组中字母 A 或 B 只出现一次而不考虑 A 或 B 的具体符号，即可为 + ve 或 – ve。例如，气缸序列分组可写为

$$|A^+B^+||A^-B^-|$$
$$\quad G_1 \qquad G_2$$

组别用字母 G 表示。上述两组可记为 G_1 和 G_2。

4）绘制母线。绘制"母线"或"压缩空气线"构成级联系统。每条母线都只为一个组供应压缩空气，故母线总数等于编组数。图 9-9 所示为本例的母线。

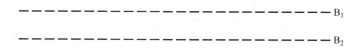

图 9-9　例 2 母线

5）组切换阀。组切换阀常为先导式 4/2 方向控制阀。根据经验，组切换阀的数量等于"母线数 – 1"。

数学表示：如果 B_1，B_2，B_3，$\cdots$，B_n 为级联系统中的母线，则组切换阀数 $= n - 1$。

本例中，组切换阀的布置如图 9-10 所示。

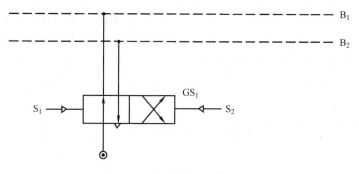

图 9-10　例 2 组切换阀的布置

在级联系统中，组切换阀为控制气缸运动的限位开关供能。需要注意的是，为保证回路正常工作，一次只能为一条母线供给压缩空气。

如图 9-10 所示，此时正在给母线 B_1 供应压缩空气，其余线路挂起。当 B_1 线完成供气后，控制信号 S_2 改变组切换阀 GS_1 的位置。

然后开始为母线 B_2 供气。重复上述过程，当母线 B_1 需要供气时，控制信号 S_1 被送至 GS_1，再次恢复为母线 B_1 供气，如此循环往复以实现不同线路的供气。

6）绘制回路。绘制级联系统后，根据需求再绘制所有回路元件，确定气缸、控制元件、限位开关、压力控制阀、流量控制阀等回路元件的数量。图 9-11 所示为本例中回路所需的所有元件。

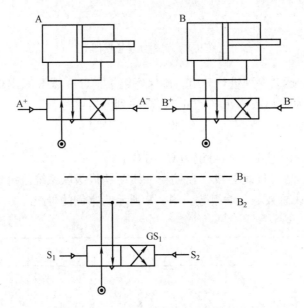

图 9-11　例 2 回路所需的所有元件

下一步是按照上面确定的序列使气缸运动。为了便于读者阅读，回路分三步绘制：

1）在本步骤中，母线 B 只对第一组供应压缩空气，其动作序列为

$$|A^+B^+|$$

第一组气动回路的动作序列如图 9-12 所示。图中，组切换阀 GS_1 处于初始位置时向母线 B_1 供应压缩空气，进而供给控制元件，从而完成第一组的动作序列。激活相应的管路后，压缩空气进入限位开关（3/2 方向控制阀）。当活塞杆达到限位时，信号元件仅允许空气通过。例如，方向控制阀 1.1 由控制管线起动后，气缸 1.0 开始向前移动。当达到外侧极限位置 A^+ 时，限位开关 a_1 起动，空气进入下一个阀门以完成动作序列 B^+，因此实现序列 A^+B^+。

2）第一步中限位开关 b_1 的信号作为 GS_1 的控制信号 S_2，用于激活母线 B_2，第二组的动作序列为

$$|A^-B^-|$$

第二组气动回路的动作序列如图 9-13 所示。

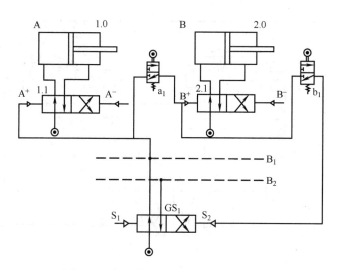

图 9-12 例 2 第一组气动回路的动作序列

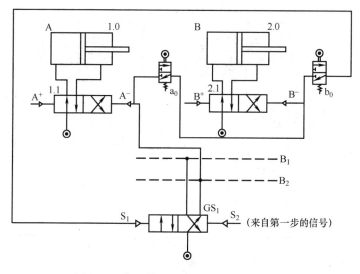

图 9-13 例 2 第二组气动回路的动作序列

从母线 B_2 获得的压缩空气施加压力，使气缸 A 开始向后移动，完成序列 A^- 的动作。当且仅当到达极限位置 A^- 时，限位开关 a_0 被触发，空气进入方向控制阀 2.1 以完成序列 B^- 的动作，从而完成序列 $A^- B^-$。

3）将第一步和第二步的回路组合在一起，最终回路如图 9-14 所示。

序列 B^- 使气缸 2.0 向后运动，并触发 b_0，压缩空气通过限位开关 b_0，作为 GS_1 的控制信号 S_1，将其复位，再次切换至母线 B_1。以此实现序列 $A^+ B^+ A^- B^-$，循环往复。

注意：图 9-14 所示的回路一旦起动将连续运行无法随时终止。为使回路可控，需增加一个按键操作的 3/2 弹簧复位式方向控制阀。从而使回路可手动控制，如图 9-15 所示。

例 3：在工件上进行钻孔作业时气缸的运动序列为：

1）气缸 A 夹紧工件。

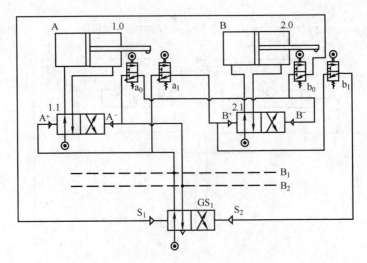

图 9-14　例 2 最终回路

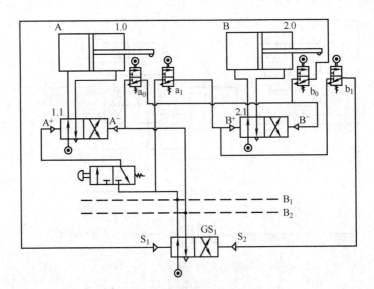

图 9-15　手动控制的回路

2）气缸 B 对工件执行钻孔操作。

3）气缸 B 返回。

4）气缸 A 松开工件。

针对上述顺序，绘制气动回路。

方案：上例的动作序列为

$$A^+ B^+ B^- A^-$$

上述序列的气动回路如图 9-16 所示。

开始时，两个气缸都处于缩回位置，如图 9-16 所示。当按下方向控制阀 1.2 的按钮时，压缩空气通过控制元件 1.1 进入气缸 1.0，使其向前运动，方向控制阀 2.2 起动。压缩空气通过控制元件 2.1 进入气缸 2.0，使其向前运动，方向控制阀 2.3 起动。方向控制阀 2.3 向控制元件 2.1 发送控制信号，由于控制信号来自先前的操作，即序列 B^+，所以两个控制信号（第一个控制信号来自方向控制阀 2.2，第二个控制信号来自方向控制阀 2.3）都可用于控制元件 2.1。此外气缸 A 向前运动至限位可控制方向控制阀 2.2，同理气缸 B 向前运动至限位可控制方向控制阀 2.3，这两项操作都可锁定系统。因为信号来源不唯一，所造成的问题称为信号重叠。可采用级联改进解决此问题。

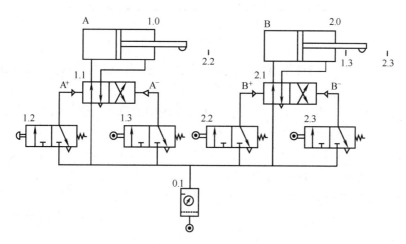

图 9-16　气动回路

通过级联方法设计回路的步骤如下：

1）构建动作序列。本例问题的动作序列为：

$$A^+ B^+ B^- A^-$$

同一步骤中发生的动作可写入同一列。

2）绘制分步位置图。上述动作序列的分步位置图如图 9-17 所示。

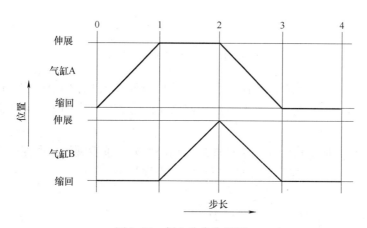

图 9-17　例 3 分步位置图

3）分组。对气缸运动序列进行分组，确保每组中字母 A 或 B 只出现一次而无需考虑 A 或 B 的具体符号，即可为 + ve 或 − ve。例如，气缸序列分组可写为

$$\underbrace{|A^+ B^+|}_{G_1} \underbrace{|A^- B^-|}_{G_2}$$

组别用字母 G 表示。上述两组可记为 G_1 和 G_2。

4）绘制母线。绘制"母线"或"压缩空气线"，构成级联系统，每条母线都只为一组气缸运动序列供应压缩空气，故母线总数等于编组数，对于本例，母线如图 9-18 所示。

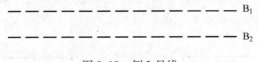

$$B_1$$
$$B_2$$

图 9-18　例 3 母线

5）组切换阀。组切换阀常使用先导式 4/2 方向控制阀。根据经验组，切换阀数量等于"母线数 –1"。

数学表示：如果 B_1，B_2，B_3，…，B_n 为级联系统中的母线，则组切换阀数 $= n - 1$。

本例中，组切换阀的布置如图 9-19 所示。

在级联系统中，组切换阀为控制气缸运动的限位开关供能。需要注意的是，为保证回路正常工作，一次只能为一条母线供给压缩空气。

如图 9-19 所示，此时正在给母线 B_1 供应压缩空气，其余线路挂起。当 B_1 线完成供气后，控制信号 S_2 改变 GS_1 的位置，为母线 B_2 供应空气。重复上述过程，即当母线 B_1 需要供气时，控制信号 S_1 被送至 GS_1，再次为母线 B_1 供气，循环往复。

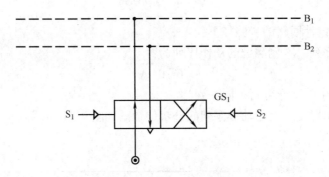

图 9-19　例 3 组切换阀的布置

6）绘制回路。绘制级联系统后，根据需求再绘制所有回路元件，确定气缸、控制元件、限位开关、压力控制阀、流量控制阀等回路元件的数量。本例中回路所需的所有元件如图 9-20 所示。

下一步是按照上面确定的序列驱动气缸运动。为方便读者阅读，回路分三步绘制：

1）母线 B_1 只对第一组供应压缩空气，其动作序列为

$$\left| A^+ B^+ \right|$$

第一组气动回路的动作序列如图 9-21 所示。

在图 9-21 中，组切换阀 GS_1 处于其初始位置时向母线 B_1 供应压缩空气，进而供给控制元件，从而完成第一组的动作序列。激活相应的管路后，压缩空气进入限位开关（3/2 方向控制阀）。当活塞杆达到限位时，信号元件只允许空气通过。如方向控制阀 1.1 由控制管线起动，气缸 1.0 开始向前移动。当到达外侧极限位置 A^+ 时，限位开关 a_1 起动，空气进入下一个阀门，以完成动作序列 B^+，从而实现了序列 $A^+ B^+$。

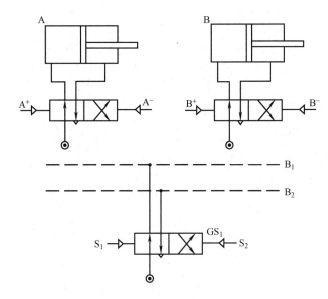

图 9-20　例 3 回路所需的所有元件

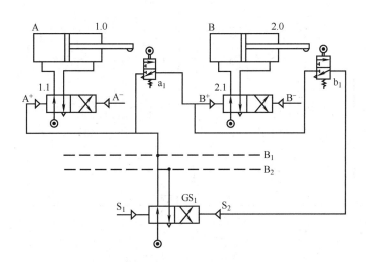

图 9-21　例 3 第一组气动回路的动作序列

2）第一步中限位开关 b_1 的信号作为 GS_1 的控制信号 S_2，用作激活母线 B_2，第二组的动作序列为

$$|\mathrm{B^-\ A^-}|$$

第二组气动回路的动作序列如图 9-22 所示。

从母线 B_2 获得的压缩空气施加压力，使气缸 B 开始向后移动，完成序列 $\mathrm{B^-}$ 的动作。当且仅当到达极限位置 $\mathrm{B^-}$ 时，限位开关 b_0 被触发，空气进入方向控制阀 1.1，完成序列 $\mathrm{A^-}$ 的动作，从而完成序列 $\mathrm{B^-\ A^-}$。

3）将第一步和第二步的回路组合成最终回路，如图 9-23 所示。

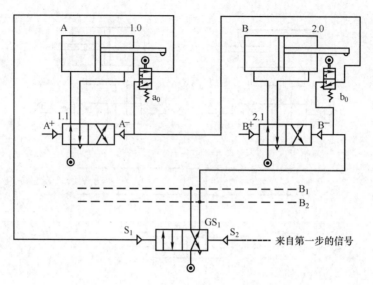

图 9-22 例 3 第二组气动回路的动作序列

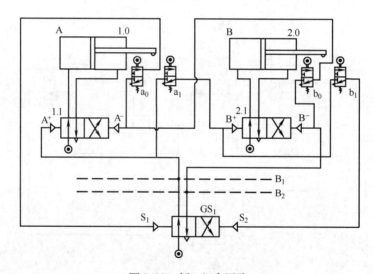

图 9-23 例 3 组合回路

序列 A^- 使气缸 1.0 向后运动，并触发 a_0，压缩空气通过限位开关 a_0 作为 GS_1 的控制信号 S_1，使其复位，再次切换至母线 B_1。至此，实现了序列 $A^+B^+B^-A^-$ 的循环往复。因此使用级联即可解决信号重叠的问题。

例 4：3 缸（A、B 和 C）气动系统的分步位置图如图 9-24 所示，以此绘制气动回路图。

方案：采用级联设计法设计符合要求的气动回路的步骤如下。

1）构建动作序列。给定分步位置图的动作序列为

$$A^+B^+C^+A^-$$

$$B^-$$

$$C^-$$

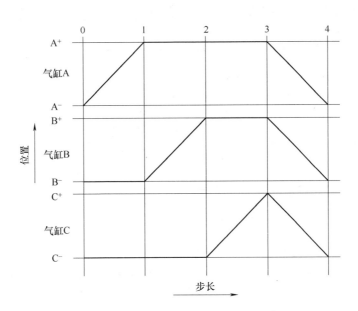

图 9-24　3 缸（A、B 和 C）气动系统的分步位置图

2）编组。对气缸运动序列进行分组，确保每组中字母 A、B 和 C 只出现一次而不考虑 A、B 和 C 的符号如何，即可为 + ve 或 – ve。例如，气缸序列分组可写为

$$\underset{G_1}{\left| A^+ B^+ C^+ \right|} \underset{G_2}{\left| \begin{array}{l} A^- \\ B^- \\ C^- \end{array} \right|}$$

组别用字母 G 表示，上述两组可记为 G_1 和 G_2。

3）绘制母线。绘制"母线"或"压缩空气线"，构成级联系统，每条母线都只为一组气缸运动序列供应压缩空气，故母线总数等于编组数。本例中母线如图 9-25 所示。

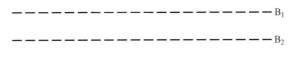

图 9-25　例 4 母线

4）组切换阀。组切换阀常使用先导式 4/2 方向控制阀。根据经验，组切换阀数量等于"母线数 – 1"。

数学表示：如果 B_1，B_2，B_3，…，B_n 为级联系统中的母线，则组切换阀数 = $n - 1$。

本例中，组切换阀的布置如图 9-26 所示。

在级联系统中，组切换阀为控制气缸运动的限位开关供能。需要注意的是，为保证回路正常工作，一次只能为一条母线供给压缩空气。

如图 9-26 所示，此时正在给母线 B_1 供应压缩空气，其余线路挂起。当 B_1 线完成供气后，控制信号 S_2 改变 GS_1 的位置，为母线 B_2 供应空气。当重复上述过程时，即当母线 B_1

需要供气时，将控制信号 S_1 提供给 GS_1，再次为母线 B_1 供气，循环往复。

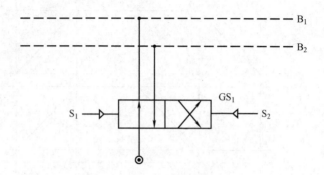

图 9-26　例 4 组切换阀的布置

5）绘制回路。绘制级联系统后，根据需求再绘制所有回路元件，确定气缸、控制元件、限位开关、压力控制阀、流量控制阀等回路元件的数量。本例中回路所需的所有元件如图 9-27 所示。

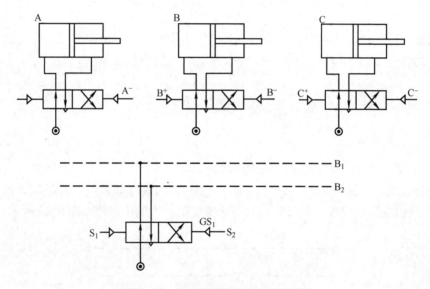

图 9-27　例 4 回路所需的所有元件

下一步是按照上面确定的序列驱动气缸运动。为了便于读者阅读，回路分三步绘制：

1）在本步中，母线 B 只为第一组供应压缩空气，其动作序列为

$$|A^+B^+C^+|$$

第一组气动回路的动作序列如图 9-28 所示。

在图 9-28 中，组切换阀 GS_1 处于其初始位置时向母线 B_1 供应压缩空气，进而供给控制元件，从而完成第一组动作序列。激活相应的管路后，压缩空气进入限位开关（3/2 方向控制阀）。当活塞杆达到极限位置时，信号元件只允许空气通过，如方向控制阀 1.1 由控制管线起动，气缸 1.0 开始向前移动。当达到外侧极限位置 A^+ 时，限位开关 a_1 起动，空气进入下一个阀门，以完成剩余动作序列，从而实现了序列 $A^+B^+C^+$

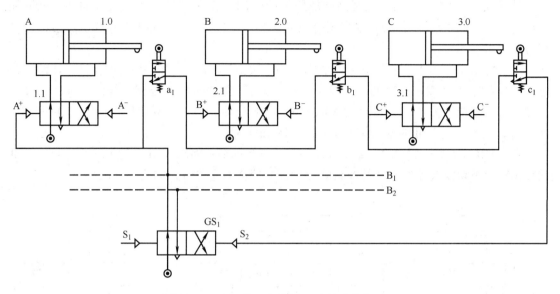

图 9-28　例 4 第一组气动回路的动作序列

2）第一步中限位开关 c_1 的信号作为 GS_1 的控制信号 S_2，激活母线 B_2，第二组的动作序列为

$$\left| \begin{array}{l} A^- \\ B^- \\ C^- \end{array} \right.$$

第二组气动回路的动作序列如图 9-29 所示。

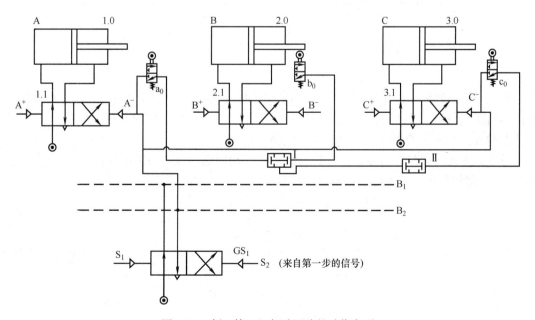

图 9-29　例 4 第二组气动回路的动作序列

从母线 B_2 获得的压缩空气起到施加压力的作用。在第二步中所有气缸缩回，同时完成序列 $A^-B^-C^-$ 的动作，当且仅当同时完成序列 $A^-B^-C^-$ 后，组切换阀 GS_1 才会改变其档位。

当气缸 1.0 和 2.0 处于完全缩回位置时，两个限位开关 a_0 和 b_0 都会被激活，压缩空气进入"与门"Ⅰ（双压阀）的两个输入端，"与门"Ⅰ的输出输送至"与门"Ⅱ的一个输入端，来自限位开关 c_0 的另一个输入输送到"与门"Ⅱ。气缸 3.0 向后行程（C^-）完成后触发 c_0，即"与门"Ⅱ的输出作为 GS_1 的控制信号 S_1。

3）将第一步和第二步的回路组合在一起，得到的最终回路如图 9-30 所示。"与门"Ⅱ的输出作为组切换阀开关 GS_1 的控制信号 S_1，并使得 GS_1 复位，如此循环往复。

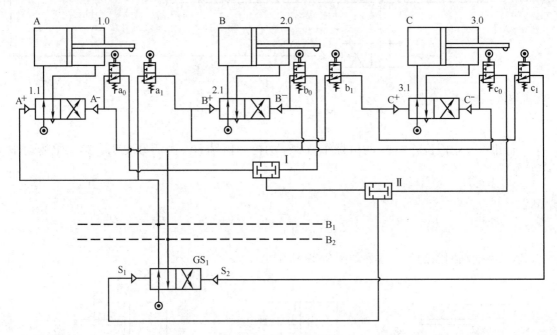

图 9-30　例 4 最终回路

例 5：在一个 4 气缸回路中，第一步气缸 A 伸展，第二步气缸 B 伸展，第三步气缸 C 伸展，第四步气缸 A 缩回，同时气缸 D 伸展，第五步气缸 D 和 B 缩回，第六步气缸 C 缩回。对于上述气缸序列，使用级联来设计气动回路。

方案：采用级联设计法设计一个符合要求的气动回路的步骤如下所述。

1）构建动作序列。本例问题的动作序列为

$$A^+B^+C^+A^-D^-C^-$$
$$D^+B^-$$

2）绘制分步位置图。上述动作序列的分步位置图如图 9-31 所示。

3）分组。对气缸运动序列进行分组，确保每组中字母 A、B、C 或 D 只出现一次且不考虑具体符号，即可为 + ve 或 − ve。例如，气缸序列分组可写为

$$\left| A^+B^+C^+ \right| \begin{vmatrix} A^- \\ D^+ \end{vmatrix} \begin{vmatrix} D^-C^- \\ B^- \end{vmatrix}$$
$$G_1 \qquad G_2 \qquad G_3$$

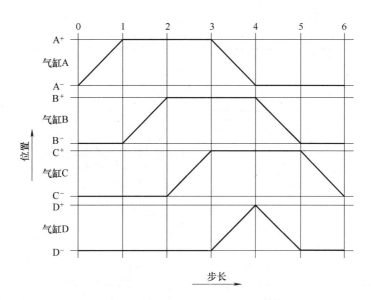

图 9-31　例 5 分步位置图

组别用字母 G 表示。上述三组可记为 G_1、G_2 和 G_3。

4）绘制母线。绘制"母线"或"压缩空气线"，构成级联系统，每条母线都只为一组气缸运动序列供应压缩空气，故母线总数等于编组数，本例中，母线如图 9-32 所示。

图 9-32　例 5 母线

5）组切换阀。组切换阀常使用先导式 4/2 方向控制阀，根据经验，组切换阀数量等于"母线数 -1"。

数学表示：如果 B_1，B_2，B_3，$\cdots$，B_n 为级联系统中的母线，则组切换阀数 $= n - 1$。

本例中，组切换阀的布置如图 9-33 所示。

如图 9-33 所示，此时正在给母线 B_1 供应压缩空气，其余线路挂起。当 B_1 线完成供气后，生成控制信号 S_1 改变 GS_1 的位置，为母线 B_2 供应压缩空气。类似地，当需要激活 B_3 时，将产生控制信号 S_2 使压缩空气进入母线 B_3，并挂起其他线路。重复上述过程，若母线 B_1 需要供气，控制信号 S_3 传输至 GS_2，且无须改变 GS_1 当前档位，即可再次为母线 B_1 供气，如此循环往复。

6）绘制回路。绘制级联系统后，根据需求再绘制所有回路元件，确定气缸、控制元件、限位开关、压力控制阀、流量控制阀等回路元件的数量。本例中回路所需的所有元件如图 9-34 所示。

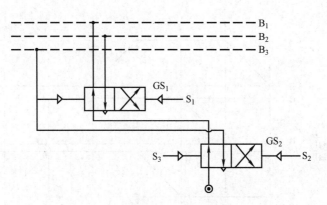

图 9-33　例 5 组切换阀的布置

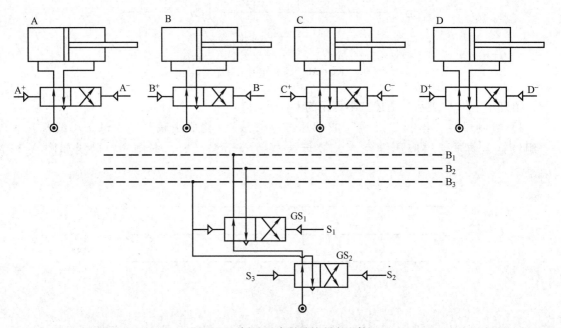

图 9-34　例 5 回路所需的所有元件

下一步是按照上面确定的序列驱动气缸运动。为了便于读者阅读，回路三步绘制：

1）在本步骤中，只有第一组从母线 B 获得压缩空气，其动作序列为

$$|A^+B^+C^+|$$

第一组气动回路的动作序列如图 9-35 所示。

在图 9-35 中，组切换阀 GS_1 处于其初始位置时向母线 B_1 供应压缩空气，进而供给控制元件，从而完成第一组动作序列，激活相应的管路后，压缩空气进入限位开关（3/2 方向控制阀），当活塞杆到达极限位置时，信号元件只允许空气通过。例如，方向控制阀 1.1 由控制元件起动，气缸 1.0 开始向前运动。当到达外侧极限位置 A^+ 时，限位开关 a_1 起动，空气进入下一个阀门，从而完成序列 B^+。类似地，当到达外侧极限位置 B^+ 时，限位开关 b_1 起动，空气进入下一个阀门，以完成序列 C^+，当到达外侧极限位置 C^+ 时，限位开关 c_1 起动，

产生控制信号 S_1 传输至组切换阀 GS_1，从而激活母线 B_2。

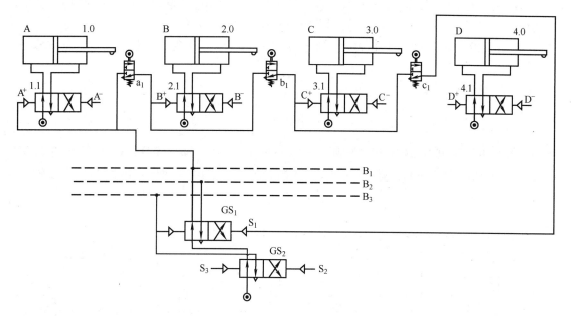

图 9-35　例 5 第一组气动回路的动作序列

2）第一步中限位开关 c_1 的信号作为 GS_1 的控制信号 S_1，激活母线 B_2。第二组的动作序列为

$$\left| \begin{matrix} A^- \\ D^+ \end{matrix} \right.$$

第二组气动回路的动作序列如图 9-36 所示。

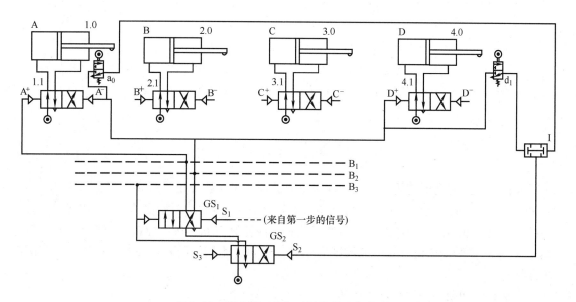

图 9-36　例 5 第二组气动回路的动作序列

从母线 B_2 获得的压缩空气施加压力，以完成序列 A^- 与 D^+ 的动作。当且仅当完成序列 A^- 与 D^+ 后，组切换阀 GS_2 开始运行，来自限位开关 a_0 和 d_1 的输出作为双压阀 I 的输入，I 的输出作为 GS_2 的控制信号 S_2，从而有序地完成两组动作。

3）第二步中所述的控制信号 S_2 触发组切换阀 GS_2，母线 B_3 进行供气，完成以下动作：

$$\left| \begin{array}{l} D^-\,C^- \\ B^- \end{array} \right.$$

从母线 B_3 获得的压缩空气施加压力，以完成序列 D^-、B^- 与 D^- 的动作，其中序列 D^- 和 B^- 的动作同时完成，随后序列 C^- 开始执行，第三组序列的气动回路如图 9-37 所示。

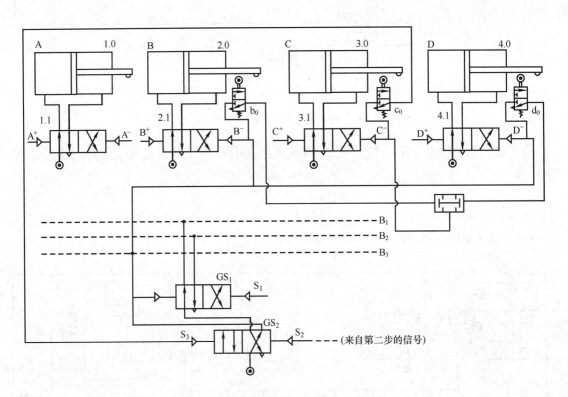

图 9-37　例 5 第三组序列的气动回路

同样，在此情况下使用双压阀，并在相应的控制管路施加压力以驱动气缸 D 和 B 缩回，限位阀 d_0 和 b_0 的输出作为双压阀 II 的输入，以确保在序列 C^- 开始之前上述动作全部完成。最后，双压阀 II 输出的气流进入方向控制阀 3.1 的控制管路，进而驱动完成序列 C^-。限位阀 c_0 的输出作为组切换阀 GS 的控制信号 S_3，S_3 可使组切换阀 GS_1 和 GS_2 复位，为下次循环做准备。

完整回路如图 9-38 所示。

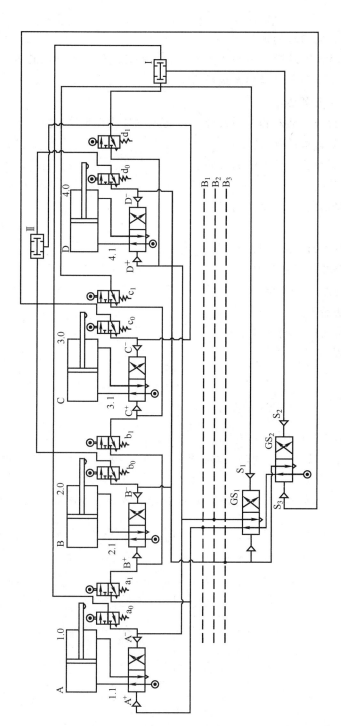

图 9-38 例 5 完整回路

✐ 练 习

1）给出气动逻辑控制回路的定义。

2）给出气动逻辑控制回路设计的分步流程。列出气动逻辑控制回路的各种组件。

3）阐述开环控制系统和闭环控制系统的区别。

4）气动设计的方法有哪些？

5）举例讨论说明按给定的动作序列设计气动逻辑回路的分步过程。

6）气动逻辑回路的需求是什么？

7）什么是开环控制系统？试举两例说明。

8）级联的功能是什么？

9）什么是闭环控制系统？试举两例说明。

10）阐述限位阀的功能。

11）如何确定级联中的母线和组切换阀的数量？

12）阐述动作图和控制图的区别。

13）阐述分步位置图的重要性。

14）列举级联方法的优点。

15）设计气动回路实现下列动作序列：

① 夹紧工作并保持不动。

② 移动加工工具。

③ 退出加工工具。

④ 释放工件。

绘制动作图并说明完整的气动流程。

16）为下列动作序列设计一个气动回路：第一步 A^-，第二步 B^+，第三步同时执行 A^- 和 B^-。

17）双缸（A&B）气动系统动作图如图 9-39 所示，请画出对应的气动回路图。

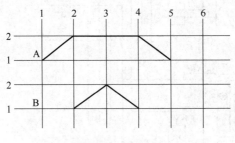

图 9-39 题 17 图

第 10 章

射 流 系 统

10.1 概述

射流系统（应用流体学）属于工程和技术的一个分支，其关注的是如何利用流体运动而不是电荷运动来开发各种电子回路的等效回路。射流系统中使用的基本设备是专门为其设计的阀门，可以作为放大器和逻辑回路。射流系统的主要优点是它们可以设计为在电子系统不能运行的条件下仍能运行的系统。例如，射流系统可以在火箭的排气管中运行，使用废气作为其工作流体。在系统输出为流体流动的情况下射流系统也具有优势，如在汽车化油器中。

10.2 布尔代数

布尔代数是一种用符号表达逻辑状态的数学体系，使问题可以用普通代数的方法解决。总之，布尔代数是数字系统的数学。

简化布尔表达式最常见的方法是用处理普通代数表达式的方法来处理。对于数字形式的逻辑关系，需要一套符号操作规则来解决未知的问题。用英国数学家乔治·布尔（George Boole）制定的一套规则描述某些命题，其结果可能是真或假。对于数字逻辑，在这些规则中用于描述回路状态的是 1（真）或 0（假）。布尔加法和乘法的基本规则见表 10-1。

表 10-1　布尔加法和乘法的基本规则

加 法 规 则	乘 法 规 则
$0 + 0 = 0$	$0 \cdot 0 = 0$
$0 + 1 = 1$	$0 \cdot 1 = 0$
$1 + 0 = 1$	$1 \cdot 0 = 0$
$1 + 1 = 1$	$1 \cdot 1 = 0$

10.3 布尔代数定律

和常规代数类似，布尔代数也有假设和恒等式。这些定律可以用来减少表达式或将表达式转换为更理想的形式。只要使用交换律、分配律、同一律和互补律等基本假设，其他一切均可推导出来。应注意，每条定律都有两个表达式。一些基本的定律如下：

1. 交换律

1）$A + B = B + A$

2）$AB = BA$

2. 分配律

1）$A(B + C) = AB + AC$

2）$A + (BC) = (A + B)(A + C)$

3. 同一律

1）$A + 0 = A$

2）$A \cdot 1 = A$

4. 互补律

1）$A + \overline{A} = 1$

2）$A \overline{A} = 0$

其他定律可以从基本定律中派生出来，如以下定律。

5. 零一定律

1）$A + 1 = 1$（一定律）

2）$A \cdot 0 = 0$（零定律）

6. 结合律

1）$A + (B + C) = (A + B) + C$

2）$A(BC) = (AB)C$

7. 德摩根定律

1）$\overline{(A + B)} = \overline{A}\,\overline{B}$

2）$\overline{(AB)} = \overline{A} + \overline{B}$

10.4 真值表

真值表是逻辑中用来确定表达式是真实或者有效的一种数学表。真值表是使用表格表示逻辑函数结果的方法，通过定义一个函数输入的所有可能组合，然后依次计算每个组合的输出。真值表广泛使用的原因如下：

1）真值表相对容易理解，因为它们不涉及任何公式，但可以精确地描述任何布尔公式的结果。

2）在缩写形式中，它们可作为布尔运算的简洁描述，因此广泛应用于电子逻辑设备的数据表中。

3）处理复杂运算，如简化布尔表达式时，可以通过处理真值表来轻松完成，这种缩写技术占据了该简化的很大一部分。

4）可用于定义未知公式的逻辑公式，进而从真值表中确定公式的具体形式。

真值表的建立：

每个布尔函数都可以被指定为一个表。假设函数有 n 个参数，然后每个参数都有两个可能的值，那么只有 2^n 种可能的参数组合，可以全部列出。对于每个列表条目，可以添加函数值，形成函数的真值表。真值表是对函数的一个完整而明确的定义，因为它给出了每个可能情况下的函数值。它显示了输入状态的每种可能组合的输出状态。符号 0（假）和 1（真）通常用于真值表中。

10.5 逻辑门

逻辑门是一种具有输入和输出的设备（与其是电气的、电子的还是机械的都无关）。输入的逻辑状态决定了其输出的逻辑状态，使用真值表可以完整地描述完成此运行过程的方式。所有的逻辑器件都将接收输入并产生输出，这些输出即是打开或关闭。逻辑门是数字电路的基本组成单元。大多数逻辑门有两个输入和一个输出，在任何给定时刻，每个终端都处于低电平（0）或高电平（1）这两个二进制条件之一，由不同的电压电平表示。共有七个基本逻辑门：与门、或门、异或门、非门、与非门、或非门及异或非门（同或门）。

1）"与门"的名称源自于当 0 被称为"假"而 1 被称为"真"时，该门的作用方式与逻辑"与"的运算符相同。图 10-1 和与门真值表（表 10-2）显示了"与门"的电路符号和逻辑组合（在该真值表中，输入端在左侧，输出端在右侧）。当两个输入都为"真"时，输出为"真"。否则，输出为"假"。

表 10-2　与门真值表

图 10-1　与门符号

输入 1	输入 2	输　出
0	0	0
0	1	0
1	0	0
1	1	1

2）"或门"的名称源自于它遵循包含"或"的逻辑方式运行。如果其中一个或两个输入为"真"，则输出为"真"。如果两个输入均为"假"，则输出为"假"。图 10-2 所示为或门符号，或门真值表见表 10-3。

表 10-3　或门真值表

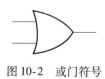

图 10-2　或门符号

输入 1	输入 2	输　出
0	0	0
0	1	1
1	0	1
1	1	1

3）"异或门"（特殊的"或门"）的运行方式与逻辑"异/或"相同。如果输入中只有一个是"真"，则输出为"真"。如果两个输入都是"假"，或者两个输入都是"真"，那么输出是"假"。另一种表述此电路的方法是输入不相同则输出为 1，输入相同则输出为 0。

图 10-3 所示为异或门符号，异或门真值表见表 10-4。

表 10-4　异或门真值表

输入 1	输入 2	输　出
0	0	0
0	1	1
1	0	1
1	1	0

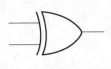

图 10-3　异或门符号

4）逻辑逆变器常被称为"非门"，不同于其他类型的电子逆变器设备，此装置只有一个输入，它可以使得逻辑状态反转。图 10-4 所示为非门符号，非门真值表见表 10-5。

表 10-5　非门真值表

输　入	输　出
0	1
1	0

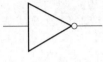

图 10-4　非门符号

5）"与非门"包含一个"与门"，后面跟着一个"非门"。它以逻辑运算"与"的方式运行，然后是逻辑状态反转。如果两个输入均为"真"，则输出为"假"。否则输出为"真"。图 10-5 所示为与非门符号，与非门真值表见表 10-6。

表 10-6　与非门真值表

输入 1	输入 2	输　出
0	0	1
0	1	1
1	0	1
1	1	0

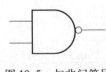

图 10-5　与非门符号

6）"或非门"包含一个"或门"，随后跟着一个"非门"。它的运行方式是如果两个输入均为"假"，则输出为"真"。否则输出为"假"。图 10-6 所示为或非门符号，或非门真值表见表 10-7。

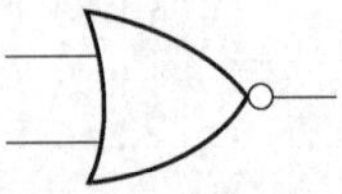

表 10-7　或非门真值表

输入 1	输入 2	输　出
0	0	1
0	1	0
1	0	0
1	1	0

图 10-6　或非门符号

7）异或非门（特殊的"或非门"）包含一个"异或门"，随后跟着一个"非门"。如果输入相同，则其输出为"真"；如果输入不同，则输出为"假"。图 10-7 所示为异或非门符号，异或非门真值表见表 10-8。

表 10-8 异或非门真值表

图 10-7 异或
非门符号

输入 1	输入 2	输　　出
0	0	1
0	1	0
1	0	0
1	1	1

10.6 射流系统的起源和发展

射流系统（也称为射流逻辑）是使用流体或可压缩介质来执行类似于用电子器件执行的模拟或数字操作。基于流体动力学的理论基础，射流系统的物理基础是气体力学和水力学，建立在流体力学的理论基础之上。当设备没有运动部件时，通常会使用"射流"一词，所以普通的液压元件，如液压缸和滑阀，不被称为射流设备。

射流系统已经发展到可应用于计算和数据传输。但在前期发展阶段，电子系统在控制工程领域占主导地位。流体力学领域的基础发展始于 1904 年，当时德国飞机工程师 L. 普朗特提出了解决扩散器内流动分离问题的解决方案。他提出的方法是对边界层施加吸力，即通过对扩散器上的边界层施加吸力来防止流动分离，L. 普朗特设计了第一个"非门"。1916 年尼古拉·特斯拉声称自己是第一个射流二极管的发明者，他设计了一种瓣膜导管，该专利于 1980 年获得授权。该导管具有活动部件，可阻止流体在一个方向上的流动并允许在另一方向上自由流动。

1938 年，工程师亨利·柯安达提出了"壁面附着"理论，柯安达的壁面附着理论是该领域发展的重要基石，后来这种效应被用于流体逻辑元件的开发中，瑞·奥格于 1962 年发明了一种被称为湍流放大器的射流逻辑元件。

早期的发展促使这一领域取得重大发展。近年来，流体逻辑元件在耐受性的工作环境中取代了电子设备，因此受到了欢迎。

10.7 柯安达效应

柯安达效应于 1930 年由罗马尼亚空气动力学家亨利·马利·柯安达（1885—1972 年）发现。他指出，柯安达效应是一种现象，即射流附着在附近表面并且即使当表面曲线远离初始喷射方向时仍保持连接的现象。他观察到如果表面的曲率不太大或表面与流体形成的角度不太小，则从喷嘴排出的空气（或流体）蒸汽就会沿着附近的表面流动。

通过将勺子的背面垂直放在水龙头流出的细水流中，可轻易证明该效应的存在，如果握住勺子使其可以摆动，就会感觉到它被拉向水流（图 10-8）。然而这种影响是有限度的：如果使用的是球体而不是勺子，则会发现水只会沿着其中一部分流动。

此外，如果表面急剧弯曲，水流将不会跟随，而是稍微弯曲一点就脱离表面。

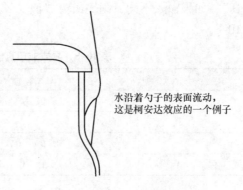

水沿着勺子的表面流动，
这是柯安达效应的一个例子

图 10-8　柯安达效应的例子

1. 柯安达效应的原理

柯安达效应或壁面附着效应是流动的流体（无论是液体还是气体）将其自身附着于表面并沿其流动的趋势。当流体在表面上运动时，在流体和表面之间会产生一定大小的摩擦力（称为"表面摩擦力"），这往往会使流体流速降低。这种流体流动产生的阻力将流体吸引到表面，使其黏附在表面上。因此，如果表面的曲率不太大或表面与流体的夹角不太小，那么从喷嘴喷出的流体往往会沿着附近的曲面流动，甚至会沿着拐角弯曲。这种现象在流体力学和空气动力学方面有许多实际应用。它在飞机上的各种大升程设备上都有重要的应用，在机翼上流动的空气可以通过襟翼向地面"弯曲"。

2. 柯安达试验

柯安达试验（图 10-9）表明，通过狭缝排放到延伸的圆形瓣的一层流体会附着到曲面上并沿着其轮廓流动。他发现，肩状物由一系列短平面组成，每个短平面都与前一个短平面具有特定的角度，并且每个短平面都具有一定的长度，从而可以使射流绕 180° 弧线弯曲。此外，他还发现有偏转气流从周围吸收空气。进一步的研究表明，当射流绕过该肩状物流动时，它所携带的空气量是原始射流的 20 倍。

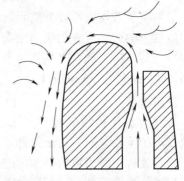

图 10-9　柯安达试验

10.8　特斯拉瓣膜导管

特斯拉声称他设计的瓣膜导管（图 10-10）是由一个封闭的通道组成的，该通道的壁上有凹槽，使得流体能够自由地沿瓣膜导管的方向流动，但当流体从另一个方向或相反方向进入时，会使方向发生快速逆转，从而产生摩擦力和质量阻力。

限制流动 →

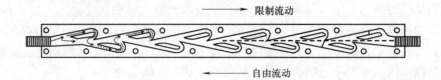

← 自由流动

图 10-10　特斯拉瓣膜导管

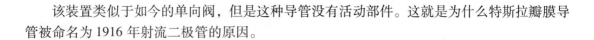

该装置类似于如今的单向阀，但是这种导管没有活动部件。这就是为什么特斯拉瓣膜导管被命名为 1916 年射流二极管的原因。

10.9　射流装置

射流装置是基于一些众所周知的原理和现象设计的简单元件。射流装置的设计、维修和使用方法都很简单，我们可以将它们作为射流控制系统中使用的电子设备的替代品。射流装置可以分为：

1）数字射流装置。

2）模拟射流装置。

数字射流装置具有两个输出，流体从一个输出流出或另一个输出流出，不会分为两部分输出。在数字射流装置中，不存在更多输出或更少输出的问题，它们仅以"有输出"或"无输出"的形式发出信号。这类装置的实例有双稳态触发器、逻辑电路等。

模拟射流装置是指能够将输出从低到高变化的装置。其中输出将通过控制输入而增加或减少。这类装置的实例有射流位置传感器、射流涡流放大器、壁挂式放大器、射流振荡器等。

射流装置可以进一步分为三类：

1）射流逻辑装置。

2）射流传感器。

3）射流放大器。

1. 射流逻辑装置

一般来说，所有的射流装置都基于柯安达的壁面附着理论。这一理论在本章前面已给出说明。基于该理论，在过去的几十年中，一些简单的设备已经获得了各个机构的专利。其中最受欢迎的是双稳态触发器、"与门""或非门"等。下面将对其中一些重要的射流逻辑装置进行介绍。

（1）双稳态触发器　双稳态触发器是最常见的射流逻辑装置（图 10-11）。它的工作原理基于柯安达效应，一般配置包括五个端口，其中一个为供应端口，两个控制射流端口和两个输出端口。供应端口始终存在于输入端口，而输出端口取决于控制射流端口，即当流体从控制射流端口 C_1 通过时，在 O_1 处将有输出，同理，当在控制射流端口 C_2 处供应流体时，在 O_2 处将有输出。

在此了解单稳态和双稳态之间的区别也很重要。单稳态和双稳态元件之间的区别如下：

单稳态是指当装置具有一个稳定状态时，即在没有信号的情况下，它将始终保持在该特定状态。第二个状态只能在有施加信号的情况下实现，如 3/2 手动弹簧复位式方向控制阀是单稳态装置。

另一方面，双稳态意味着无论是否施加信号，装置在两个可能位置的任何一个位置都是稳定的。例如，4/2 先导式方向控制阀是双稳态装置。

通过这种方式，交替使用两个控制射流端口，该射流逻辑装置可以用于执行存储器功能。双稳态触发器的输出可作为具有低压驱动装置的各种阀门的控制信号。

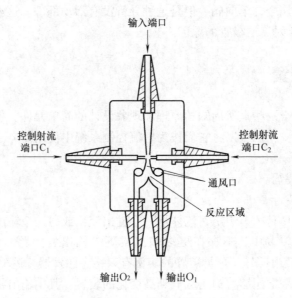

图 10-11　双稳态触发器

（2）射流"与门"　图 10-12 所示为一个射流"与门"，供应端口 A 和供应端口 B 为输入射流的输入端口。此外，还设有一个输出端口 Y 和两个排水端口 1 和 2。如果射流从供应端口 A 输入而不从供应端口 B 输入，则射流从排水端口 2 排出。同理，如果射流从供应端口 B 输入而不从供应端口 A 输入，则射流通过排水端口 1 排出。这意味着在上述两种情况下将不存在输出或零输出。

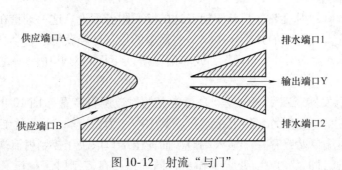

图 10-12　射流"与门"

在输出端口 Y 输出的唯一条件是在两个供应端口存在具有相同强度的射流。这种射流逻辑装置的运行方式也基于柯安达的壁面附着理论。

（3）射流"或非门"　图 10-13 所示为一个射流"或非门"。该射流逻辑装置包括一个供应端口 A，该端口始终供应射流。有两个控制射流端口 a 和 b 及两个输出端口 Y 和 Y_1。Y 输出表示"或门"，Y_1 输出表示"或非门"。在没有 a 和 b 控制射流的情况下，供应端口 A 供应的射流通过输出端口 Y_1 输出。这意味着当没有输入（a 或 b）时就有输出，这体现了"或非门"的逻辑特性，Y_1 输出作为一个"或非门"逻辑输出。另一方面，当射流从任一控制射流端口 a 或 b 输入或同时从控制射流端口 a 和 b 输入时，排水端口 Y 处会有输出，即有输入就有一个输出，这属于"或门"的逻辑特性，Y 输出作为一个"或门"输出。这个完整的装置称为射流"或门-或非门"。

2. 射流传感器

射流传感器主要用于检测物体是否存在。这类传感器提供射流形式的信号以显示物体是否存在。为了减少空气消耗，射流传感器的尺寸通常非常小。同样，其他方面的设计也很重要，如产生射流的喷嘴的直径、入口的尺寸和出口孔。射流传感器的输出可以直接作为气动逻辑回路的控制信号。但是当射流传感器用于气动装置和液压装置时，需要放大射流控制信号。下面介绍一些重要的射流传感器。

（1）锥形喷嘴射流传感器　图 10-14 所示为锥形喷嘴射流传感器，其用于检测物体的位置，即使物体与它的距离相当远也能被检测到。锥形喷嘴射流传感器具有分别与供应端口 A 和 B 相连接的两个

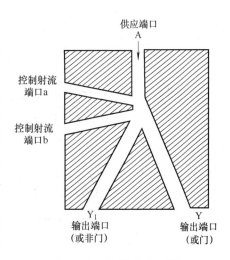

图 10-13　射流"或非门"

供应喷嘴，流体从这两个喷嘴喷射到定位的物体上，并且在两个喷嘴之间有一条与输出孔相连接的圆柱形通道。撞击物体后返回的流体被引导到该圆柱形通道，并进一步从输出端口 Y 通过，当物体与锥形喷嘴射流传感器相距一定距离时在 Y 处有低压输出，而当物体靠近锥形喷嘴射流传感器时，则可在输出口 Y 处观察到高压输出。因此，可通过测量输出压力来得到物体当前的位置。

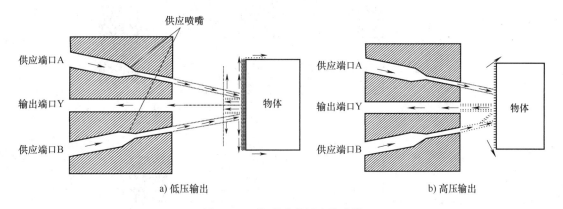

图 10-14　锥形喷嘴射流传感器

（2）遮断喷嘴射流传感器　遮断喷嘴射流传感器的工作原理与上述锥形喷嘴射流传感器的工作原理相同。图 10-15 所示为遮断喷嘴射流传感器。该传感器由喷嘴供应以层流模式流动的低压空气，该空气必须穿过喷嘴和收集器之间的间隙。如果物体不阻碍路径，空气气流会不间断地流过。遮断喷嘴射流传感器由具有相当大差距的喷嘴和收集器组成，其中喷嘴供应流体并将其导向收集器。如果 A 和 Y 之间的路径未被物体或元件阻挡，则层流保持连续，并且从喷嘴发出的空气气流以输出 Y 的形式向收集器提供信号。另一方面，如果物体阻挡供应喷嘴 A，那么流体将变为湍流且输出 Y 将会变得非常小，这个减小的输出足以起动并入设备中的致动栅极。

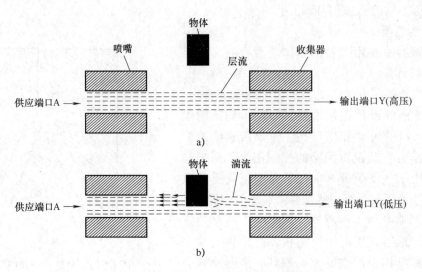

图 10-15　遮断喷嘴射流传感器

（3）背压式传感器　顾名思义，背压式传感器基于背压原理工作，由供应端口 A 供应流体。图 10-16 所示为背压式传感器的工作原理。

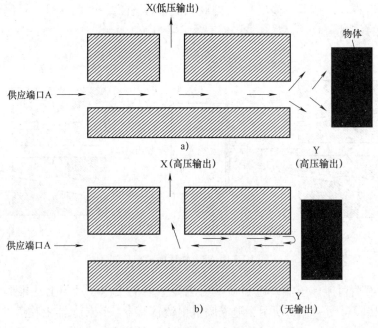

图 10-16　背压式传感器

当所要定位的物体与背压式传感器之间有一定的距离时，空气沿着同一水平路径从另一侧逸出。因此，在出口端口 Y 处具有高压输出，在输出端口 X 处具有低压输出。另一方面，当物体靠近背压式传感器的输出端口 Y 时，物体阻挡流体通过输出端口并被引导至输出端口 X。因此，在 Y 处将不会有输出，而在 X 处将会有高压输出。当背压式传感器和物体之间的距离不是太大时，可使用该传感器检测并显示物体的位置。

3. 射流放大器

射流放大器是没有运动部件且使用气体或液体作为工作介质的装置。它可以对放大器喷嘴中的高能量流体进行加速，以产生动力射流。控制较低的能量射流，为动力射流提供横向流量输送，以改变动力射流的方向及在设备的不同输出端口上相应的流量，因此使得信号放大，该放大过程类似于电子管的放大过程。下面将介绍其中的几种装置。

（1）射流涡流放大器　射流涡流放大器是一种利用涡流特性来调节射流流动的射流装置。射流涡流放大器由被圆柱形多孔元件分为两个腔室（即图 10-17 所示的外腔室和涡流腔室）的圆柱形盘状容器组成。

供应端口 A 作为圆柱形盘中的流体入口，流体沿着多孔元件的外周从供应端口进入。在涡流腔室设有一个控制射流喷嘴以产生涡流，可以根据容量沿圆周方向设置多个控制射流喷嘴，从而沿切向方向抛出射流并在射流流体中产生涡流运动。在中心处，设有传输信号的输出端口 Y。

要理解射流涡流放大器的工作原理，需了解该设备可能的输出是什么。该射流装置提供"放大信号"或"无信号"作为输出。下面将详细介绍涡流放大器的这两种输出情况：

1）情况 1：放大信号。射流从圆柱形盘的供应端口进入，从多孔元件中流出，并在重力的作用下向输出端口流动。当射流进入涡流腔室时，它与控制射流 a 相接触。由于不同的压力和方向，这些

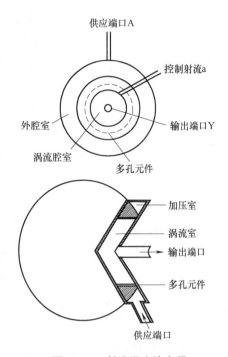

图 10-17　射流涡流放大器

控制射流随涡流运动而运动。此时，来自供应端口 A 的流体沿着该切向分量流动并接近输出端口。因此，当流体离开涡流腔室时，会产生一定的角速度。角速度增加的内在原因是涡流运动引起的压力下降和流体速度的增加。为了保持角动量守恒，流体的角速度必须随着接近输出端口而增加。类似地，流体的径向速度也分别在向上/向下流动或从供应端口向输出端口流动时有所增加。因此，在涡流放大器中存在两种信号放大，即径向速度上升和角速度上升。如上所述，放大的信号从输出端口发送出来。

2）情况 2：无信号。"无信号"的情况是通过调节供应端口 A 处的供应量来实现的。涡流腔室中的离心效应由于离心力而变得显著，同时产生了一个高压区域，使得输出端口 Y 几乎停止供应。事实上，由于这种压力升高，流向供应端口 A 的流量略有反转。然而，由于控制射流的流动造成输出端口 Y 处仍有一定流量。值得注意的是，对于某些特定的供应流体，至少需要与控制射流相当的压力。在任何情况下，控制射流的压力都不应小于供应压力。

（2）湍流放大器　湍流放大器是一种基于流体动力学现象的射流逻辑装置，19 世纪时洛德·瑞利对其进行了描述。根据洛德·瑞利的研究，如图 10-18 所示，在层流模式下雷诺数小于 1500 的射流在被横向控制射流中断时会变成湍流。工业中使用的典型湍流放大器由

较薄的供应管道和输出管道组成，它们之间有 15 ~ 20mm 的间隙。供应/输出管道安装在另一个完全封闭的圆柱形管中，其基本尺寸约为供应/输出管道的 25 倍以上。控制射流喷嘴和排水端口均设置在此外管中。

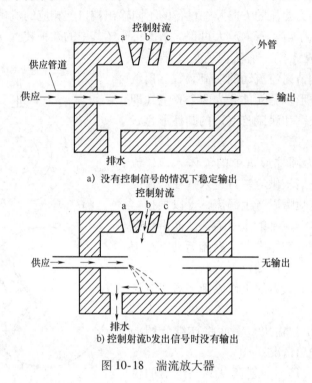

图 10-18　湍流放大器

在没有控制射流的情况下，来自供应管道的供应流体直接流向输出管道并通过输出管道收集。但是如果此时有任何一个控制射流处于活动状态，则层流会变为湍流，并且输出管道中不会有流体。通常情况下，可以在一个湍流放大器中使用 4 ~ 6 个控制射流。但是需要注意的是，任何一个控制射流都可以使湍流放大器处于"关闭"状态。

关闭湍流放大器所需的功率远远小于输出管道中的功率，此过程在低操作压力下进行。输出管道内的压力约为 $10cmH_2O$，关闭信号的压力约为 $1cmH_2O$，供水的压力约为 $25cmH_2O$。开启和关闭湍流放大器所需的时间分别为 2 ~ 3ms 和 5 ~ 7ms。湍流放大器的工作原理基于层流/湍流及射流破坏的概念，因此它们也被称为层流湍流装置或射流破坏装置。

10.10　射流系统的优点和缺点

（1）射流系统的优点

1）流体系统较为可靠。射流系统没有运动部件，属于鲁棒性系统，即它们实际上不受电磁和核辐射的影响。射流系统优于存在高温运行问题的电子设备，但是射流系统对流体介质的污垢较为敏感。在引入空气或液体之前，人们可以很容易地为空气或液体配置高质量的过滤器。

2）射流系统无噪声。实际上，射流系统中没有可运动部件，故不会产生任何噪声。

3）射流系统的内部结构较为紧密。与气动、液压、电力气动系统相比，射流系统的内部结构更为紧密。但是从微电子学的角度来说，这种说法是不正确的，因为电子系统和其他元件的内部结构比射流系统还要紧密很多。

4）射流系统设计简单。射流系统基于一些基本的工作原理设计，且这些原理通俗易懂。一旦理解了这些基本原理，就可轻易设计、修改和修复射流装置，而不需要具备专业知识。

5）射流系统无危险。这些设备更适用于电子元件无法执行的危险区域。

（2）射流系统的缺点

1）该领域的发展有限。如前所述，射流系统基于一些经过科学证明的简单原理，但仍有些现象，如柯安达效应并未给出明确的解释。

2）射流系统速度慢，输出功率低。射流系统一般以空气为介质，并且在低于 0.1bar 的压力下运行。因此射流装置具有相对较低的速度和功率输出，需要一些放大模块才能驱动动力运行设备。因此，这些附加部件会增加射流系统的整体费用。

3）射流系统不适用于不可压缩的流体。在低压下操作，使用不可压缩的流体（如油）是不经济的。因此在射流系统中限制了不可压缩流体的使用。

4）设计复杂的射流系统是不切实际的。由于规模和成本的限制，一个系统中最多只有 1000 个逻辑功能。而射流微型计算机既不可行也不可取，主要原因是速度限制。简单的射流系统相对来说就比较慢，而当射流系统的复杂性增加时就会变得更慢。

5）射流系统不适用于间歇式运行控制系统。在间歇式运行和周期时间长的控制系统中，由于持续的功耗，射流系统是不适用的。

6）射流系统的效率很低。控制介质（如空气）的能量通常由于在传输线中长距离的传播而受到损失。此外，按壁面附着原理工作的射流装置可从流经的流体中回收约 15% 的功率，而涡流放大器可回收高达 40% 的供应功率。长距离的流体信号在相位变化和信号衰减方面都存在问题。

练 习

1）列出布尔代数的各种定律。

2）列出布尔代数的三种逻辑元件，如何表达它们？

3）阐述射流元件的结构、工作原理和性能特点。

4）阐述"与非门"和"或非门"。

5）使用真值表表示 $(\overline{AB}) = \overline{A} + \overline{B}$。

6）完成布尔表达式：$A + \overline{A}\overline{B} = $ _____。

7）柯安达效应是什么？用图表描述。

8）什么是真值表？

9）绘制"或门"的真值表，并画出代表"或门"的符号。

10）绘制"或非门"和双稳态触发器的图形，同时说明其工作原理和结构特性。

11）说明射流双稳态开关的定义。

12）结合图形说明射流"或非门"。

13）描述任一种射流装置的工作原理。

14）阐述射流二极管的工作原理，并为射流双稳态开关设置一个真值表。

15）阐述任意一种射流装置并解释其工作原理。说明它的用途。

16）射流系统的优点和缺点分别是什么？

17）如何对射流装置进行分类？

18）什么是射流传感器？结合图形说明任一种射流传感器的工作原理。

19）射流系统和电子系统有什么相似之处？

20）讨论以下射流元件的构造方式和工作原理：

① 或门/或非门。

② 近程探测器/传感器（任意一种类型）。

21）与传统系统相比，射流系统的主要优点是什么？

22）区分模拟装置和数字装置。

23）锥形喷嘴射流传感器、背压式传感器与遮断射流传感器有何不同？

24）写出"与门"的真值表并绘制与其相应的符号。

第 11 章

电气与电子控制

11.1 传感器及变送器概述

变送器定义为将能量从一种形式转换成另一种形式的装置。它既可以配置于测量系统的输入端，也可以配置于输出端。输入变送器也称为传感器，它可以感知所需物理量并将其转换成另一种能量形式。输出变送器被称为执行器，它将能量转换成另一个独立系统（不论是生物系统还是技术系统）可以对其做出反应的形式。对于生物系统而言，执行器可以是感应视觉的数字显示器或感应听觉的扬声器。对于技术系统，执行器可以是记录仪或是在陶瓷材料上打孔的激光器，人类可以解读其结果。

传感器可用于检测诸如位置、力、力矩、压力、温度、湿度、速度、振动等参数并产生相应的信号。传感器技术已经成为生产工序和系统的重要组成部分。传感器可以是一种物理设备或生物器官，能够检测或感知信号、物理状况和化合物，也可以作为在电子设备和物理世界之间提供接口的设备。有源的传感器通常称为变送器。

11.2 传感器相关术语

（1）灵敏度 传感器的灵敏度定义为每单位测量参数值的变化引起传感器输出的变化量。它可以在传感器的量程内保持不变（线性），也可以变化（非线性）。

（2）范围 每个传感器都可以在指定范围内工作。该范围通常是固定的，而且一旦超过，就会导致传感器永久性损坏。

（3）精度 精度是指测量的再现程度。

（4）分辨率 分辨率定义为传感器可检测到的最小变化。换言之，是测量仪器对输入参数微小变化的响应。

（5）准确度 准确度是传感器非常重要的特征，但实际上考虑的是不准确度。不准确度以传感器所示值的最高偏差与理想值的比值来衡量，可以用测量值来表示。

（6）滞后 滞后是应用参数的增加值和减小值的响应差异。

（7）响应时间 传感器经过阶跃输入后接近其真实输出所经过的时间。

（8）偏移量 偏移量是传感器输出应该为零时存在的输出值。

（9）线性误差 线性误差是测量曲线偏离理想理论曲线的程度。

（10）量程　量程定义为仪器被设计用于完全线性测量的变量范围。

（11）校准　仪器的输入和输出的具体值与相应的参考标准值的比较称为校准。

11.3　变送器的选择

选择变送器时应注意以下因素：

1）能够识别并感知所需的输入信号，并对其他信号敏感。

2）准确性高。

3）精度高。

4）具有幅度线性。

5）具有环境相容性，可以适应腐蚀性流体、压力、冲击、空间等。

11.4　传感器的分类

传感器可根据检测到的能量类型进行分类：

（1）热能　用于测量温度、热量、热导率和比热。

1）温度传感器。温度计、热电偶、热敏电阻。

2）热传感器。量热计。

（2）电磁传感器　用于测量电压、电流、电荷、磁场、通量和磁导率。

1）电阻传感器。欧姆表、万用表。

2）电流传感器。电流计、电流表。

3）电压传感器。电压表。

4）电力传感器。电能表。

5）磁性传感器。磁罗盘、磁力计、霍尔效应装置。

（3）机械传感器　用于测量位置、形状、速度、力、扭矩、压力、应变和质量等。

1）压力传感器。气压计、自动记录式气压计、压力表、风速指示器。

2）气体和液体流量传感器：流量传感器、流量计、燃气表、水表。

3）应变仪。

（4）化学传感器　离子选择电极、pH玻璃电极。

（5）光学和辐射传感器

1）气泡室、剂量计。

2）光伏电池、光电二极管、光电晶体管、光电管。

（6）声学传感器　声音传感器：传声器、水听器、地震检波器。

11.5　变送器的分类

变送器可以按不同的方式分为以下几类：

1. 自发和非自发变送器

自发变送器是指自身可以产生电信号（电流或电压）的变送器。如热电偶、热电堆、动圈式发生器、压电式拾取器、光伏电池等。

非自发变送器是指那些自身不能产生电信号的变送器，它们虽不能产生电信号，但可显示电阻、电容和电感的变化。如热敏电阻、线性可变差动变送器、电容式变送器、应变仪、电阻温度检测器等。

2. 输入和输出变送器

输入变送器将其他形式的能量作为输入，并将其转换为电信号（电压）或电阻（可以转换为电压）。如光敏电阻（LDR）将亮度（光线）转换为电阻、热敏电阻将温度转换为电阻、传声器将声音转换为电压、可变电阻将位置（角度）转换为电阻等。

输出变送器将电能转换为其他形式的能量作为输出。如灯将电转换为光、发光二极管（LED）将电转换为光、扬声器将电转换为声音、电动机将电转换为运动、加热器将电转换为热量等。

3. 模拟和数字变送器

模拟变送器将输入信号转换为输出信号，其转换过程是一个连续的时间函数，如热敏电阻、应变仪、热电偶、线性可变差动变压器（LVDT）等。

数字变送器将输入信号转换为脉冲形式的输出信号，从而产生离散输出。

4. 变送器的其他分类

1）温度变送器、流量变送器、磁性变送器等。

2）力与压力变送器。

3）位移变送器。

11.6 温度传感器

在许多工业应用中，温度的测量极其重要，这些应用需要不同物理结构及性能各异的温度传感器。在特定应用中选择传感器类型时，必须考虑以下几个因素：温度范围、准确度、响应时间、稳定性、线性度和灵敏度。常用的温度传感器有：

1）电阻式温度检测器（RTD）。

2）热电偶。

3）热敏电阻。

4）光纤温度传感器。

1. 电阻式温度检测器（RTD）

电阻式温度检测器（RTD）是一种温度传感器，通过电阻随温度变化而导致元件上电压的变化或电流幅值的变化来检测温度。这类传感器的原理是提供与温度变化成比例的电阻变化。由于采用的电阻元件精度高，电阻式温度检测器已应用于温度的精确测量中。电阻式温度检测器可以连接在驱动显示器的桥接电路中，显示校准后的电阻元件温度。随着温度的升高，大多数金属更难导电。由于电阻的增加通常与温度的升高成比例，流过金属的恒定电流会产生与温度变化成比例的电压变化。

RTD 的基本结构非常简单，它由缠绕在陶瓷或玻璃芯上的一段细卷线组成。该元件非常脆弱，故置于有护套的探头内（图 11-1）。

RTD 常见的电阻材料是铂、镍和铜。铂具备良好的稳定性并具有阻值与温度接近线性

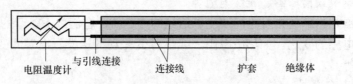

图 11-1　电阻式温度检测器

关系的特性，是 RTD 最常用的金属，可测量温度高达 800℃。RTD 的电阻随着温度的变化而变化，故归类为绝对温度装置之一（相反，热电偶只能测量温差而不能测量实际温度）。

电阻式温度检测器的优点：

1）稳定性强且准确度高。

2）线性优于热电偶。

电阻式温度检测器的缺点：

1）成本高。

2）具有自热性。

3）需要电流源。

4）对于某些应用来说，响应不够快。

2. 热电偶

珀尔帖-塞贝克效应是指当两种不同的金属导体连接在一起形成一个闭合电路并且两个连接点保持在不同温度时，电路中会产生热电动势（EMF）。热电偶就是依据珀尔帖-塞贝克效应设计的。因此，当一端（冷端）在一定温度下保持恒定时（通常为 0℃ 时），另一端（测量端）暴露于未知温度时，便可通过测量 EMF 得到测量端温度。由两种不同金属导体形成的组合称为"热电偶"。

热电偶是一种有源传感器，用于测量工业设备中极高的熔炉温度。热电偶由一对不同的金属/导线连接在一起形成闭合电路，如图 11-2 所示。连接的一端是传感端，此端被浸入待测温度介质中，称为热连接。连接的另一端称为冷端或参考端，此端保持恒定的参考温度。将热电偶的传感端置于待测温度的介质中，传感端和参考端之间便会存在温差，这时会产生 EMF，它会在电路中产生电流，可采用电压表进行测量。

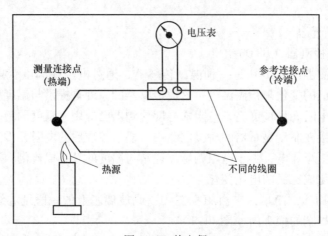

图 11-2　热电偶

包含两个连接点的热电电路如图 11-3 所示。两条金属导线 A 和 B 在两个不同的温度 T_1 和 T_2 下形成接点，产生可以测量的电压 V。热电偶电压与接点温差成正比：

$$V = \alpha(T_1 - T_2)$$

式中，α 为塞贝克系数

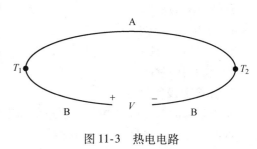

图 11-3　热电电路

热电电路的优点：

1）自供电，无需外部电源。

2）简单、坚固、价格低且通用性高。

3）环境适应性高。

热电电路的缺点：

1）非线性，需要冷端补偿进行线性化处理。

2）准确度不如 RTD 或热敏电阻。

3）电压低、稳定性差且敏感度高。

3. 热敏电阻

与 RTD 相同，热敏电阻也是温度敏感电阻。热敏电阻是一种电子元件，其电阻值会随着温度的变化而变化。热敏电阻对温度变化非常敏感，因此也称为温度敏感电阻器。热敏电阻由金属氧化物半导体材料制成，封装于玻璃或环氧树脂珠中。热敏电阻具有较低的热质量，因此响应快，但受限于较小的温度范围内。图 11-4 所示为一些不同类型的热敏电阻。

热敏电阻分为负温度系数（NTC）和正温度系数（PTC）两种类型。材料的温度系数可定义为单位温度变化时材料电阻的变化。尽管存在正温度系数电阻，但大多数热敏电阻属于 NTC 类型，即它们的电

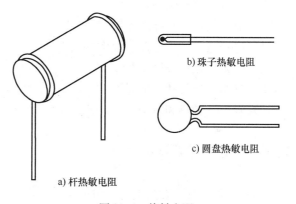

b) 珠子热敏电阻

c) 圆盘热敏电阻

a) 杆热敏电阻

图 11-4　热敏电阻

阻随温度升高而降低。温度只要发生 1℃ 的变化，NTC 电阻就可以变化几个百分点，因此热敏电阻电路可检测温度的微小变化，这在 RTD 或热电偶电路中是无法观察到的

假设电阻和温度之间为线性关系，则

$$\Delta R = k\Delta T$$

式中，ΔR 为电阻变化值；ΔT 为温度变化值；k 为一阶电阻温度系数。

如果 k 为正值，则电阻随着温度的升高而增加，这种设备称为 PTC 热敏电阻、正温度系数热敏电阻。如果 k 为负值，则电阻随着温度的升高而降低，该设备称为 NTC 热敏电阻。

热敏电阻的优点：

1）价格低、坚固耐用、可靠性高。

2）响应快速。

热敏电阻的缺点：

1）温度范围较小。

2）信号非线性。

3）具有自热性。

4. 光纤温度传感器

基于光学的温度传感器可在危险及高电磁场环境中提供准确且稳定的在线远程温度测量，因此无需校准单个探头和传感器。

即使在极其危险的腐蚀性和高电磁场环境下，光纤温度传感器也能安全准确地测量−200~600℃的温度。它们的玻璃基技术本质上不受电气干扰和腐蚀的影响，非常适合在这些条件下使用，不需要重新单独校准传感器，从而可避免人员反复暴露于现场环境中，提高了操作员和技术人员的安全性。探头由非导电和低热导率材料制成，因此具有较高的稳定性和较低的干扰敏感性，提高了操作人员的安全性，其中光缆的信息承载能力也比较高，且抗干扰性比电导体高得多。

5. 温度传感器的应用

温度传感器的应用包括如下方面：

1）暖通空调：室内、管道和制冷设备。

2）电机：过载保护。

3）电子电路：半导体保护。

4）电子组件：热管理、温度补偿。

5）工艺监控：温度调节。

6）汽车：空气和油的温度。

7）家电：加热和冷却温度。

11.7 光学传感器

当光照射在特殊材料上时，可能会产生电压，也可能会导致电阻变化，或者电子从材料表面逸出。上述变化会随着光线的持续而始终存在，直到光线消失才会停止。上述任何条件都可用于改变外部电路中电压或电流的流动，因此可检测光的存在并测量其强度。下面将讨论一些常用的光学传感器。

1. 光敏电阻

顾名思义，光敏电阻是电阻，其电阻值是光强的函数。当光线消失时，电阻值非常高，而当其被光线照射时，电阻值非常低。这种电阻通常也称为光敏电阻器（LDR）（图 11-5）。光敏电阻可以作为光传感器，它可以控制机器人的行为，如隐藏在黑暗中、向信标移动等。

2. 光电二极管

光电二极管是一种能够将光信号转换为电流或电压信号的光电检测器，具体取决于工作模式。

图 11-5　典型的光敏电阻

光电二极管可以检测光的存在及光的强度。大多数光电二极管由半导体 PN 结组成，这些半导体 PN 结封装在一个容器中，用于收集和聚焦靠近结的环境光，半导体 PN 结通常是反向电阻。因此，在黑暗中，电流相当小。当它们被照亮时，电流与落在光电二极管上的光强成正比。

3. 光电晶体管

第二种暴露于光照中时能够传导电流的光电子器件是光电晶体管。光电晶体管对光的敏感性更高，并且在给定的光强度条件下会比光电二极管产生更大的电流。

11.8　位置传感器

位置或线性位移传感器的输出信号可以反映物体与参考点之间的距离。位置/位移传感器包括如下几种类型：

1）电感式传感器。

2）电容式位移传感器。

3）磁致伸缩传感器。

1. 电感式传感器

这类传感器用于测量由磁通集中元件的移动引起的电感变化。它们是所有位置传感器中功能最强大、应用最广泛的。电感式传感器的特点是无接触、具有鲁棒性、分辨率高且重复性高，通常用于对传感器可靠性要求高的场合，尤其是恶劣的环境中。有两种基本类型的电感式传感器：

1）线性可变差动传感器（LVDT）。

2）旋转可变差动传感器（RVDT）。

（1）线性可变差动传感器（LVDT）　线性可变差动传感器（LVDT）是一种常见的机电传感器，可将物体的直线运动机械耦合为相应的电信号。图 11-6 所示的基本 LVDT 设计包含三个要素：

1）一个一次绕组。

2）两个相同的二次绕组。

3）可移动的电枢或磁心。

随着一次绕组的激励，感应电压将出现在二次绕组中。由于与一次绕组的磁耦合具有对称性，当磁心位于中心（"空"或"电零点"）位置时，这些二次感应电压相等。当二次绕组反向串联时，二次电压将被抵消且（理想情况下）不会有净输出电压。

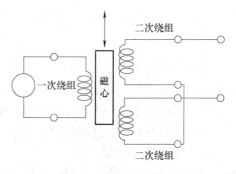

图 11-6　线性可变差动传感器的设计

但是，如果磁心在任意方向上从零位置移动，则一个二次电压增加，另一个则减小。由于两个电压不再相互抵消，因此会产生净输出电压。由于感应电压差异而产生的输出在幅度上与磁心位移呈线性关系。

线性可变差动传感器的优点：

1）应用广泛，成本较低。

2）坚固耐用，能够在各种环境中工作。

3）磁心不接触变压器线圈，故无摩擦阻力，因此使用寿命非常长。

4）响应时间短，仅受磁心惯性和放大器上升时间的限制。

5）当测量结果超出设计时也不会对 LVDT 造成永久性损坏。

线性可变差动传感器的缺点：磁心必须直接或间接与被测表面接触，但这并不总是可行的，但可通过气动伺服机构来保持喷嘴和工件之间的气隙，形成非接触式测厚计。

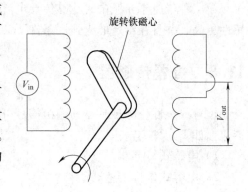

图 11-7　旋转可变差动传感器

（2）旋转可变差动传感器（RVDT）　旋转可变差动传感器（RVDT）如图 11-7 所示，用于测量旋转角度，其工作原理与 LVDT 传感器相同。LVDT 采用圆柱形铁磁心，而 RVDT 采用凸轮形的旋转铁磁心，并且可以通过轴在绕组之间旋转。

2. 电容式位移传感器

电容式位移传感器几乎可检测任何材料（纸张、纸板、塑料等），操作距离最远可达 10mm，也适用于检测金属或流体。在极长的寿命周期中可实现高速和无接触感应。电容式位移传感器可近距离检测各种材料，主要是非金属材料。

电容式位移传感器产生静电场并检测当目标接近感应面时引起的电场变化。传感器的内部由电容式探头、振荡器、整流滤波器、滤波器电路和输出电路组成，如图 11-8 所示。

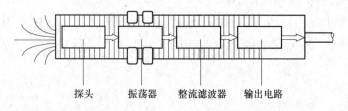

探头　　　振荡器　　整流滤波器　　输出电路

图 11-8　传感器的内部组成

在没有目标的情况下，振荡器不响应。随着目标接近，它会提高探头系统的电容。当电容达到指定阈值时，振荡器被激活，触发输出电路在"开"和"关"之间切换。探头系统的电容由目标尺寸、介电常数和目标与探头之间的距离确定。目标尺寸和介电常数越大，电容值越大，目标和探头之间的距离越近，电容值越大。

3. 磁致伸缩传感器

磁致伸缩效应是由磁场引起的材料电阻率变化的现象。磁致伸缩是铁、镍和钴等类似铁磁材料的特性。当磁性材料放置在磁场中时，其尺寸或形状会发生改变。磁致伸缩材料能将磁能转换为机械能，反之亦然。当磁致伸缩材料被磁化时，它会产生形变，即长度发生变化。磁致伸缩传感器由大量镍（或其他磁致伸缩材料）板或平行叠片组成，每个叠片的一个边缘连接到工艺槽底部或其他待振动的表面。线圈绕在磁致伸缩材料周围。当电流流过线圈时，产生的磁场使磁致伸缩材料收缩或伸长，从而使待振动的表面发出声音。

4. 磁性传感器或霍尔效应传感器

磁性传感器产生的输出电压与移动磁铁产生的附近的磁场强度成正比。磁性传感器具有相对较差的温度性能，但可以有效用于短距离位置传感，然而相比于温度性能，成本最为关键。当距离小于1in（25mm）时，霍尔效应传感器的工作效果最佳。

11.9 压电传感器

压电传感器是测量各种工序的通用工具，它在测量过程中会将应变或力转换为电信号。可用于许多不同行业的质检、工艺控制和工艺开发。压电传感器根据19世纪后期由居里兄弟发现的压电效应制造。居里兄弟在研究诸如电气石和石英等天然材料时，意识到这些材料能将输入的机械能转化为电能输出。更具体地说，当对压电材料施加压力时，其会产生机械形变从而引起电荷位移，且产生的电荷位移与施加的压力成正比。

压电传感器常用于感测运动或振动。压电传感器包括压电晶体，压电晶体通常机械耦合到产生机械运动的物体上。在压电材料中，施加的电场导致材料伸长或收缩。这些传感器能够将电能直接转换为机械能，且有如下优点：驱动分辨率高、驱动功率大、响应速度快且尺寸小。当传感器受到的压力变化时会产生电位差，因此压电传感器可用作变送器。当施加电压时，压电传感器会产生"嗡嗡"声，因此常被用作"蜂鸣器"。压电传感器的缺点是它们不能用于真正的静态测量。

11.10 压力传感器

压力传感器是将压力转换成模拟电信号的传感器。虽然存在各种类型的压力传感器，但最常见的一种是应变传感器。压力转换为电信号是通过应变仪的物理变形来实现的，压电应变仪粘接在压力传感器的隔膜中，并连接成惠斯通电桥结构。施加在压力传感器上的压力会使膜片发生偏转，从而使应变片产生应变，该应变会产生与压力成正比的电阻变化。

11.11 应变仪

测量应变的方法有数种，而最常见的是使用应变仪。应变仪已使用多年，是多种类型传感器的基本传感元件，包括压力传感器、重量传感器、转矩传感器、位置传感器等。应变仪的原理如下：当导体受到压力时，其电阻会发生变化。当外力施加于静止物体时，就会产生应力和应变。应力定义为物体的内部抵抗力，应变定义为发生的位移和形变。应变仪是电气测量技术中用于机械量测量的重要工具之一。应变由拉伸应变和压缩应变组成，以正号或负号区分。应变仪是一块薄的导电材料，其形状如图11-9所示。

图 11-9 应变仪

1. 工作原理

电阻应变仪的工作原理：导体产生机械形变时，电阻会发生变化，因为电阻率会随着长度和面积的变化而变化。图11-10所示为电阻丝处于原始状态，然后产生应变。拉伸后的导线由于变长变细而具有更大的电阻值。

导体的电阻可以表示为

$$R = \frac{\rho L}{A}$$

式中，R 为电阻；ρ 为材料电阻率；L 为导体的长度；A 为导体的横截面积。

图 11-10   电阻应变仪

2. 应变仪的类型

根据操作原理和结构特点，应变仪可以分为机械式、光学式和电子式。其中，电子应变仪的应用最为普遍。电子应变仪的原理是基于电阻、电容或电感的变化，而这些变化与从物体传递到基本测量元件的应变成正比。下面讨论一些常用的应变仪：

（1）电阻应变仪   导电材料的电阻值随着导体变形时发生的尺寸变化而变化。当这种材料被拉伸时，导体变得更长和更窄，导致电阻增加。惠斯通电桥将这种电阻变化转换为绝对电压，所得到的值通过常数应变系数与应变线性相关。

（2）电容应变仪   依据几何特征的电容器件可用于测量应变。简单平行板电容器的电容与应变的关系式如下：

$$C \approx \frac{Ak}{t}$$

式中，C 为电容；A 为极板正对面积；k 为介电常数；t 为两板之间的距离。

电容可以通过改变极板正对面积 A 或距离 t 来改变。相对而言，电容器的材料的电性能无关紧要，因此可以选择能满足机械要求的电容应变仪材料，使仪表更加坚固，从而与电阻应变仪相比具有显著的优势。

（3）光电应变仪   引伸计（具有连接到试样的机械杠杆的装置）用于放大试样的运动，它驱动光束通过一个可变狭缝并射向一个光电池。间隙开口的变化影响到达光电池的光量，从而导致光电池产生的电流发生变化。

（4）半导体应变仪   在诸如晶体石英的压电材料中，当材料受到机械应力时，晶体表面的电子电荷会发生变化进而引起的材料电阻的变化，这种现象称为压阻效应。该效应通常用于半导体材料。半导体的电阻率与电子、电荷载流子数量及其平均迁移率的乘积成反比。施加的应力会改变载流子的数量和平均迁移率。

3. 优质应变仪的特点

1）体积小，重量轻。

2）在各种尺寸范围内易于生产。

3）鲁棒性好。

4）在大应变范围内具有良好的稳定性、重复性和线性。

5）良好的灵敏度。

6）不受（或可补偿）温度的影响和其他环境条件的影响。

7）适用于静态和动态测量和远程记录。

8）成本低。

11.12　微处理器

微处理器是我们日常计算机中最重要的设备之一。微处理器（英文简写为 μP 或 uP）是由单个半导体集成电路（IC）上的微型晶体管制成的计算机电子组件。

也有另一种定义：微处理器是一种电子电路，用作计算机的中央处理器（CPU），具有计算控制功能。

微处理器以二进制数字 0 和 1（称为位）进行通信和操作。每个微处理器都有一组固定的指令，采用二进制语言作为机器语言。微处理器是单集成电路。集成电路是一个非常小的电子元件的复杂集合，该电路用于控制计算机的"开"和"关"状态。因为所有需要一起工作的组件都被蚀刻到单个硅芯片中，所以该电路被称为集成电路。微处理器处理指令并与外部设备通信，控制计算机的大部分操作。微处理器通常配置有一个大的散热片，一些微处理器与散热器和风扇封装在一起。微处理器还可用于其他先进的电子系统，如打印机、汽车和喷气式飞机。

微处理器按其设计的半导体技术可分为晶体管—晶体管逻辑电路（TTL）、互补金属氧化物半导体（CMOS）或发射极耦合逻辑电路（ECL）；按数据格式的宽度可分为 4 位、8 位、16 位、32 位或 64 位；按指令集的不同可分为复杂指令集计算机（CISC）或精简指令集计算机（RISC）。TTL 技术是最常用的技术，而 CMOS 因功耗低而多用于便携式计算机和其他电池供电设备。ECL 用于需要更高速度的情况下，此时可忽略其功耗高的劣势。奔腾 4 微处理器如图 11-11 所示。

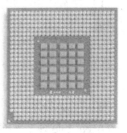

图 11-11　奔腾 4 微处理器

1. 微处理器的历史

第一台数字计算机制造于 20 世纪 40 年代，该计算机采用了大型继电器和真空管开关。其中继电器有机械速度限制，而真空管功耗高、发热量大、故障率高。1947 年，贝尔实验室发明了晶体管，由于尺寸更小、开关速度更快、功耗更低及可靠性更高，它迅速取代了真空管作为计算机开关。在 20 世纪 60 年代，得州仪器公司发明了集成电路，该电路允许单个硅芯片包含多个互连的晶体管。

第一款微处理器是 1971 年生产的英特尔 4004，它最初是为计算器开发的，具有划时代的革命性意义，在一个 4 位微处理器上包含 2300 个晶体管，每秒只能执行 60000 次操作。第一款 8 位微处理器是于 1972 年开发的英特尔 8008，用于运行计算机终端，它包含 3300 个晶体管。1974 年开发的第一款真正通用的微处理器是 8 位英特尔 8080，它包含 4500 个晶体管，每秒可执行 20 万条指令。到 1989 年，已经发明了包含 120 万个晶体管并且能够每秒执行 2000 万条指令的 32 位微处理器。

到 20 世纪 70 年代，微处理器开始用作个人计算机的中央处理器。

2. 微处理器系统的构成

微处理器系统由以下三个主要部件组成，如图 11-12 所示：

1）中央处理器（CPU）。

2）存储器。

3）输入/输出单元。

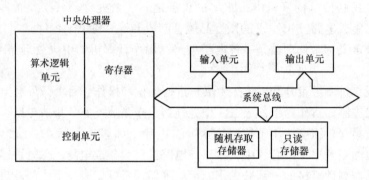

图 11-12　微处理器的构成

上述三个组件一起工作或彼此协作以执行指定的任务。它们采用不同的总线相互连接。

（1）中央处理器（CPU）　CPU 被称为微处理器的大脑，由算术逻辑单元（ALU）、控制单元、寄存器组成。

1）算术逻辑单元（ALU）。ALU 执行基本的算术计算（加法、减法、乘法和除法）和逻辑功能（与、或、异或等）。ALU 是计算机 CPU 的基本构建模块，按下列方式执行这些操作：

① 将从存储器或输入/输出（I/O）单元中获取的数据存储在寄存器中。

② 将这些数据发送到算术电路或逻辑电路，进行必要的算术或逻辑运算。

③ 将算术或逻辑运算的结果发送到相关累加器、存储器或 I/O 接口。

2）控制单元。控制单元控制 CPU 的基本操作，属于微型计算机的一部分，由控制信号生成电路（时钟）和命令（指令）解码器组成。控制单元根据需要从存储器中取出预先编程的指令，并将它们临时存储在命令寄存器［也称为指令寄存器（IR）］中，然后这些指令由操作解码器解码，操作解码器通过系统总线将控制信号发送到微型计算机系统的相关部分，使它们执行所需的操作。时钟决定了这些控制信号产生的时间。

3）寄存器。当处理器执行指令时，数据暂时存储在寄存器中。根据处理器的类型，寄存器的总数为十个到几百个不等。这些寄存器用于临时存储数据，根据其大小可以存储 8 位或 16 位数据。寄存器通常按字母表命名，如 A、B、C、D、E、H、L，并且每个寄存器都能够存储 8 位数据。这些寄存器也可以成对使用以存储 16 位数据，如 BC、DE 和 HL。

对于所有 8 位操作，寄存器 A 用作累加器，ALU 操作后的结果将自动存储在此处。对于 16 位操作，使用寄存器对 HL 存储结果。寄存器 F 是一个 8 位寄存器，用于存储 CPU 的状态，如进位、零、奇偶校验、溢出等。其他寄存器是 16 位寄存器，用于存储存储器地址。一个非常简单的微处理器可能有如下的寄存器：

① 累加寄存器：用于存储算术和逻辑运算的结果。

② 程序计数器：决定执行程序指令的顺序。

③ 指令寄存器：保存最后的指令，从存储器中获取。

④ 内存数据寄存器：用于保存上次从内存中读取或写入内存的数据。

⑤ 存储器地址寄存器：用于保存当前正在访问的数据或指令的地址。

（2）存储器　所有微处理器系统都包含一些存储器，存储器是各种存储设备的统称，用于存储微处理器的程序和数据。有两种类型的存储器：只读存储器（ROM）、随机存取存储器（RAM）。

1）只读存储器（ROM）。它用于存储不需要改变的程序和数据，即永久存储。CPU 只能读取存储在 ROM 中的程序和数据。监视器程序通常存储在 ROM 中。

2）随机存取存储器（RAM）。它用于存储用户程序和数据，并可随时更改，即临时存储，故存储在 RAM 中的信息可以通过 CPU 轻松读取和更改。如果此芯片断电，存储的内容（数据或程序）将丢失。一旦电源打开，静态 RAM（SRAM）就会保存信息，由于其运行速度非常快，常用作高速缓存。另一种类型的存储器即动态 RAM（DRAM），它比 SRAM 的存储速度慢，并且必须定期用电刷新，否则其保存的信息将丢失。DRAM 比 SRAM 更经济，并且在大多数计算机中作为主存储器元件。

（3）输入/输出单元　输入/输出单元允许微处理器与外界通信，以接收或发送数据。大多数情况下，输入/输出单元还将作为微处理器的接口，即将数据转换成适合微处理器的格式。输入设备是输入数据或将数据发送到计算机的设备，如键盘、穿孔读卡器、传感器、开关等。输出设备是在 CPU 的控制下输出数据或执行各种操作的设备，如发光二极管（LED）、显示单元、扬声器、阴极射线管（CRT）、打印机等。

（4）总线　互连线称为总线，包含大量的并行连接线。可分为三种类型：

1）数据总线。

2）地址总线。

3）控制总线。

数据总线可以将数据发送到存储器或从存储器接收数据，地址总线包含存储器地址，控制总线通过发送和接收定时信号来确保一切工作正常进行。

3. 微处理器的分类

最常用的微处理器的类型如下：

微处理器是包含 CPU 所有功能的单个集成电路（IC）。在微处理器出现之前，计算机需要多个带有许多 IC 的电路板。早期的英特尔微处理器是 4000 系列（4004 于 1972 年由日本 Busicom 公司开发），它具有四个芯片组。8000 系列（1972—1979 年）的计算能力提升了 20 倍。第一个现代微处理器是 1982 年的 80286 中，这个 16 位芯片被称为第一个"现代"微处理器，具有 16MB 的可寻址存储器和 1GB 虚拟内存。

现代个人计算机使用多核微处理器，虽然它仍然是一个单一的 IC，但具有独立运行且相互连接的多个处理单元。

4. 微处理器的应用

微处理器用于计算机系统，从个人计算机到智能手机和平板电脑，再到超级计算机级工作站。它应用的程序类型包括简单的文字处理、电子邮件、互联网浏览、电子表格、动画、图形和数据库处理。由于其成本低和具有灵活性，微处理器应用于许多日常家用电器中。现代汽车均采用微处理器控制的点火和排放系统，以改善发动机运行状况，提高燃油经济性，同时减少污染。

11.13　微控制器

微控制器（MCU）是芯片上的计算机。微表示设备很小，控制器则表示设备可用于控制对象、过程或事件。微控制器又名嵌入式控制器，因为微控制器及其支持电路通常内置或嵌入其控制的设备中。与微处理器相比，它是一种强调自给自足和成本效益的微处理器。除微处理器的所有算术和逻辑元件外，微控制器通常还集成了其他元件，如只读和读写存储器及输入/输出接口。

微控制器经常用于自动控制的产品和设备，如汽车发动机控制系统、办公设备、电器、电动工具和玩具。与使用单独的微处理器、存储器和输入/输出设备的架构相比，微控制器尺寸小、成本低且功耗低，所以在以电子方式控制工艺时更加经济。

微控制器在许多方面与微处理器不同，首先最为重要的就是它的功能。为了使用微处理器，必须添加其他组件，如存储器或用于接收和发送数据的组件。另一方面，微控制器为一体化设计，不需要其他外部组件，因为所有必要的外围设备都已内置其中。因此，节省了构建设备所需的时间和空间。微控制器是微处理器的一种特殊形式，其设计自给自足且经济实惠，而微处理器通常为通用设计（个人计算机中使用的那种）。

1. 微控制器的特点

1）微控制器嵌入在其他设备（通常是消费产品）内，以便其可以控制产品的功能或操作。微控制器也被称为嵌入式控制器。

2）微控制器专用于一项任务并运行一个特定程序。程序存储在 ROM（只读存储器）中，一般不会更改。

3）微控制器通常是低功耗设备。

4）微控制器具有专用输入设备，并且通常（但不总是）具有用于输出的小型 LED 或液晶显示器。微控制器还从其控制的设备获取输入，并通过向设备中的不同组件发送信号来控制设备。

2. 微控制器的应用

目前，微控制器应用于多种场合。任何测量、存储、控制、计算或显示信息的设备都可以选用微控制器。常见的应用如下：

（1）汽车　目前制造的每辆汽车都至少包含一个用于发动机控制的微控制器，并且通常在汽车的其他控制系统中也应用微控制器。

（2）台式计算机　微控制器位于键盘、调制解调器、打印机和其他外围设备内部。

（3）测试设备　微控制器可以轻松添加诸如存储测量的功能，创建和存储用户程序及显示消息和示波等功能。

11.14　可编程逻辑控制器（PLC）

在数字电子系统中，有三种基本类型的设备：存储器、微处理器和逻辑器件。存储器保存随机信息，如电子表格或数据库的内容。微处理器执行软件指令完成各种任务，如运行文字处理程序或视频游戏。逻辑器件提供特定的功能，包括设备-设备接口、数据通信、信号处理、数据显示、定时和控制操作及系统必须执行的几乎所有其他功能。

PLC 的出现始于 20 世纪 70 年代，并已成为制造控制方面最常见的选择。可编程逻辑控制器（PLC）也称为可编程控制器，应用于控制工业设备的计算机设备。PLC 可以控制输送系统、食品加工机械、自动装配线等，通常定义为包含执行控制功能的硬件和软件的微型工业计算机。与通用计算机不同，PLC 应用于具有多个输入和输出的装置，适应大范围温度、能够抗电噪声及抗振动和冲击。

美国电气制造商协会已将 PLC 定义为一种数字操作的电子设备，其使用可编程存储器作为指令的内部存储器，通过数字或模拟输入/输出来实现特定功能，如逻辑、排序、定时、计数和算术控制模块，以控制各种类型的机器或程序。

a) 传统系统中，所有控制设备都彼此直接相连

在传统的工业控制系统中，所有的控制设备根据系统操作方式直接连接。然而，在 PLC 系统中，PLC 取代了设备之间的接线，如图 11-13 所示，所有设备都连接到 PLC 上而不是直接相互连接，然后，PLC 内部的控制程序提供设备之间的"接线"连接。控制程序是存储在 PLC 存储器中的计算机程序，用于告知 PLC 系统应该进行的操作。使用 PLC 来连接系统设备称为软接线。

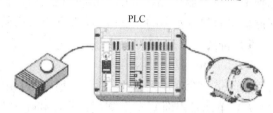

b) PLC 系统中，所有控制设备都连接到 PLC 上

图 11-13　PLC 与传统控制系统的区别

例如，假设按钮可控制电机的运行。在传统的控制系统中，按钮将直接连接到电机上。在 PLC 系统中，按钮和电机都将连接到 PLC 系统中，然后，PLC 的控制程序将完成两者之间的电路连接，实现按钮控制电机。

1. PLC 的组成

PLC 由两个基本部分组成：中央处理器（CPU）和输入/输出接口系统。控制 PLC 所有活动的 CPU 可以进一步分解为处理器和存储器系统。输入/输出系统与现场设备（如开关、传感器等）物理连接，并提供 CPU 与信息源（输入端）和可控设备（输出端）之间的接口。操作时，CPU 通过使用其输入接口从连接的现场设备"读取"输入数据，然后"执行"已经存储在存储器系统中的控制程序。程序通常使用梯形逻辑创建，这种语言非常类似于基于继电器的接线原理图，在操作之前输入 CPU 的存储器中。最后，PLC 根据该程序通过输出接口"写入"或更新输出设备，该过程也称为扫描，通常按相同的顺序而不中断，并且仅在对控制程序进行更改时才会改变。

PLC 组件框图如图 11-14 所示。PLC 的基本组件如下：

1）输入单元。

2）输出单元。

3）中央处理器。

4）存储器。

5）电源。

6）编程设备。

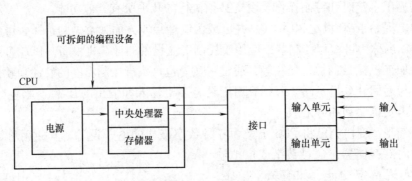

图 11-14　PLC 组件框图

（1）输入/输出单元　输入/输出（I/O）单元与要控制的工业过程连接。如果将 CPU 比作 PLC 的大脑，那么 I/O 系统可被认为是手臂和腿。I/O 系统实际上是执行存储在 PLC 存储器中的程序发出的控制命令。I/O 系统由两个主要部分组成：

1）机架。

2）I/O 单元。

机架是一个连接到 CPU 且带有插槽的机箱。

I/O 单元是内部 PLC 系统与要监控和控制的外部过程之间的接口。I/O 单元具有与现场设备连接的连接终端。

机架和 I/O 单元一起构成现场设备和 PLC 之间的接口。正确安装时，每个 I/O 单元都可以安全地连接到相应的现场设备上，并安全地安装在机架的插槽中，从而建立现场设备和 PLC 之间的物理连接。

所有连接到 PLC 的现场设备都可以分为两类：

1）输入设备。

2）输出设备。

输入设备是向 PLC 提供信号/数据的设备。典型的输入设备有按钮、限位传感器、开关和测量设备。

输出设备是等待来自 PLC 的信号/数据以执行其控制功能的设备，例如灯、扬声器、电机和阀门。

例如，灯泡及其相应的墙壁开关是日常输入和输出的直观示例。墙壁开关作为一个输入，为打开灯提供信号。灯泡是一个输出，等待开关发出信号后才开启。假设有一个包含 PLC 的灯泡/开关电路，开关和灯泡将连接到 PLC 而不是彼此直接相连。因此，当开关打开时，开关将其"开启"信号发送到 PLC 而不是灯泡，然后 PLC 将这个信号传递给灯泡，最后灯泡开启。

（2）中央处理器　中央处理器（CPU）是可编程逻辑控制器的一部分，负责检索、解码、存储和处理信息，还可执行存储在 PLC 内存中的控制程序。实质上，CPU 是可编程逻辑控制器的"大脑"，它的功能与常规计算机的 CPU 功能大致相同，区别在于它将使用特殊的指令和编码来执行其功能。CPU 由三部分组成：

1）处理器。

2）存储器系统。

3）电源。

处理器是 CPU 的一部分，用于对数据进行编码、解码和计算。

存储器系统在 CPU 中负责存储控制程序及连接到 PLC 的设备的数据。PLC 系统中的存储器分为操作存储器和程序存储器（存储于可擦编程只读存储器 EPROM/ROM 中）。RAM 存储器对于程序的操作和临时存储输入和输出数据是必需的。

电源为 PLC 提供运行所需的电压和电流。

（3）编程设备　通过编程设备对 PLC 进行编程。编程设备通常可以从 PLC 机柜上卸下，以便在不同的控制器之间共享。

2. PLC 的工作过程

PLC 通过不断扫描程序执行工作。如图 11-15 所示，PLC 工作由三个步骤组成：

1）检查输入状态。

2）执行程序。

3）更新输出状态。

（1）检查输入状态　首先，PLC 会检查每个输入以确定它是开启或者关闭。换句话说，传感器是否连接到第一个输入端？第二个输入端及第三个输入端的连接状态如何？它会将这些数据记录到存储器中，以便在下一步中使用。

（2）执行程序　然后，PLC 执行程序，即一次执行一条指令。例如，按程序设定，如果首先输入端为开启状态，那么它应该打开第一个输出端。因为已知上一步中哪些输入端是开启/关闭的，故可根据第一个输入端的状态决定是否打开第一个输出端，并存储执行结果以便在下一步中使用。

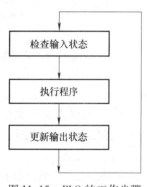

图 11-15　PLC 的工作步骤

（3）更新输出状态　最后，PLC 更新输出状态，根据第一步中输入的内容及第二步中执行程序的结果更新输出。根据第二步中的示例，它会打开第一个输出端。

3. PLC 编程

PLC 编程可借助于特殊编程语言实现。所有编程语言都允许用户通过编程设备与可编程逻辑控制器进行通信，通过指令向系统传达基本控制计划。

梯形图、功能块和顺序功能图是可编程控制器系统设计中最常见的语言类型。梯形图属于基本 PLC 语言，而功能块和顺序功能图属于高级语言。基本的可编程逻辑控制器语言由一组指令组成，可执行最基本的控制功能，如继电器状态改变、定时、计数、排序和逻辑功能。

梯形图逻辑是用于 PLC 的主要编程方法。因为无须学习全新的编程语言，所以对于熟悉电路图的工作人员而言，梯形图逻辑十分便利。现代 PLC 可以用梯形图逻辑或更传统的编程语言编程，如 C 语言。

梯形图语言是用于创建可编程逻辑控制器程序的符号指令集。梯形图程序可以根据输入条件控制输出，利用梯级来控制输出。梯级通常由一组继电器触点型指令表示的输入条件和线圈符号表示的梯级末端的输出指令组成。

图 11-16 所示为梯形图逻辑的一个例子。为了便于说明，假设电源位于左侧的垂直线上，将其称为热轨，右侧是中立轨。图 11-16 中存在两个梯级，每个梯级都有输入组合（两条垂直线）和输出组合（圆圈）。如果以正确的组合方式打开或关闭输入，则电源会从热轨流过输入端，为输出端供电，最后流向中立轨。输入可以是开关或任何其他类型的传感器，

输出将是 PLC 外部的一些启停设备，如灯或电机。在顶部梯级中，触点常开或常闭。这意味着如果输入 A 打开并且输入 B 关闭，则电流将流过输出端并激活它，任何其他输入值的组合都会导致输出 X 关闭。

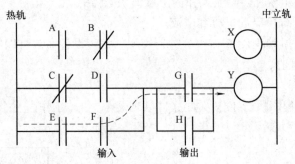

注：电源需要通过某些输入组合 (A、B、C、D、E、F、G、H) 打开输出(X、Y)

图 11-16　梯形图逻辑的一个例子

4. PLC 的优点和缺点

可编程逻辑控制器相较于常规继电器、定时器、计数器和其他硬件元件具有显著的优点。这些优点包括：

1）编程 PLC 比继电器控制面板接线更简单。

2）可靠性高。

3）PLC 可以重新编程，传统的控制装置必须重新布线且容易会报废。

4）与继电器控制面板相比，PLC 占地面积小。

5）由于没有移动部件，故维护量小。

6）维护人员无须掌握特殊编程技能。

7）计算能力强。

8）成本低。

9）能够承受恶劣的环境。

10）可扩展性好。

11）运转速度快。

虽然 PLC 系统有很多优点，但也有缺点。主要包括：

1）由于 PLC 系统通常比硬连线中继系统复杂得多，故障查找难度大。

2）PLC 的故障可能会完全终止受控过程，而传统控制系统中的故障只会扰乱控制过程。

3）外部电气干扰可能会影响 PLC 存储器工作。

5. PLC 的应用

PLC 现已成为实现柔性自动化的一个极其便利的工具。PLC 的应用包括：

1）控制工业传动系统中的电机。

2）数控机床。

3）机器人控制。

4）家庭和医疗设备。

5）建筑物内电梯的运行。

6) 控制交通信号。

7) 压力机的安全控制。

练　习

1) 简述"传感器类型"。

2) 区分变送器和传感器。

3) 讨论用于位置或位移测量的各种类型的传感器。

4) 指出 PLC 相较于传统控制系统的任意四个优势。

5) 结合示意图描述微处理器的结构和工作原理。

6) 指出将机械系统与计算机系统集成的各种集成设备。详细描述任意两个这样的设备，阐述其应用。

7) 确定优良变送器的理想特征。结合图形描述 LVDT 的结构和工作原理。

8) 讨论 PLC 和微处理器的构造，并结合适当的例子描述它们在工业应用中的用途。

9) 给出可编程逻辑控制器（PLC）的定义。

10) 什么是传感器？指出传感器的理想特征。

11) 结合图形描述压电传感器的工作情况。

12) 什么是微处理器？

13) 识别 PLC 的各种组件。结合示意图描述 PLC。

14) 阐述 PLC 的工作范围。

15) 说明集成机械系统与电气系统所需的任意三个部件。

16) 讨论基于微处理器的控制器的优点和局限性。

17) 说明微处理器和可编程逻辑控制器之间的两个显著差异。

18) 选择换能器时需要考虑哪些因素？

19) 微处理器中寄存器 A 的主要功能是什么？

20) 微处理器系统中的端口是什么？解释访问端口和存储器之间的区别。

21) 描述热电偶。

22) 微处理器中的主要寄存器及其功能有哪些？

23) 什么是可编程逻辑控制器？讨论使用这些控制器的应用。讨论三个显著的优点和缺点。

24) 什么是微控制器？

25) 结合图形解释可编程逻辑控制器的结构。

26) 区分 LVDT 和 RVDT。

27) 微处理器和 PLC 的应用有哪些？

28) 为什么使用梯形图来编程 PLC 系统？

29) 传感器如何分类？

30) 列出自动化中使用的各种电气和电子控制元件。

31) 讨论基于微处理器控制器的优点和局限性。

32) 阐述 PLC 的结构特征。

33) 说明微控制器的结构特征。

第 12 章

传送装置与给料器

12.1 概述

自 19 世纪初以来，人们对产品的需求不断增加，工程师开始寻找并开发新的制造或生产方法。随着各种制造工艺的发展，现在已经能以低成本批量生产高品质的耐用品。最重要的制造工艺之一是将两个或多个零部件固定在一起时所需的装配工艺。装配工艺发展历史与大规模生产方法的发展历史密切相关。大规模生产的先驱也是现代装配技术的先驱，他们的想法和概念使大规模生产中使用的装配方法得到了重大改进。

自动化的应用使得制造工艺的许多方面尤其是工件制造工艺发生了革命性变化，但是基本装配技术未能跟上步伐。尽管在过去的几十年中，通过应用高速自动化及装配机器人可以降低装配成本，但效果非常有限，这是因为许多装配工人仍然使用那些在工业革命时期使用的基本工具。所以，如今制造工程师和设计师必须了解自动化装配，进而改善设计、提高生产力和竞争力。

12.2 生产线的基本原理

生产线由一系列工作站组成，以使产品从一个工位移动到另一个工位，并在每个位置执行一部分相应的工作。生产线与大规模生产息息相关，如果产品数量非常多且工作可分配给各个工作站，那么生产线就是最合适的制造系统。就生产线应对模型变化的能力而言，生产线可分为如下三种类型：

1）单模型生产线只生产一种固定的模型。所有产品单元在每个工作站执行相同的任务。

2）批量模型生产线分批生产每个模型。工作站首先设置生成第一个模型所需的数量，然后再重新配置工作站生成下一个模型所需的数量。

3）混合模型生产线也生产多个模型。但这些模型混合在同一条生产线上，而不是分批生产。当前工作站正在制作一个特定的模型，同时下一个工作站也可制作不同的模型。

12.3 装配线的类型

装配线有两种类型：

1）手动装配线。

2）自动装配线。

1. 手动装配线

手动装配线由顺序排列的多个工作站组成，其中装配操作由工作人员执行。所有操作都在工人的控制之下，因此所需工具比自动装配中使用的工具简单且便宜。手动装配系统最适合种类繁多的低产量产品。在手动装配线上完成的工艺包括机械紧固操作、点焊、手工焊接和黏合剂连接。

2. 自动装配线

自动装配是指使用机械化和自动化装置在装配线上执行各种装配任务。大多数自动化装配系统用于对特定产品执行固定的装配步骤。自动装配线由自动化工作站组成，工作站由部件传送系统连接，传送系统的起动与工作站相协调。在一条理想的生产线上，除了执行辅助功能（如更换工具、装载和卸载工件及修理和维护活动）之外，无须工作人员上线。现代自动装配线是在计算机控制下运行的集成系统，用于处理操作和装配。

自动化装配系统通过执行一系列自动装配操作将多个部件组合成单个实体。单个实体可以是最终成品或大型产品中的子组件。在大多数情况下，组装的实体由基本部件组成，其他部件连接到这个基本部件上，一次连接一个并逐步完成。典型的自动化装配系统由以下子系统组成：

1）完成装配过程的一个或多个工作站。

2）将各个组件传送到工作站的工件输送装置。

3）组装实体的工作处理系统。

12.4　使用自动装配线的原因

在满足以下条件时应考虑自动化装配技术：

1）产品需求量大。大量生产的产品（以百万计）应考虑自动化装配系统。

2）稳定的产品设计。一般而言，产品设计的任何变化都意味着工作站工具的更换及组装操作顺序的变化。这种变化可能耗费很大的财力。

3）装配由数量有限的组件组成。自动生产线可以分为两个基本类别：

① 传送线。它由一系列执行处理操作的工作站组成，工作站之间会自动传送工作单元。传送线通常很昂贵且专为需要大量工件的工作而设计。

② 表盘分度机。它是一种用于装配、机械加工、包装、精加工或其他制造工艺的工件传送装置。在表盘分度机中，工作站围绕一个被称为刻度盘的圆形工作台布置。工作台的驱动装置使工作台在每个工作周期产生部分旋转。

12.5　装配线中的传送系统

主要的传送系统类型有以下四种：

1）连续传送系统。

2）间歇/同步传送系统。

3）异步传送系统。

4）固定传送系统。

在连续传送系统中，工件载体以恒定的速度移动，同时工作台分度计前后移动。装配操作在工作台向前移动期间进行，与工件载体保持同步。装瓶操作就是一个连续传送系统的例子，手工装配中工人可以随着传送线移动。

在间歇传送系统中，工件载体间歇传送且工作台保持静止，所有工件保持同步移动。因此这种工件运输系统也称为同步传送系统。间歇传送系统用于机械加工操作、冲压加工操作等。此系统对工人来说压力很大，但在自动化操作方面却很有优势。

异步传送系统允许每个工件在当前工作站处理完成后提前进到下一个工作站。每个工件独立于其他工件移动，从而增加了灵活性。这种类型的系统既适用于手动操作又适用于自动操作。

在固定传送系统中，工件在整个组装过程期间保持固定的位置。当组装的产品笨重或难以处理，如组装飞机、轮船等时，可以使用该系统。

12.6　自动机器

自动机器是指工件处理和金属切削操作都是自动完成的机器。这些机器在提高生产率方面发挥了重要作用，并已长期应用。自动机器可以自动完成从送料到夹持、加工，甚至检查工件的操作。

12.7　传送设备/传送机

传送机是能够执行多种操作的自动机器，由许多加工设备适当地连接在一起组成。这些加工设备是具有特殊用途的机器，部件自动从一个加工头转移到另一个加工头。每个加工头都按顺序执行一个操作，直到组件到达生产线末端为止，此时便完成了所有操作。工件从一个站到另一个站的传送和固定是自动完成的。每个站都可以被视为简单的机器（工作）头，其电机安装在基座上，也可以将每个站看作一个物料加工和物料处理组合的机器。

传送机可以执行各种加工（如钻孔、打磨等）、检查和质量控制操作。传送机可以是只有 2~3 台工作站的相对较小的机组，也可以是有超过 100 台工作站的长流水线机组，主要用于汽车工业。市场上各种型号和尺寸不同的传送机都安装有自动复位定时器、滑动主轴箱、可变速的压板夹紧装置、压力调节系统等特定装置。一些柔性、精确、快速的传送机常用于高产量工作中，并应用于许多工业部门。目前市场上有多种不同类型的传送机，如数控旋转传送机、经济型精密传送机、黄铜货物旋转传送机、自动传送线机器、生产阀体的传送机、六站式旋转传送机，还有更多适合不同工业用途的传送机。

12.8　传送设备的选择

特定传送设备的选择基于以下因素：
1）组件准确性要求。
2）作用在组件上的各种力。
3）组件的物理尺寸和生产率。

4）需执行的操作次数。

5）所需的驱动类型，即气动、液压、电动或它们的组合。

12.9 传送设备中的传送机构

传送机构用于将工件从机器中的一个工作站移动到另一个工作站或从一台机器移动到另一台机器，以便对工件执行各种操作。传送过程中需要用到传感器和其他设备。使用具有快速更换功能的刀柄可以轻松更换传送机上的刀具。传送机上一般都配有各种自动测量和检测系统。这些系统在操作过程中的作用是确保一个工作站生产的工件转移到下一个工作站之前，其尺寸在可接受的误差范围内。所使用的两种传送机构为：

1）线性传送机构。

2）旋转传送机构。

对于上述两种传送机构来说，目标都是一样的，即在第一站中放置一个坯料、棒料、铸件或锻造件，在另一端获得一个加工完成的工件。

12.10 线性传送机构

线性传送系统中工件的传送运动是线性的，线性传送机构可用于直列式机器。一些常用的线性传送机构如下所述。

1. 步进梁系统

在这种类型的线性传送机构中（图 12-1），传送杆将工件从当前工作站位置抬起，向前移动一个位置到下一个工作站。然后传送杆将工件降低到一定位置以便进行处理。最后梁收回以准备下一个传送周期。步进梁传送系统用于传送各种圆柱形工件、电机轴、凸轮轴、曲轴及各类管道。此系统的优点包括降低机器底盘成本和大幅降低夹具成本，适用于高速运转的机器。

2. 动力滚筒传送机系统

此类系统（图 12-2）常用于自动流水线。传送机可用于移动工件或托盘。滚筒传送机灵活、耐用、效率高。

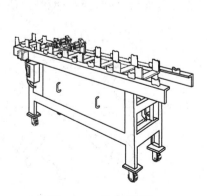

图 12-1 步进梁系统

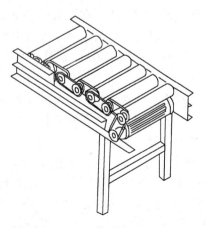

图 12-2 动力滚筒传送机系统

3. 链式传送系统

此类系统中配置链条或钢带作为工件载体。图 12-3 所示的链式传送系统可用于工件的连续、间歇或非同步传送。

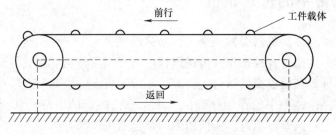

图 12-3　链式传送系统

12.11　旋转传送机构

在旋转传送系统中，工件被固定在连续旋转的工作台上。在与工作站位置相对应的不同角度位置上，有多种方法对工作台或工作盘进行分度。下面介绍一些方法。

1. 齿轮齿条

齿轮齿条机构不适用于与分度计相关的高速操作。该装置使用活塞驱动齿条，从而使齿轮和附带的分度计旋转。

2. 棘轮和棘爪

棘轮机构具有棘齿及随着棘轮转动的棘爪。如图 12-4 所示，当棘轮转动时，棘爪落入棘齿之间的凹陷处。棘轮只能朝一个方向转动（图 12-4 所示情况为逆时针方向）。由于几个部件卡在一起，其操作简单可靠。

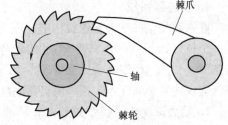

图 12-4　棘轮和棘爪系统

3. 槽轮机构

槽轮机构在装配机器中有着更广泛的应用，但其成本比前面所述的机构要高。图 12-5 所示的槽轮机构在驱动轮不断旋转时可使从动部件间歇旋转。假设从动轮有八个槽位作用于八个分度盘的分度机，则每转一圈都会使工作台前进 1/8 转。从动轮通过部分旋转就能使工作台移动。

槽轮运动中的从动轮始终处于驱动轮的完全控制之下，因此超速运转时不存在任何问题。除非从动轮的槽位置准确并且驱动轮能以适当的角度进入这些槽，否则产生的冲击仍然是一个难题。槽轮机构的主要特点是限制每次运转停止次数。停止的次数越少，驱动轮和从动轮之间的机械优势越大，从而使分度盘中心高速旋转。

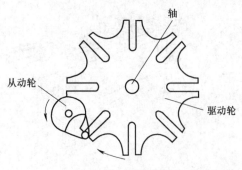

图 12-5　槽轮机构

12.12　传送设备的分类

传送设备/机器可以分为：

1）直列式传送机。

2）旋转式传送机。

两者工作目标相同，即在第一站中放置一个坯料、棒料、铸件或锻造件，在另一端获得加工完成的工件。

1. 直列式传送机

直列式传送机由一系列沿直列式传输系统设置的自动化工作站组成（图 12-6）。传送机的一端有一个加载站，另一端有一个卸载站。工件给料器、工作站和检验站沿着工作流程排列。通过循环链式传送机拉动支撑导轨或者通过空气或液压推动连续导轨，部件从一个加工站自动转移到另一个加工站，组件以手动或自动的方式传送到中央加工床上。所有类型的加工操作都是在不同的工位上进行的，而且生产出的切屑会被移除，以免污染工作部件。

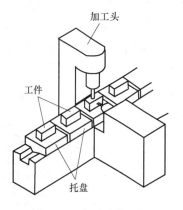

图 12-6　直列式传送机

直列式传送机适用于大型工件及大型工作站。它的优点是工作站无限量且操作高效。与旋转式传送系统相比，直列式传送系统的制造成本通常根据类型增加 10% ~ 20%，且对空间要求更高。

直列式传送机可以大致分为：

1）托盘式传送机。

2）普通式传送机。

在托盘式传送机中，通过将工件放置在被称为托盘的固定装置中进行传送。在普通式传送机中，工件在非夹紧装置中进行移动。托盘式传送机用于传送要求高精度的部件。

2. 旋转式传送机

在旋转式传送机中，工件被固定在托盘上，如图 12-7 所示，托盘沿圆形路径分度。工作台围绕垂直轴旋转，其运动可以是连续的或间歇的。旋转式传送机可以从旋转塔台自动供给多个工作站，将自动供给工件与多个同步操作相结合，显著简化了加工过程。旋转传送技术通过旋转工作台对工件进行索引，并在每个工位进行操作。工作站的数量可以平衡长周期和短周期的操作。由于是工具旋转而非工件旋转，因此可以插入几乎任何形状的工件。这种加工方法允许在不中断加工的情况下在单个位置加载和卸载工件。

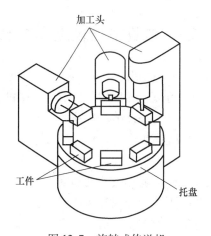

图 12-7　旋转式传送机

加工操作通常是钻孔操作（钻孔、交叉钻孔、攻螺纹、反钻孔等），也可以包括铣削、车削、切断、拉削、卷边、攻螺纹、拉刀和其他二次加工和装配操作。虽然旋转式传送机最适合用于数百万个工件的传送，但其灵活性也使其适用于工件生产系列。旋转式传送机只需要极少的加工站就可以投入使用，其旋转式布置的方式节省了地面空间并呈现出更紧凑的布局。

3. 旋转分度台

旋转分度台用于以设定的角度增量对工件进行传送，以便对它们加工或装配。工作台包括一个圆形钢板、一个或多个主轴、一个驱动系统和用于固定工件的销钉。图 12-8 所示的旋转分度台具有固定或可调的分度角，每次旋转期间，工作台在指定的时间段内停止，以便可以在每个站点进行操作。旋转分度台可由气动、电动、液压和手动驱动。驱动机构可位于工作台的上方、下方、后方或侧面。气动旋转分度台适用于小型和中型负载。电动旋转工作台通常比气动装置更快并且可以处理更重的负载。液压驱动的旋转工作台使用加压流体传送旋转动能。手动旋转分度台通常包括一个手摇曲柄，或手动松动、转动和调整。

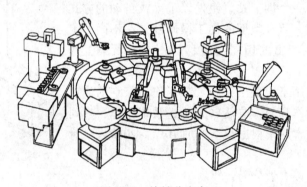

图 12-8　旋转分度台

除了提高产量外，旋转分度台还提高了安全性。操作员可以在工作台的另一面放置危险操作品，安装在桌子上方的光幕或安全玻璃可确保危险操作品和操作员保持隔离状态。旋转分度台可应用到装配和设备定位及各种自动化、检测和加工中。

12.13　传送机的优点和缺点

（1）传送机的优点

1）可以轻松地加工出形状复杂的部件。

2）最大限度地利用地面空间。

3）提高生产力。

4）生产的部件质量好、精度高、价格低。

5）降低操作员劳动强度。

6）可减少加载和卸载时间。

（2）传送机的缺点

1）初期投资高。

2）仅限于高产量行业。

3）一台机器故障会导致整条生产线停工。

4）检修和维护成本高。

12.14　传送设备中使用的输送系统

输送系统是一种常用的物料传送设备，可将物料从一个位置移动至另一个位置。输送机有两种工作方式：手动操作或通过电源操作。输送机在运输重型物料的应用中优势极大。输送系统可以快速高效运输各种物料，这使得它们在物料处理和包装行业应用广泛。输送系统种类较多，可提供多种不同的选择，并根据不同行业的不同需求投入使用。沿着生产线设置输送机，有利于物料移动与生产过程的整合。输送机的分类如下：

1）滚筒输送机。

2）轮式输送机。

3）斜面输送机。

4）带式输送机。

5）链式输送机。

6）磁带式输送机。

7）斗式输送机。

（1）滚筒输送机　滚筒输送机是工业中传输单元材料的重要设备。通常情况下，载筒应该具有平坦的底座或者应该安装在平底托盘/容器上，以便它可以在直线圆柱滚子上滚动。滚筒输送机可分为动力（或有源）或无动力（或重力）滚筒输送机。重力输送机不需要电机而是使用轮子和滚筒以重力拉动物料沿输送机移动。与重力输送机不同，动力输送机需要气动驱动或电源驱动。动力从传动系统传递到固定在传动轴上的带轮上，然后带轮将动力传递到传送带，同时传送带再移动到传送机床，最后物料停留在传送机床上。滚筒输送机如图 12-9 所示。

（2）轮式输送机　图 12-10 所示的轮式输送机采用一系列安装在轴上的滑轮，滑轮的间距取决于所运输的负载，重力运动的坡度也取决于负载重量，这比滚筒输送机更经济。

图 12-9　滚筒输送机

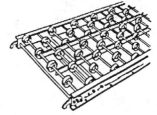

图 12-10　轮式输送机

（3）斜面输送机　斜面输送机（图 12-11）连接两个处理装置，用于在运输区域堆放物料并在楼层之间传送物料。斜面输送机虽然成本低，但在控制物品位置上还存在一定的限制。

（4）带式输送机　图 12-12 所示的带式输送机可用于传送各种规则和不规则形状的产品。在产品稳定性和输送机部件能力允许的范围内，可以在水平、倾斜或下降的路径上移动质量小、易被压碎的或是坚固的单位负载，所输送的物料由传送带表面承载。

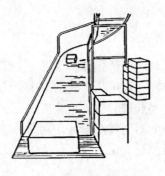

图 12-11　斜面输送机

图 12-12　带式输送机

（5）链式输送机　如图 12-13 所示，这类输送机具有高度灵活的布局和工作条件。

（6）磁带式输送机　如图 12-14 所示，磁带式输送机用于传送垂直、倒置和带角的铁质材料。

（7）斗式输送机　斗式输送机（图 12-15）用于在垂直或倾斜路径上传送散装物料。铲斗连接到电缆、链条或传送带上。在输送机运行结束时，铲斗自动卸载物料。

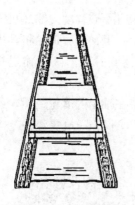

图 12-13　链式输送机

废铁

图 12-14　磁带式输送机

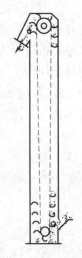

图 12-15　斗式输送机

12.15　给料器

给料器是散装物料装卸系统中不可或缺的要素，它用于控制料斗或料仓中流出的物料的流动速度。当给料器停止运行时，物料停止流动；当给料器开启时，其运行速度与散装物料的排放速度密切相关。给料器以可控的速度将物料输送到传送机、加工机器和其他设备，从而最大限度地提高生产效率。实质上，它们是有多种形状和尺寸的短传送带。给料器也用于回收应用。

给料器与输送机的区别在于后者只能输送物料，不能调节流量。卸货工具不是给料器，只可用于驱动物料从料仓流出，但它们无法控制物料流动的速度。因此完成这样的工作需要给料器。

1. 给料器的分类

一般工业上常用的两种给料器为：

1）容积式给料器。

2）重力式给料器。

顾名思义，容积式给料器调节并控制料仓排放的容积速率（如 ft^3/h）。四种最常见的容积式给料器是螺杆、传送带、旋转阀和振动盘。

重力式给料器调节质量流量，可以连续进行（给料器调节单位时间内的物料排放质量），也可以批量进行（排出一定量的物料后关闭给料器）。两种最常见的重力式给料器是失重补偿式给料器和重量带式给料器。当需要严格控制物料排放或材料的体积密度可变时，应选择重力式给料器。

2. 给料器的选择标准

所选用的给料器（无论是容积式还是重力式）应满足以下条件：

1）可靠且不间断地从上游设备（通常是料斗）流出物料。

2）排放速率控制在一定范围内。

3）通过上游设备出口均匀抽取物料。

4）上游设备之间设置接口，使得来自上游设备作用于给料器上的负载最小。这最大限度地减小按给定功率操作给料器时对其部件造成的磨损。

3. 工件供给装置

工件供给装置用于将各个组件传送到工作站。工件供给装置中的一些组成部分如下：

1）料斗。

2）斜槽。

3）料仓。

4）分离器。

5）工件给料器。

6）进料轨道。

7）擒纵和放置装置。

8）选择器和定向器。

9）推出器和推进器。

10）卷轴。

11）托架。

12）碗。

13）托盘。

（1）料斗 料斗是用来临时储存物料的容器。料斗的设计使得储存的物料可以轻松倾倒，这意味着工件最初是散置在料斗中的。由铝或钢制成的料斗应用于重型物料，而塑料制成的料斗应用于轻型物料。常用的料斗有底部式和倾斜式两种类型。底部式料斗的设计使得储存的物料可以从漏斗底部倾倒。有源底部料斗具有液压或机械驱动的螺杆以排出物料，通常用于排放黏性材料的物料或者需要缓慢排放的物料。某些料斗具有基座，可以通过叉车将其抬升起来倾倒。

选择料斗时有几个需要考虑的重要参数：料斗的承重量、体积容量、高度和重量。承重量是料斗可容纳物料的最大重量。体积容量是料斗可容纳物料的最大体积。对于顶部空间有限的场合而言，还必须考虑料斗的高度。

料斗的常见特征包括搅拌、穿孔、自卸、侧卸、可堆叠和配有轮子。料斗在倾倒时会通过搅拌来移除物料，带有搅拌功能的料斗也可称为振动料斗。穿孔的料斗可以排出水或其他液体。自卸式料斗有可以自行倾倒物料的机构。侧卸式料斗从侧面倾倒物料。可堆叠料斗在空载时进行堆叠，具有更大的经济效益。还有一些配有轮子便于移动的料斗。

（2）斜槽　斜槽是平滑、倾斜的槽，允许物料在重力作用下沿斜槽向下移动。斜槽由钢、塑料或木材制成，形状可以是直的或是螺旋的。斜槽在设计上可以无损失地移动物体，并在重力作用下将物体从高处转移到低处。

（3）料仓　料仓是用于装载各种形状和尺寸工件的装置，以便进一步将工件装载到机器中。料仓可分为平式料仓（平板）和斜槽盒。图 12- 16 所示为三种不同类型的料仓，图 12-16a 所示为一个扁平的料仓，图 12-16b 所示为一个锯齿状的用于对称圆柱形工件加工的料仓，图 12-16c 所示为用于板件的料仓。

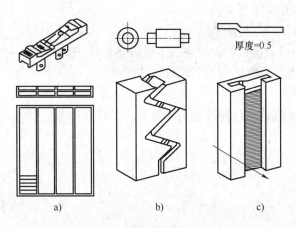

图 12-16　料仓的类型

（4）分离器　按设定的时间间隔多次将工件送入机器，分离器通过中断部件流向机器的过程而起作用。

（5）工件给料器　在整个制造周期内维持工件顺序的成本非常高。例如，通常不是将工件保存在托盘中，而是放在袋子或箱子中经过挑选和分类后运送。工件给料器可以在这些工件送入装配站之前对其进行定向（图 12-17）。最常见的工件给料器是振动式碗形给料器，碗中部件通过旋转运动产生振动，以便爬上螺旋形轨道。爬行时，轨道上的一系列挡板和切口会形成一个机械"过滤器"，这样除了一个方向以外的所有部件都会落入碗中，以便再次"过滤"。其他常见设备使用离心力、往复式叉或传送带来推动工件通过过滤器。这些设备的缺点是，对于新部件，需要手动反复试验进行设计和设置，这不仅耗时，而且容易出错。工件给料器可以有效地替代劳动力，节省宝贵的时间和人力成本。一个操作员可以监测一批自动化机器，而不是一个工人手动装载一台机器，手动选择和检查都十分耗时，其繁琐的过程还可能会使工人受到重复性运动伤害。使用振动给料器通常会生产出更好的产品。选择工件给料器时，必须考虑几个因素，包括行业、应用、材料属性和产品数量。

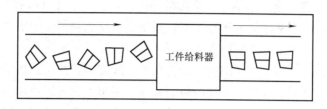

图 12-17 工件给料器

（6）进料轨道 进料轨道可以将料斗和工件给料器上的工件准确地传送到装配工作台，在传送过程中还可保持工件的正确方向。进料轨道可以是动力式或重力式的。

（7）擒纵和放置装置 擒纵装置（图 12-18）按照与装配工作台的周期时间一致的时间间隔从进料轨道移除工件。放置装置将组件物理地放置在工作站的正确位置以供工作人员进行装配操作。

（8）选择器和定向器 选择器和定向器的目的是在装配工件时确定工件的正确方向。选择器是一个充当过滤器的设备，它只允许方向正确的工件通过。方向不正确的部件被拒收然后回到料斗中。定向器是一种允许方向正确的工件通过，并且对方向不正确的工件重新定位的装置。选择器和定向器如图 12-19 所示。

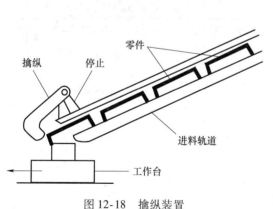

图 12-18 擒纵装置

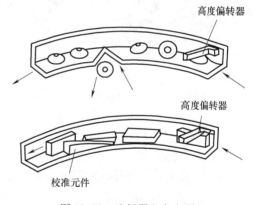

图 12-19 选择器和定向器

4. 给料器的类型

1）围裙式给料器。

2）带式给料器。

3）振动给料器。

4）旋转给料器。

5）往复式给料器。

6）圆盘给料器。

7）螺旋给料器。

8）离心给料器。

9）柔性给料器。

一些常用的给料器如下所述。

（1）围裙式给料器　由于能够承受极端的冲击载荷，围裙式给料器（图12-20）特别适合装载重型、磨料、矿石型散装固体和需要在高温下进料的物料。围裙式给料器由连续钢带组成，该钢带由重叠的板段或平板组成，平板由钢链或钢条连接和支撑，这些重叠板段的底部经过加固，可承受冲击和压力。围裙式给料器是以滚筒运行的循环传送机。一些给料器由超重型结构钢制成，特别适合处理粗糙的研磨材料。围裙式给料器使物料正向流动，而且变速驱动器可以时刻控制搅拌机的进料速度。其缺点是成本较高，长度受限。

（2）往复式给料器（平板式给料器）　往复式给料器也称为平板式给料器（图12-21），其使用广泛，通常用于传送机或升降机的尾端以降低压力和阻力。其被设计为以固定的速率进料，在散装物料下面反复驱动一块板，板的尺寸可变，因此可轻松控制进料速率。往复式给料器使用滚筒来支撑传送带，可以达到超长的正常运行时间，通常用于输送带式给料器不能处理的水分含量大的沙砾石、碎石等。

图12-20　围裙式给料器

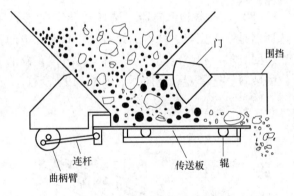

图12-21　往复式给料器

往复式给料器的优点：

1）成本低。

2）能够处理各种不规则的材料。

往复式给料器的缺点：

1）不能自动清洁。

2）不能传送高磨损性材料。

（3）往复式管道料斗给料器　往复式管道料斗给料器（图12-22）由一个锥形料斗组成，料斗中心有一个供传送管通过的孔。料斗和管之间的相对垂直运动是通过管或料斗的往复运动实现的，在管顶部高度低于部件高度时，部件会落入传送管中。

（4）往复式平板给料器　往复式平板给料器由安装在四个轮子上的平板组成，形成料斗的底部（图12-23）。平板向前移动时将带着物料一起移动；当移回时，平板从物料下面抽离，使物料落入斜槽中。曲柄上的连杆可用来移动平板。行程的长度和数量、板的宽度及可调节料斗口的位置决定了给料器的容量。

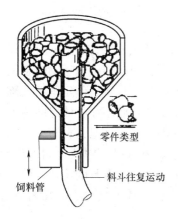

图 12-22　往复式管道料斗给料器

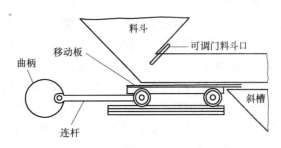

图 12-23　往复式平板给料器

12.16　振动碗式给料器

振动给料是一种可以定位（适当位置）、定量（适量）、区分（分离/分类）并将工件移动到指定位置的技术。振动碗式给料器用于定向振动部件（如钢球、螺母、传送带、垫圈、铆钉、钉子、瓶盖、塞子、勺子、滴管、环和各种其他形状各异的部件）的给料。振动碗式给料器是最古老且最常用的工业零件自动给料（定向）的设备，适用于为各种机器自动进给工件及用在拥有自动装配线的机器上，如压力机、研磨机、螺纹机、填塞机、滚花机。给料器的直径范围为 200 ~ 1000mm，具体直径取决于工件的尺寸、形状和重量。振动给料器中没有移动部件，因此无磨损且无须维护。

1. 振动给料器术语

（1）料斗（储存料斗）　储存料斗是在进入料碗之前储存批量工件的区域。料斗可以根据料碗的状态及时调整进料，可消除过载或负载不足导致料碗不能按要求运行的情况。料斗到料碗的进料速度由料位控制开关计量。

（2）基本碗　基本碗不是现成的标准部件，它是单独设计的，可以装载长度最高约 5in 的任意外形的工件。

（3）给料碗　给料碗是根据要求定位工件的定向给料装置，是系统的核心部分。给料碗根据特定的工件配置而定制，外形大都是圆形的，由不锈钢制成，使用寿命长。

（4）速率（或进给速率）　进给速率是指每分钟或每小时符合生产要求的工件数。

（5）选择器　系统中专为定位正确的工件定制的区域。进入选择器的部件若位置不正，将被传送到给料线外。

（6）限制区　在选择器弹出不正位工件后，安装制造以确保能 100% 控制工件。

（7）回转盘　一个焊接在给料碗外侧的平板区域，用于接住从轨道上掉下来的多余和不合格的部件。平板将这些部件传送回给料碗的内部，用于再循环。

（8）给料碗排放口　这是给料碗的最后一部分。大多数情况下，它是一个直接的出口，在排出合格工件后关闭。

（9）轨道开关　轨道开关可以是空气、光电、接触式或电动机械等任何类型的开关，只要机器满载就关闭给料器。轨道开关还有助于消除给料器内的磨损、噪声和堵塞。

2. 振动碗式给料器的构造和工作原理

振动碗式给料器通常用来排列和供给小部件。一个典型的振动碗式给料器由一个通过三个或四个斜板弹簧安装在基座上的碗组成。弹簧对碗有约束作用，使碗做垂直运动时会围绕垂直轴旋转。当工件沿着碗的边缘沿倾斜轨道向上移动时，碗中的工具将工件定位到正确的方向，未对齐的部件落入碗的中心，然后沿着轨道再次移动。安装在底座和碗体之间的电磁体给料碗提供驱动力。给料器底座安置在橡胶垫脚上，消除周围环境振动对给料器的影响。

驱动单元配备有可变幅度控制器，振动给料碗，使工件沿着圆形的倾斜轨道向上移动。轨道被设计为根据特定要求对工件进行分类和定向，使其处于一致、可重复的位置。振动给料器床的长度、宽度和深度可以调节。如果待处理的材料是磨料，则可以安装特殊的内衬。防尘出口盖可以安装在入口和出口处，以减小灰尘引起的污染。

工件给料器接收凌乱的工件流，将工件整齐输出。它由一个装满工件的碗组成，碗周围是螺旋金属轨道。碗和轨道通过不对称的螺旋振动，使工件"爬上"轨道，工件在轨道上会经过一系列机械装置，如刮片、凹槽和陷阱。这些装置大多是过滤器，可以排除方向不正确的工件（强制回到碗的底部）。因此，经过这一系列过滤操作后，碗顶部会出现一条定向工件流。

图 12-24 所示为振动碗式给料器轨道。工件在进料轨道上从右向左移动。非正确方向的工件落入碗中，其余工件继续移动。

图 12-25 所示为典型的振动碗式给料器，用于分拣自动装配系统的小工件。大量未定向的工件被放入设备中，并通过振动向上沿着碗内部的螺旋轨道移动。在嵌入轨道和碗壁的一系列装置的作用下，工件成一列纵队以统一的定位到达轨道顶部。

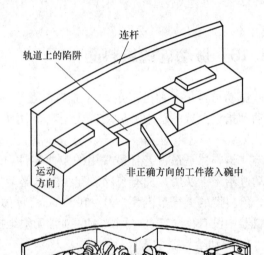

图 12-24　振动碗式给料器轨道

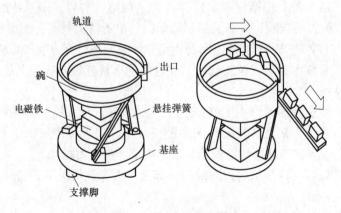

图 12-25　振动碗式给料器

3. 振动给料器的控制

不同类型的振动给料器采用的控制器各有不同。气动给料器控制器包括一个快动阀、一个空气过滤器、一个压力调节器、一个润滑器和一根长空气软管。电磁振动给料器通过改变施加的电压来调节振动的强度。机电给料器有一个带开关按钮或开关和过载保护的壁挂式控制箱。远程操作的特殊控制包括两种速度、最大限度物料流量的控制，以及对多个进料装置的面板控制。加速度计可以连接到驱动单元，以监控振幅并对给料器进行修正，当物料流量降低时，给料器往往会振动得更快。

4. 振动给料器的应用

振动给料器用于制药、汽车、化工和采矿行业及其他行业，包括钢铁、玻璃、铸造、混凝土、回收、烘烤、铁路卸货和塑料等行业。化工厂通常使用振动给料器来控制流向混合罐的配料。铸造厂采用此设备将黏合剂和碳添加到后处理系统中。纸浆和造纸工业在漂白过程中使用振动给料器加入化学添加剂，而金属加工业使用振动给料器供应金属部件来处理加工炉。水和污水处理厂还使用振动给料器进行化学添加剂处理。其他由振动给料器分离的物料包括粉末、塑料颗粒、干化学品、煤炭、金属、矿石、矿物质、铝、采矿和集料、谷物、种子、干洗涤剂、陶瓷、纺织品、橡胶、纤维、木片、盐、糖等。

12.17　螺旋给料器

螺旋给料器是化工行业中应用最广泛的散状物料传送装置之一，非常适合与具有伸长出口的箱子一起使用。螺旋给料器如图 12-26 所示。螺旋给料器可用于在大的进料速率范围内传送散装固体。散装固体材料通常从储存容器（如料斗和料箱）中定量传送到生产工序中。与带式给料器相比，螺旋给料器的优势在于没有回流元件，因此可以防止固体流出。螺旋装置是完全封闭的，因此可用于输送细小、多尘的材料。螺旋给料器比带式给料器的维修成本小。所有的螺旋给料器都是容积式设备，这意味着螺杆每旋转一圈输出一定体积的散装材料。输送量取决于螺杆外部和内部（轴）的直径及螺杆的螺距。市面上的螺旋给料器通常使用各种搅拌装置来确保固体以高度可流动的状态进入螺杆。搅拌装置可以搅拌、揉擦或振动固体，以便完全或尽可能均匀地填充螺杆。

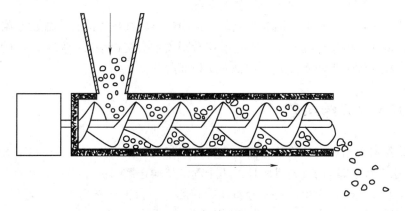

图 12-26　螺旋给料器

12. 18　带式给料器

带式给料器用来控制来自储料箱和储料仓的散装固体的体积流量（图 12-27）。与螺旋给料器相同，当需要从狭长的料斗出口获得物料时，带式给料器是最佳选择。带式给料器可以处理比螺旋给料器更高的流量，由一个紧密相连的惰轮支撑的扁平传送带组成，由端部滑轮驱动。与螺旋或振动给料器相比，带式给料器具有更多的移动部件，这导致其维护成本过高，同时还需要提供比螺旋给料器更大的安装空间。

图 12-27　带式给料器

带式给料器的一些特定功能包括：

1）适用于设计正确的开槽出料口的取料。

2）可承受大颗粒的高冲击负荷。

3）平坦的传送带表面易于清洁，从而可以传输黏性材料。

4）适用于研磨性散装固体。

5）成本低。

12. 19　旋转犁式给料器

由于生产和运营成本较低且维护方便，旋转犁式给料器通常在有大量库存的情况下使用。该系统可用于传送如储存在矿场、加工设施和发电厂的铁矿石等矿物。旋转犁式给料器的工作原理如下：

当旋转犁开始运行时，它释放上方狭窄垂直通道中的物料。如果使用双犁且两者都在运行时，两个通道彼此独立。通道附近物料上的压力通常较低并且与流动通道的尺寸成比例。如果犁头没有在料堆下横穿过去，并且材料具有足够的内聚强度，那么通道最终会排空并形成一个"鼠洞"。但当犁横穿时，狭窄的犁沟会延长，两侧的材料是否保持静止或滑动将取决于沿着倾斜壁的壁摩擦角、壁角和材料的顶部。

材料仅能在短距离内滑动，因为当流动通道中的材料被压缩时，其施加在附近物料上的压力会增加，从而产生稳定的质量，物料的移动距离就会变得很短。如果侧面的物料不能滑动，则通道中物料的水平面下降，导致物料从顶面脱落。

12. 20　旋转台式给料器

旋转台式给料器与旋转犁式给料器的运行模式相反，由直接在料仓开口下方旋转的动力驱动圆盘组成，并配有可调节的进料环，用于确定待输送散料的体积。其目的是保证等量的散装物料从整个料仓出口流出，均匀分布在旋转的工作台上，然后物料稳定地排入卸料槽。该给料器适用于处理需要大料斗出口的黏性物料，流量在 5 ~ 125t/h 之间。进料速率在一定程度上取决于物料在工作台上铺展的程度，该程度在一定程度上取决于物料落到工作台的角度，并受到物料静态角度的影响，静态角度因湿度、尺寸分布和固结而变化，这些变化会降低进给精度。旋转台式给料器适用于直径在 2.5m 以下的料仓出口，工作台直径通常比料斗出口直径大 50% ~ 60%。对于某些材料，工作台中心区域会形成"死区"，通过在料斗出口处加入刮杠，可以防止这种情况变得过于严重，重要的是确保散装材料不会在板的表面上打滑，从而极大程度地限制或阻止散装材料的移动。

12.21　离心式料斗给料器

图 12-28 所示的离心式料斗给料器是一个带有中心平台或圆锥形转台的进料系统，通过旋转作用驱动工作物料，由此产生的离心力使工件从料堆中分离出来并向滚筒的边缘移动，随后遇到输送环并滑向斜坡。转盘和输送环的速度可以分开调整，分离后的工件可以通过定向装置进行定向，由此以正确的方向进入拾取点，非正确方向的工件会返回料斗中，复杂的工件可以通过传送带输送。任何多余的工件都会落入料斗堆中。

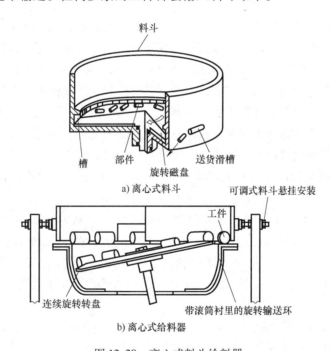

图 12-28　离心式料斗给料器

12.22　中心板料斗式给料器

在这类给料器中，叶片由淬火钢制成，且叶片具有成形的顶部，叶片在曲柄机构的作用下上下摆动地穿过大量工件。方向正确的工件由叶片拾取并通过重力排入轨道。这种类型的给料器适用于形状简单的工件，如球、圆柱体、螺母和螺栓、铆钉等。这种给料器非常坚固、使用寿命长。中心板料斗式给料器的优点是容量大，其缺点是不可用于易碎的部件，而且定向能力相当有限。

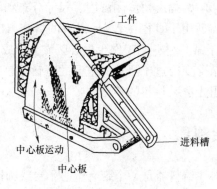

图 12-29　中心板料斗式给料器

12.23　柔性给料器

　　装配系统的关键组成部件是工件给料器，同时工件给料器也是这种系统中最专业的部件之一。即便可以采用模块化方法使专用给料器快速进入工作单元，使用这种方法也有诸多困难。首先，与其他专用组件（如机器人抓手）相比，给料系统往往过于庞大，仅从尺寸方面考虑就会使储存所有专用的给料器变得困难。其次，相比于其他专用组件，给料系统成本高，为每个正在组装的新产品建造新的给料器成本很高。第三，目前大多数给料系统的建造和调整的时间过长，这会降低工作单元快速适应新产品的能力。因此，简单地将现有的给料技术应用于通用的模块化接口之后并不是一个可行的解决方案。

　　典型的机器人机械装配工作单元具有多个专门用于特定部件的给料器。任何工件设计的改变都要求给料器重新装配或完全更换。对于许多消费类产品而言，如今的产品生命周期短至几个月，这是不可取的。随着时间的推移，一种新的满足对更高灵活性、更低自动化成本和更快产品变化的需求的工件给料方式应运而生，这种给料方式被称为柔性给料。柔性给料器是传统工件给料方法的新兴替代方法。该替代方法通过使用机器人操纵器和复杂的传感设备（如机器视觉）大大增强了制造工作单元的通用性，显著降低了成本，缩短了设置时间。

　　柔性给料器将多种不同的技术结合到一个子系统中，包括可根据不同的速度和运动轮廓进行重新编程的伺服控制输送机、机械传送装置（如用于重新循环工件的料斗和铲斗）、机器视觉和照明及机器人操纵器。

　　振动碗式给料器以"硬加工"的方式将工件摆放成单一方向，而柔性给料器可利用视觉系统确定工件位置和方向。柔性给料器只需要卸下、分散和再循环工件即可，这是一项非常简单的工作。相反，由于碗式给料器结构复杂，工件可能会卡住，从而导致高的停机成本。在组装任务本身已经需要机器人和机器视觉系统的情况下，在上游工件供给过程中使用相同的设备可以极大节约成本。在某些情况下，可以通过同一给料器供应多个工件，并使用视觉系统来确定工件类型，从而减少给料器数量、节省资金和占地面积。图 12-30 所示的柔性给料器由三个传送机组成。

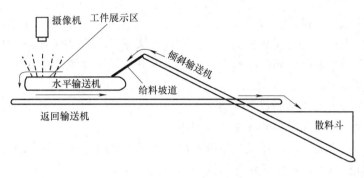

图 12-30　柔性给料器

伺服控制下的第一台输送机倾斜安装，用于从散料斗中抬高工件。工件在倾斜输送机的末端滑入斜坡并进入水平输送机。高空摄像机用于定位水平输送机上的工件。每个水平传送带内都安装了一排紧凑型荧光灯。这些灯与半透明的传送带一起提供一个照明不足的区域，可将工件呈现给视觉系统，使用二进制视觉工具检查给料传送带上的工件。首先，视觉系统会查看是否可以抓住一个工件（即该工件处于已识别的稳定状态，并且该工件与其邻近工件之间存在足够的间隙以便用抓手抓住它）。其次，确定机器人坐标中该工件的状态，检查该状态及获取工件相关联的运动，以确保它们位于机器人的工作范围内，未在有用方向上的工件或重叠的工件将从水平输送机的末端掉落到返回输送机上，返回输送机将工件运送回散料斗重新进料。

1. 柔性给料器子系统

柔性给料器分为三个不同的子系统，分别是工件展示子系统、工件状态确定子系统和工件检索子系统，它们协同完成工件的输送传递。

（1）工件展示子系统　柔性给料器的第一个主要组成部分是工件展示子系统，它负责从批量供应中移除工件，并将它们以准确的方式呈现给系统的其余部分。这个子系统有两种主要的操作模式：增量模式和连续模式。在增量模式下，较高级别的对象请求子系统将更多工件移动到传感元件的范围内，子系统完成此任务后向主叫对象发出已完成的信号。第二种操作模式是连续模式，即工件连续移动通过传感器。在连续模式下，较高级别的对象首先请求子系统开始操作，然后等待另一批工件进入范围内的信号。只要子系统正在运行，就会生成额外的新工件信号。

（2）工件状态确定子系统　柔性给料器的第二个主要组成部分是工件状态确定子系统，它负责检查处于检测范围内的部件，并确定哪些部件有利于检索和装配。该子系统通常使用工业视觉系统构建。一般来说，视觉系统对可感测部件的类型限制最少。工件状态确定子系统也是以两种模式操作。首先是在感应区域中找到单个可检索部分，其次是在感应区域中找到所有可检索部分。

（3）工件检索子系统　柔性给料器的第三个主要组成部分是工件检索子系统它负责检索已由工件状态确定子系统识别的工件。虽然给料器的这个部件通常是工业机器人，但基本要求是能够在一定空间内到达任何位置和方向的机构。易于理解的特性使得工业机器人被广泛应用，而且通常自带可编程控制器，这可以节省大量的系统开发时间。

2. 柔性给料器的优点

自动化的柔性给料器的优点如下：

1）配置软件工具。配置视觉和机器人软件，无须花费较长时间制造模具。

2）工具具有柔性。可以同时进行产品和工具的开发，柔性给料方式可以适应产品开发过程中设计的变化。

3）具有快速量产新产品的竞争优势。

4）节省了建造原型和手动装配工具的费用。

5）通过在同一个柔性给料单元上组合产品，可以实现较低产量的自动化。

6）使用引导机器人的视觉系统进行同步高质量视觉检查。

7）如果新产品在市场上不成功，大部分工具的资本费用可重复使用。

✎ 练　习

1）传送设备如何分类？描述任意两种传送设备的结构、工作原理和重要应用。

2）什么是传送机？

3）传送机的优点和缺点是什么？

4）定义自动化物料处理。

5）什么是自动装配线？为什么要使用自动装配线？

6）什么是物料传送系统？列出各种物料传送设备。

7）简要说明装配线中使用的各种传送系统。

8）简要说明直列式线性传送系统和三种旋转式传送系统。

9）简要说明工业中传送设备和给料器的重要应用。

10）阐述装配操作中传送设备的作用。

11）列出可用于工业中移动部件的各种传送设备。

12）区分工件的直列式传送系统和旋转式传送系统。

13）确定各种类型的传送设备。结合图形说明任意一种传送设备的工作原理。

14）描述任意一种作业旋转装置。

15）确定装配工作站上工件给料系统的主要元素。

16）用于装配作业的各种装置有哪些？

17）列出选择传送设备时要考虑的因素。

18）给料器在物料处理中的功能是什么？

19）结合图形描述自动给料系统中所采用的任意两种工作定向装置的结构和工作原理。

20）对各种给料器进行分类。

21）将传送设备和给料器进行比较。

22）讨论在自动化物料处理中使用的各种类型的输送机。

23）列出各种工件给料装置。

24）区分手动和自动装配线。

25）简要说明槽轮机构。

26）列举输送机的优点和缺点。

27）什么是重力输送机?

28）区分体积式和重量式给料器。

29）结合图形说明振动碗式给料器的结构和工作过程。

30）柔性给料器的优点是什么?

31）区分柔性和普通的振动碗式给料器。

32）在工件给料系统中使用擒纵和放置装置的作用是什么?

33）结合图形说明往复式给料器的结构和工作过程。

34）用于装配作业中排列工作的装置有哪些?

35）描述任意一种旋转给料装置。

第 2 篇　机器人技术篇

第 13 章

机器人技术概述

13.1　引言

机器人涵盖了众多领域，但仅依靠机器人却几乎无法完成任何操作，它需要与其他装备、外围设备和制造设备一起使用，整合为一个系统来执行任务或进行操作。机器人在当今工业中扮演着重要的角色，它们能够精确执行许多不同的任务，且与人类相比能适应更加危险的工作环境。但是，要使机器人正常工作需要投入大量人力物力。与人类一样，机器人有可以做的事情，也有不可以做的事情，只要它们被设计为满足预期目的，就可以一直被有效地使用。机器人技术是一门艺术，也是一门基础知识，是人类努力进行设计、应用和使用机器人的专业技能。机器人系统不仅包括机器人，还包括与机器人一起执行任务的其他设备和系统。

13.2　机器人的历史

"机器人"这个词常指一种消耗能量来执行各种任务的自动化多功能机械装置。"机器人"一词在 1920 年由卡雷尔·恰佩克在一部名为 R. U. R.（Rossum's Universal Robots）的剧本中提出。机器人（robot）源于捷克语"robota"，意思是强迫劳动或苦差事。在剧中，Rossum 工厂生产的类人机械（机器人）是一种温顺的奴隶。机器人经常遭受人类的虐待，仅仅因为它们是机器。有一天，一个误入歧途的科学家赋予了它们情感，机器人奋起反抗，几乎杀死所有的人类，并接管世界。但是由于它们无法进行自我复制，机器人注定灭亡。最终，唯一幸存的人类分别创造了一个男性机器人和一个女性机器人，这才使得机器人物种得以延续。

最早期的机器人是一类拥有反馈（自我纠正）的控制装置，如使用浮球来感知水位的水箱，当水位变低时，浮球下降，阀门开启，水就会泵入水箱中。随着水位的上升，浮球也会上升。一旦水位上升到一定的高度，阀门就会关闭，从而停止加水。1954 年，美国发明家乔治·德沃尔开发了一种原始的机械臂，可以编程来执行特定的任务。1975 年，美国机械工程师维克多·沙因曼开发了一种真正灵活的名为可编程通用操作臂（PUMA）的多用途机械手。可编程通用操作臂能够对物体进行移动并将其放置在所需的位置。在 20 世纪 60 年代之前，机器人通常意味着能够执行人类的任务或以人类方式行事的类人机械装置（机械人或人形机器）。现代的机器人各种各样，大小不一，其中就包括小型机器人和大型的能踢普通足球的轮式机器人。1995 年，全世界有大约 700000 台机器人在运行。机器人主要应用于汽车行业，如通用汽车公司大约使用 16000 台机器人完成点焊、涂装、机器装载、零件传输和装配等任务。

13.3　机器人的定义

机器人是由计算机控制的机器，通过程序控制与实时环境交互进行移动、操作物件并完成工作。根据美国机器人研究所（1979）的定义，机器人是"可重复编程的多功能机械装置，旨在通过各种程序化控制来移动材料、零件、工具或专用设备，以执行各种任务。"

工业机器人是"由计算机控制与监控的不同类型关节组成的机械手"。

机器人的一个特点是自身能够进行自动操作，这意味着机器人必须有内置的智能装置或可编程的存储器，或者简单地说，就是一种能够调节控制操作的装置。

13.4　工业机器人

工业机器人是一种主要由计算机进行控制的先进自动化系统。如今，计算机是工业自动化的重要组成部分，负责监督生产线和控制制造系统（如机床、焊机、激光切割设备等）。新一代机器人在工业系统中执行各种任务，并在全自动化工厂中得到了广泛应用。日本从四个层面定义了工业机器人：

1）手动操纵器：执行固定或预设任务流程。

2）回馈：重复预先编程的固定指令。

3）数控机器人：通过数字加载的信息执行任务。

4）智能机器人：通过自己的识别功能执行任务。

机器人和起重机在操作和设计方式上非常相似，两者都具有多个由关节彼此串联的连杆，其中特定的驱动器可以移动每个关节。在这两个系统中；机械手都可以在空间中移动并且到达工作空间内任何预期位置，且机械手都由控制驱动器的中央控制器所控制，并且都可以承载一定的负载。然而，这两者中一个称为机器人，另一个称为起重机原因是起重机由人控制驱动器，而机器人则是由计算机程序所控制。这个差异决定了一个设备是简单的机械手还是机器人。一般而言，在设计上，机器人由计算机或类似设备进行控制。机器人的动作是通过一个运行程序的计算机控制器所控制的。因此，如果改变程序，机器人的动作也会相应地改变。只需改变程序，机器人即可执行任何可以被编程的任务（当然存在限制）。然而简单的机械手（或起重机）在离开操作人员后，无法完成相应的任务。

13.5　机器人定律

艾萨克·阿西莫夫提出了机器人三定律，后来又增加了"第零定律"。

第一定律：机器人不得伤害人类个体，或者目睹人类个体遭受危险而袖手旁观，当该命令与高阶定律冲突时例外。

第二定律：机器人必须服从人类的命令，当该命令与高阶定律冲突时例外。

第三定律：机器人在不违背高阶定律的情况下要尽可能保护自己的生存。

第零定律：机器人不得伤害人类，或因不作为致使人类受到伤害。

13.6　推动因素

机器人引入工业界必然具有独特的推动因素，这些因素可以分为：

1）技术因素。

2）经济因素。

3）社会因素。

1. 技术因素

机器人可以执行人类无法做到的独特任务，人类无法达到机器人所拥有的速度、质量、可靠性和耐力，机器人可以实现：

1）复杂多变的产品类型和丰富的种类。

2）与刚性自动化相比，准备时间更短。

3）优异的产品质量。

4）与劳动密集型生产相比，不合格产品和废品更少。

2. 经济因素

1）提高生产率以保持竞争力的需求。

2）来自市场提高质量的压力。

3）不断上升的成本。

4）熟练劳动力的短缺。

3. 社会因素

有些人认为使用机器人会提高工人的失业率，切断很多人的主要收入。但机器人的使用可以减少工人的工作量，且机器人可用于危险环境，使工人远离危险的工作环境。

13.7　机器人的优点和缺点

机器人对工人、工业和国家均有益处，如果引入得当，工业机器人可以将工人从肮脏、无聊、危险和繁重的劳动中解放出来，从而提高人们的生活质量。因此，机器人给人们带来更好的工作机会。诚然，使用机器人取代人类劳动者必然会导致失业，但与此同时也可以催生出新的职业，如机器人技术员、销售员、工程师、程序员和主管等。

机器人的优点：

1）使用机器人可提高产品的产量、安全性、制造效率、质量和一致性。

2）机器人可以在危险环境中工作，不需要考虑生命维持、舒适性和安全性。

3）机器人不需要保障环境舒适性，如光照、温度、通风和噪声。

4）机器人可以持续工作，不会感到疲劳或无聊，不会宿醉，也不需要医疗保险或休假。

5）除非出现故障或磨损，机器人在任何时候的误差都很小。

6）与人类相比，机器人更精准。

机器人的缺点：

1）使用机器人取代劳动力会造成一系列经济问题，如工资下降，以及社会问题，如工人的不满和怨恨。

2）除非预测到可能发生的情况并准备好预案，否则机器人缺乏紧急情况下的应对能力。一定要采取必要的安全措施来保证它们不会伤害操作人员和其他机器。

3）由于设备的初期成本和安装成本高，以及对人员的培训和编程需求上升，机器人成本很高。

13.8 工业机器人的特性

工业机器人涉及手部、手腕、手臂、底座、手动控制、自动控制、计算机接口、存储器、程序、安全联锁、工作速度、可重复性、可靠性和易维护性。

（1）手部　手部也称为抓取器、末端执行器或手臂末端工具，是连接机械手臂末端的从动机械装置。

（2）手腕　手腕用于将手部对准工件的任何部分。手腕有三种运动：俯仰（上下运动）、偏转（左右运动）和翻滚（旋转运动）。

（3）手臂　手臂可以在肘部和肩关节处旋转，用于将手移动到零件或工件附近。

（4）底座　底座是支撑手臂的部分，称为肩部，手臂可以围绕肩部旋转。

（5）手动控制　手动控制装置用于教导机器人如何执行新任务。

（6）自动控制　自动控制系统用于执行存储在机器人存储器中的指令。

（7）计算机接口　计算机接口使机器人能够使用计算机的大容量存储器来存储更多的任务程序，以及保证与整条生产线上的其他机器人和机器保持同步。

（8）存储器　机器人的存储器包含用于执行不同任务的程序库。

（9）远心柔顺装置（RCC）　该装置可以通过充当多轴浮动装置来辅助手部或工具到达所需的位置。

（10）安全联锁　安全联锁装置可防止机器人将手部伸入其他机器中，预防对机器人和机器造成损坏。

（11）工作速度　机器人在执行任务时的操作速度应至少与所取代的人工速度相同。

（12）可重复性　可重复性是指在一定的精度或误差范围内重复运动的能力。

13.9 工业机器人的组成

如图 13-1 所示，工业机器人系统主要由四个子系统组成：

1）机械单元。

2）驱动系统。

3）控制系统。

4）工具。

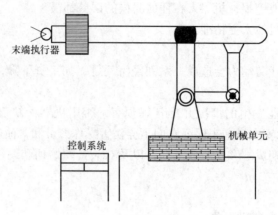

图 13-1　工业机器人的组成

上述子系统简述如下：

（1）机械单元　机械单元是指机器人的操纵臂及其底座。一些工具如末端执行器、换刀装置和夹具等被安装在手腕的接口上。机械单元包括一个装配好的结构框架（含支撑用连杆和关节）、导向器、执行器、控制阀、限位装置和传感器。机器人的尺寸、设计和载荷能力由具体应用要求所决定。

（2）驱动系统　驱动系统是机器人系统的重要组成部分，驱动系统为机器人的移动提供动力。机器人的驱动装置可以是液压、气动或电动的，其中液压装置多用于负荷较大的提升装置，气动装置多用于高速非伺服机器人及夹持器等工具，电动装置则根据所选择的电动机和伺服系统的种类及设计的不同，能够兼顾动力与精度。常用的电动机有交流电动机和直流电动机。

（3）控制系统　控制器作为机器人的大脑，是一种通信和信息处理设备，可起动、终止和协调机器人的动作及其顺序。大多数工业机器人采用基于计算机或微处理器的控制器来执行计算功能并与传感器、夹持器、工具和其他外围设备相连。

通过在线或离线控制站可实现控制器编程，程序可存储在磁带、软盘、内部驱动器或存储器中，并且可以通过磁带、软盘或电话调制解调器来下载或加载。部分机器人的控制器具有足够的计算能力、存储容量和输入/输出能力，可用作其他设备和生产过程的控制器。

（4）工具　机器人操纵工具来执行应用程序所需的功能。使用不同的程序，机器人可实现不同的功能，如点焊或喷涂，这些功能可集成于机器人的机械系统，或者可附加在机器人的腕部末端执行器的接口上。此外，机器人可以使用多个工具，这些工具可以手动更换（作为设置新程序的一部分）或在工作周期内自动更换。

机器人夹持器携带的工具和物体会显著增加物体或人体可能受到撞击的范围，与裸机机器人系统相比危险性更高。作为风险评估的一部分，这种工具所带来的风险应该加以解决。

（5）传感器　传感器用于收集机器人内部状态信息或与外部环境通信。与人类一样，机器人控制器需要知道机器人每个连杆的位置，以便了解机器人的状态。人体的状态是靠肌肉中的反馈传感器将信息发送给中枢神经系统再传递给大脑而获取的，大脑利用这些信息来确定肌肉的长度，从而确定胳膊、腿等的状态。机器人也是如此，集成到机器人中的传感器将每个关节或连杆的信息发送给控制器，从而确定机器人的状态。机器人通常配备外部感应装置，如视觉系统、触觉传感器、语音合成器等，使机器人能够与外界沟通。

图 13-2 所示为人类和工业机器人的物理构成对比。

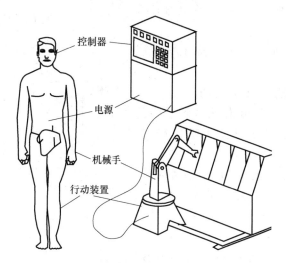

图 13-2　人类和工业机器人的物理构成对比

13.10　人与机器人机械臂的比较

如图 13-3 所示，机器人机械臂部件是以人的手臂和手类似的部分命名的。

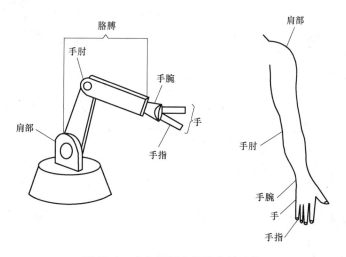

图 13-3　人与机器人机械臂的比较

13.11　机器人的手腕与末端工具

机器人需要六个坐标来定位物体的位置和方向，三个坐标可以定位一个物体的重心（如直角坐标系中的 x、y 和 z 坐标），其他三个坐标通常是通过在手臂末端加入手腕和手部动作来获得的。

手腕运动主要有三种基本类型：

1）俯仰（上下运动）。在垂直平面内旋转或偏转运动。

2）偏转（左右运动）。在水平面上旋转或扭转运动。

3）翻滚（旋转运动）。旋转运动。

另外，手腕（图13-4）可作为各种设备的安装点，可以是手持式或夹持式末端执行器，也可以是特定的工具。

机器人的各种手臂和手腕动作如图13-5所示。

末端执行器是机器人手臂末端的设备，如图13-6所示。末端执行器主要有两种：夹持器和工具。

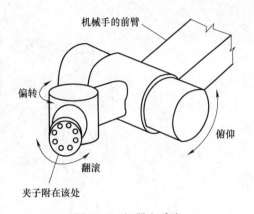

图13-4　机器人手腕

1）夹持器。夹持器是用于握住或夹住物体的装置，包括机械手及类似钩子、磁铁和吸盘的装置。

2）工具。工具是机器人执行具体操作所需的设备，如钻头、喷漆器、研磨机、焊枪及其他可以完成特定工作的任何工具。

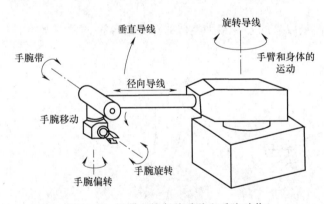

图13-5　机器人的各种手臂和手腕动作

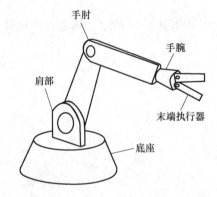

图13-6　机器人手臂末端执行器

13.12　机器人术语

机器人的基本术语和概念简要解释如下。

（1）连杆和关节　连杆是机器人的实体结构构件，关节是连杆之间的活动联轴器。

（2）自由度（dof）　自由度是机器人相对于其底座可以实现的独立运动的数量，通常与坐标轴的数量一致。机器人上的每个关节都会引入自由度，可以是滑动、旋转或其他类型的动作。如图13-7所示，机器人通常有五六个自由度，其中三个自由度用于三维空间定位，另外两个或三个用于末端执行器的定位。六个自由度足以让机器人在三维空间内到达所有位置和方位。铰接臂和龙门机器人通常具有六个自由度，选择顺应性装配机械臂（SCARA）

具有典型的四自由度结构。一些特殊的机器人具有七个或更多自由度。

如图 13-8 所示，一个工业机器人具有三个基本自由度，手腕引入了三个自由度，由于可以沿地板来回移动引入了第七个自由度。

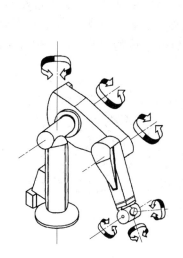

图 13-7　机器人的六个自由度

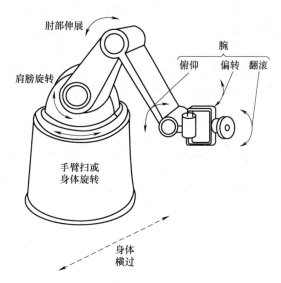

图 13-8　具有七个自由度的机器人

（3）方向轴　如果工具保持在固定位置，方向轴决定了它的指向。如图 13-9 所示，翻滚、俯仰和偏转是常用的方向轴。

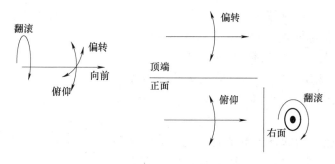

图 13-9　方向轴

（4）定位轴　无论方向如何，工具都可以移动到空间中的任意位置。

（5）工具中心点（TCP）　如图 13-10 所示，工具中心点位于机器人或工具上。通常，使用 TCP 和工具焦点（如 TCP 可能位于焊枪的尖端）来确定机器人的位置。根据机器人的不同，TCP 可使用笛卡儿坐标系、柱坐标系、球坐标系等坐标系确定。工具改变时 TCP 也随之改变，通常需重新编程。

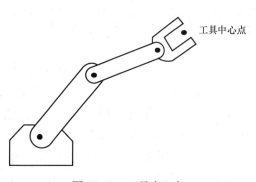

图 13-10　工具中心点

（6）准确性　准确性表示当手臂移动到所需点时的接近程度。

（7）精度（有效性）　精度是指能够精确地达到指定点的程度，是执行器的分辨率及其反馈的函数。

（8）重复性（可变性）　重复性是重复多次运动到达相同位置的准确性（图13-11）。假设驱动机器人到同一点100次，由于许多因素可能影响位置的准确性，机器人可能不会每次都到达同一个点，但会在指定点的一定半径之内。由这种重复运动形成的圆的半径称为重复性。重复性比精度更为重要，如果一个机器人不精确，往往造成的误差是可预测且均匀一致的，因此可通过编程来校正。

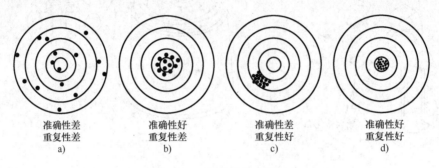

图13-11　准确性与重复性

（9）工作范围/工作空间　机器人只能在它可以移动的区域工作，这个区域称为工作范围，由机器人手臂能伸展的距离和机器人的灵活性决定。机器人的伸展性和灵活性越高，工作范围就越大，这是选择机器人时需考虑的重要特性之一。不同的机器人配置具有不同的工作范围，对于笛卡儿坐标配置，工作范围是矩形空间；对于柱坐标配置，工作范围是空心圆柱体空间；对于球坐标配置，工作范围是空心球体的一部分；对于普通连杆关节配置，则没有特定形状。机器人的工作范围如图13-12所示。

（10）稳定性　稳定性高是指机器人运动时的振动小。一个好的机器人应运动得足够快，同时还能保持良好的稳定性。

（11）速度　速度指的是工具中心点（TCP）或某个关节可以达到的最大速度。大多数机器人的速度并不准确，并且随着机器人几何结构的变化（及动态效应）而变化。速度通常可能是最高安全速度，有些机器人允许按最大额定速度（100%）运行，但此时应小心操作。

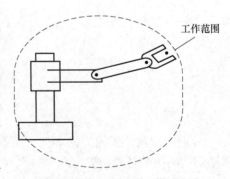

图13-12　机器人的工作范围

（12）有效载荷　有效载荷是在其规格范围内，机器人可承受的重量。例如，机器人的最大载荷可能比规定的有效载荷大得多，但是在最大载荷状态下，机器人无法保证准确性，无法准确地遵循预期路径，甚至过度偏转。有效载荷与机器人自身的重量相比非常小。

（13）可达距离　可达距离是机器人在工作范围内可以达到的最大距离。

（14）稳定时间　在运动过程中，机器人移动得很快，但当接近最终位置时，会慢下来然后慢慢靠近最终位置。稳定时间是机器人在指定距离内到达最终位置而所需的时间。

13.13　机器人关节

机器人关节是使机器人手臂各部分能够相对运动的部件，使末端执行器能够根据需要从一个位置移动到另一个位置。大多数工业机器人的基本动作是：

1）旋转运动。机器人可以将手臂置于水平面上的任何方向。

2）径向运动。机器人末端执行器可以径向移动到达远点。

3）垂直运动。机器人末端执行器可以置于不同的高度。

末端执行器的运动方向由单自由度或组合自由度来决定，通过手臂各个关节的运动来实现。关节的运动基本上与相邻连杆的运动相同，根据相对运动的性质，关节可分为菱形关节和回转关节。

1）菱形关节因关节的横截面呈菱形而得名，也称为滑动关节和直线关节，允许连杆沿固定轴线进行线性位移，即一条连杆沿着一条直线在另一条连杆上滑动。该种关节常用于龙门式、柱面式或类似的关节配置。

2）回转关节可以让一对连杆绕一根固定轴来转动。

图 13-13 所示为菱形关节和回转关节。

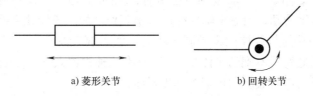

a) 菱形关节　　　　b) 回转关节

图 13-13　菱形关节和回转关节

回转关节种类如图 13-14 所示，包括：

1）轴向旋转关节（R）。

2）轴向扭转关节（T）。

3）径向旋转关节（V）。

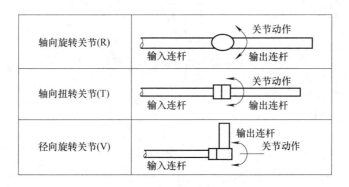

图 13-14　回转关节

轴向旋转关节（R）绕垂直于相邻连杆的轴线旋转，相邻连杆的长度不变，但是连杆的相对位置因旋转而变化。

轴向扭转关节（T）也是一种轴向旋转关节，绕平行于两个相邻连杆的轴线旋转。

径向旋转关节（V）是另一种轴向旋转关节，绕与相邻的一个连杆相平行的轴线旋转。通常，在这种关节处，连杆彼此垂直对齐，一个连杆绕另一个连杆旋转。

13.14 机器人的分类

机器人分类可按照以下四种标准进行：

1）坐标系统。

2）动力源。

3）控制方法。

4）编程方法。

1. 基于坐标系统的机器人分类

从结构角度考虑，机器人根据手腕的坐标系分类如下：

（1）笛卡儿坐标/直线机器人　如图 13-15 所示，机器人的坐标轴是 3 条相交的直线（x-y-z）。笛卡儿坐标机器人由立柱和手臂组成。因为沿轴线运动，有时笛卡儿坐标机器人也被称为 x-y-z 机器人，x、y、z 轴分别对应横向、纵向和垂直方向。手臂可以沿着 z 轴上下移动，在基座上沿 x 轴滑动，沿着 y 轴伸缩以进出工作区域。笛卡儿坐标机器人（及其电子设备、控制程序）的功能与数控机床相同。然而，由于缺乏灵活性（即无法触及位于地板上的物体或从它们的底座看不到的物体），在行业中这种机器人并不是首选，而且水平面上的操作速度通常比具有旋转底座的机器人速度更慢。

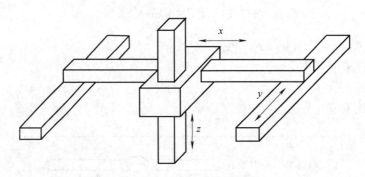

图 13-15　笛卡儿坐标机器人

笛卡儿坐标机器人用于：

1）挑拣和放置物件。

2）密封。

3）装配。

4）操控机械工具。

5）电弧焊接。

笛卡儿坐标机器人的优点：

1）可以直线进入炉中。

2）计算和编程简单。

3）给定长度下刚性最好。

笛卡儿坐标机器人的缺点：

1）需要较大的操作空间。

2）在腐蚀性或多尘的环境中需要对暴露的滑动面进行包覆。

3）只能到达自身前方的位置。

4）轴的密闭性较差。

（2）柱坐标机器人　如图 13-16 所示，柱坐标机器人包含一个角度维度和两个线性维度。这种机器人的刚性结构允许其在较大的工作范围中提升重物。机器人包括垂直立柱和安装在其上的水平臂，垂直立柱安装在旋转底座上。水平臂可在垂直立柱的径向方向上前后移动，在轴向方向上上下移动，立柱和水平臂可围绕垂直轴在底座上旋转。柱坐标机器人的操作精度不是恒定的，而是取决于立柱和水平臂上工具之间的距离。

柱坐标机器人用于：

1）装配。

2）操控机械工具。

3）点焊。

4）操控压铸机。

柱坐标机器人的优点：

1）可到达自身周围的任意位置。

2）旋转轴密闭性好。

3）编程相对简单。

4）刚性好，可承受大型工作空间中的大负荷。

5）容易进入空腔和机器的开口。

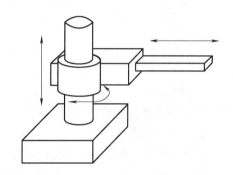

图 13-16　柱坐标机器人

柱坐标机器人的缺点：

1）无法到达自身上方的位置。

2）无法绕过障碍物。

3）暴露的驱动器易被灰尘和液体覆盖。

4）线性轴密闭性差。

（3）球（极）坐标机器人　如图 13-17 所示，球（极）坐标机器人包括 2 个角度维度，一个距离原点的直线距离的线性维度，由旋转底座、提升器和伸缩臂（向内、向外移动）组成。机器人根据球坐标操作，灵活性更高，适用于垂直运动较少的情况。

球坐标机器人用于：

1）压铸或磨光机加工。

2）操控机械工具。

3）弧焊/点焊。

球坐标机器人的优点：

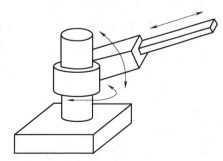

图 13-17　球坐标机器人

1）工作范围大。

2）旋转驱动器密闭性好，可防止液体/灰尘污损。

球坐标机器人的缺点：

1）坐标复杂，难于可视化、控制和编程。

2）线性驱动器暴露在外。

3）精度低。

（4）多关节机器人　多关节机器人由三个连杆组成，连杆与旋转关节连接并安装在旋转底座上，如图 13-18 所示。运动结构类似于人类的手臂，工具（抓持器）与手掌相似，通过手腕与手臂的下部相连，肘部连接手臂的下部和上部，肩部将手臂的上部与基座相连。肩关节在水平面上旋转。通常多关节机器人的三个轴都可旋转，定位精度完全取决于手臂的位置。由于关节位置误差累积于手臂末端即手腕位置，故总体精度很低。

多关节机器人用于：

1）装配。

2）压铸。

3）磨床。

4）气焊。

5）电弧焊。

6）喷涂。

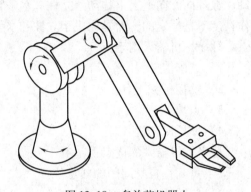

图 13-18　多关节机器人

多关节机器人的优点：

1）灵活性高。

2）可以在三个自由度上高速移动。

3）所有关节都可密闭，不受环境影响。

多关节机器人的缺点：

1）可视化、控制和编程非常困难。

2）作用范围有限。

3）精度低。

（5）选择顺应性装配机械臂（SCARA）机器人　在 20 世纪 70 年代后期，特别设计的由多关节机器人和柱坐标机器人组合而成的 SCARA 机器人近期得到广泛关注。如图 13-19 所示，该机器人有三个以上的轴，广泛用于电子装配。旋转轴垂直安装而非水平安装，这种安装方式保证了当物体按程序设定速度移动时机器人偏斜的最小化。

SCARA 机器人通常用于：

1）挑拣和放置物件。

2）组装。

3）密封。

4）操控机械工具。

SCARA 机器人的优点：

1）速度快。

2）可重复性好。

3）载荷能力强。

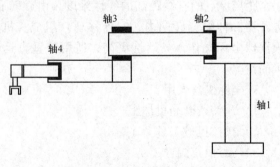

图 13-19　选择顺应性装配机械臂（SCARA）机器人

4）工作范围大。

5）编程比较简单。

SCARA 机器人的缺点：

1）应用场景有限。

2）需要两步才能到达指定点。

3）难以离线编程。

4）手臂高度复杂。

2. 基于动力源的机器人分类

机器人的机械连接和关节由执行器驱动，执行器种类繁多，主要包括各种类型的电动机和阀门，动力源主要有液压、气动或电动。工业机器人根据驱动系统的不同可分为三种类型：

1）液压驱动系统。

2）气动驱动系统。

3）电动系统。

（1）液压驱动系统 液压驱动系统是最常用的动力源，因为液压缸和电动机结构紧凑，可提供巨大的动力与功率，且控制精确。此类系统由流经电动机、液压缸或其他液压致动器的流体所驱动。液压执行器自高压流体产生的力转换为机械轴的旋转或直线运动，如在喷漆作业中，液压驱动机器人是最适合的，而使用电驱动机器人可能导致火灾。

液压驱动系统的优点：

1）只需通过控制流体的流量，液压装置就可以在不需要齿轮的情况下产生范围很大的作用力。

2）适合移动重物。

3）适用于爆炸性环境。

4）可自润滑和自冷却。

5）低速运转平稳。

6）需要回流管路。

液压驱动系统的缺点：

1）占用空间大。

2）存在漏油风险，可能会污染工作区域。

（2）气动驱动系统 目前，约30%的机器人含有气动驱动系统，这种系统使用压缩空气为机器人供能。通常，工厂中的工作区域内都有压缩空气管线，故气动机器人的使用非常普遍。这些机器人一般自由度较小，可以执行简单的拾取和放置物体的操作，如在一个位置拾取物体并将其放置在另一个位置。这些动作通常简单且操作周期短。气动驱动可用于滑动或旋转关节。

气动驱动系统的优点：

1）比电动或液压驱动系统成本低。

2）适用于自由度相对较小的设计。

3）没有漏油风险，不会污染工作区域。

4）无需回流管路。

5）因为气体比液体密度小，故与液压驱动相比，气动驱动响应速度更快。

气动驱动系统的缺点：

1）气体由于具有压缩性，控制精度有限。

2）排气时有噪声污染。

3）有气体泄漏的风险。

（3）电动系统　目前，约20%的机器人含有电动系统，这种系统主要包括伺服电机、步进电机和脉冲电机，其使用的电机将电能转换成机械能驱动机器人。与液压驱动系统相比，电动系统速度低、力量小，常用于小型机器人。电动机器人是目前最常用的工业机器人，机器人的电驱动器主要有三种：

1）步进电机。步进电机应用于简单的拾取和放置机构，其成本比功率或可控性更重要。

2）直流伺服电机。直流伺服电机广泛地应用于早期的电动机器人。它能提供良好的动力输出，并且可很好地控制速度和位置。

3）交流伺服电机。近年来，交流伺服电机代替了直流伺服电机作为标准驱动设备。这些现代化的电机提供更高的功率输出，并且在运行时几乎处于静音状态。由于交流伺服没有毛刷，它们非常可靠，几乎不需要维护。

电动系统的优点：

1）适合于中小型机器人。

2）定位精度和可重复性更好。

3）维护和可靠性问题较少。

电动系统的缺点：

1）与液压驱动机器人相比，速度和力量较小。

2）不是所有的电机都适合用作机器人的执行器。

3）需要更复杂的电子控制装置，容易在高温、潮湿或多尘的环境中发生故障。

3. 基于控制方法的机器人分类

机器人的运动由用户编程的软件和硬件来控制，根据控制方法可分为非伺服控制机器人和伺服控制机器人。

（1）非伺服控制机器人　非伺服控制系统针对特定的重复运动而预编程，是由停止点和限制开关构成的纯机械系统，可以低成本地精确控制简单运动。非伺服控制机器人的动作只能在两端而非路径上进行控制。非伺服控制机器人也常称为"端点""拾取放置"或"有限序列"机器人，主要用于转移物料。

非伺服控制机器人的特点包括：

1）执行器的尺寸较小，速度可能相对较高。

2）成本低，且操作、编程和维护简单。

3）在程序容量和定位能力方面的灵活性有限。

（2）伺服控制机器人　伺服控制机器人使用可编程逻辑控制器（PLC）和传感器，用复杂的控制程序来控制从路径开始到结束的机器人的速度、加速度和运动路径。传感器能够跟踪机械手各个轴的运动，使其比非伺服控制机器人更加灵活，从而能够平稳地控制复杂运动。伺服控制机器人根据末端执行器的控制方法可分为点对点（PTP）控制机器人、连续路径（CP）控制机器人、受控路径机器人。

1）点对点（PTP）控制机器人。点对点控制机器人能够在其工作空间内从一个离散点移动到另一个离散点。在点对点操作期间，机器人移动到一个数字定义的位置，并稳定在那里。当机器人暂停时，末端执行器执行指定的任务。任务完成后，机器人移动到下一个点并重复循环。这种机器人通常通过示教器来学习一系列的点，然后存储和回放这些点。

点对点控制机器人的应用范围相对有限，主要包括：

① 元件插入。

② 点焊。

③ 钻孔。

④ 机器装载和卸载。

⑤ 组装操作。

点焊机器人是一种典型的点对点控制机器人。当焊接点处于焊枪的两个电极之间时，机器人停止移动，进行焊接。然后，机器人移动到下一个点，再次焊接。重复此过程，直到焊接完所有需要的点。

2）连续路径（CP）控制机器人。连续路径控制机器人上的工具在机器人运动过程中执行操作，如在弧焊操作中，焊接枪沿着编程路径进行焊接。连续路径机器人的所有轴能够以不同的速度同时移动，计算机统筹协调各个轴的速度，使机器人沿所需的路径运动。通过在示教序列期间在机器人存储器中存储大量的空间点来控制机器人的路径。在示教过程中，当机器人移动时，每个轴的空间坐标被连续监测并存储到控制系统的计算机存储器中。连续路径控制机器人是最先进的机器人，需要最先进的计算机控制器和软件与之配合。

连续路径控制机器人的典型应用包括：

① 喷漆。

② 精细加工。

③ 粘合。

④ 氩弧焊。

⑤ 金属制品清洗。

⑥ 复杂装配过程。

3）受控路径机器人。受控路径机器人做点到点移动时，会沿着计算机生成的预测路径移动。计算机生成的路径可以是沿着末端执行器轴线方向的直线路径，也可以是经过连续点或渐进转向的曲线路径，沿着指定路径的任何点都可以获得很高的精度。机器人的控制存储器中必须存储起止点和路径的定义函数。这种控制方式比点到点控制更精确，对人员和设备造成危害的可能性较小。

4. 基于编程方法的机器人分类

机器人可以根据以下编程方法进行分类：

1）手动编程。

2）示教编程。

3）演练编程。

这些方法将在第 16 章详细讨论。

13.15　机器人的选用

确定应用场景后，可从市面上的许多商业机器人中选择合适的机器人。通常，在选择过程中考虑的机器人特征包括：

1）尺寸级别。

2）自由度。

3）速度。

4）驱动类型。

5）控制模式。

6）可重复性。

7）提升能力。

8）左右、上下和进出需求。

9）偏转、俯仰和翻滚需求。

10）自身重量。

（1）尺寸级别　机器人的尺寸由机器人工作空间的最大尺寸（x）确定。

1）微型（$x < 1\text{m}$）。

2）小型（$1\text{m} < x < 2\text{m}$）。

3）中型（$2\text{m} < x < 5\text{m}$）。

4）大型（$x > 5\text{m}$）。

（2）自由度　机器人的成本随着自由度的增加而增加，而六自由度机器人适用于大多数工作。

（3）速度　速度受机器人手臂结构的影响。手臂结构包括：

1）矩形。

2）圆柱形。

3）球形。

4）铰接。

（4）驱动类型

1）液压。

2）电动。

3）气动。

（5）控制模式

1）点对点（PTP）控制。

2）连续（CP）路径控制。

3）受控路径控制。

（6）提升能力

1）0~5kg。

2）5~20kg。

3）20~40kg 及以上。

13.16　机器人的工作间

除机器人本身之外，机器人的工业应用涉及其他众多设备，如机床、输送机、传感器和固定装置。每台设备都在工作间中执行一定功能，为了使工作间正常工作，这些设备都必须与机器人的动作序列相协调。工作间控制器用来控制单元组件有序地运行。机器人工作间如图 13-20 所示。

工作间中的控制单元完成控制功能。在大多数情况下，机器人的控制器作为工作间的控制单元。机器人控制器的后面板上包含许多输入和输出端口，能够与其他工作间组件建立电气连接。控制命令、互锁指令、传感器数据和其他信号通过这些

图 13-20　机器人工作间

输入/输出端口进出控制器，而信号的排序和协调通过机器人程序完成。在某些情况下，机器人控制器不适合作为工作间的控制单元，例如，有时机器人缺乏足够的输入/输出能力来处理必须协调的输入/输出信号或处理工作间中存在多个机器人（如车身的机器人点焊线）。在这些情况下，可将可编程逻辑控制器或小型计算机作为工作间的控制单元，这些控制单元将命令下载到机器人（激活部分机器人程序）和工作间中的其他组件以完成控制功能。

工作间控制器在机器人装置中执行三个重要功能：

1）顺序控制。

2）操作接口。

3）安全监控。

（1）顺序控制　顺序控制是工作间控制器的基本功能，涉及调节工作间中的动作顺序。顺序不但根据控制与时间有关的动作来确定，也依靠使用互锁装置确保工作周期的某些要素在其他要素开始之前完成来确定。例如，在机器人装卸应用中，顺序控制中输入/输出的互锁控制如下：

1）在机器人试图抓取部件之前，先确保部件处于拾取位置。

2）确保部件在进行循环之前已正确装入机器。

3）告知机器人循环已完成，部件可进行卸载。

（2）操作接口　操作接口是必须具备的操作员与机器人单元交互的装置，原因是：

1）便于机器人编程。

2）工作循环需操作员的参与，操作员和机器人各自执行工作间中的一部分工作。人类通常需要完成机器人无法完成的判断和感知任务，如某些组装操作就需要这样。

3）操作员需要输入数据，这些数据可能是部件标识，以便机器人可以选用正确的工作周期。此外，必须输入数字化的数据，如零件尺寸。

4）急停工作间。操作接口有多种形式，包括示教器、机器人控制器的控制面板、键盘、CRT 监视器，以及位于工作间中的紧急停止按钮。此外也可用条码读取器和数据语音

输入。操作员与机器人单元交互的另一个重要原因是保证在紧急情况下能及时停止工作。紧急情况可能是由机器人（或工作间中的其他设备）发生故障或者人员意外进入工作间内部造成的，这时最好停止操作，以防止对设备或人员造成伤害，因此需要在工作间中提供紧急停止按钮。

（3）安全控制　紧急停止机器人工作循环需要一名警报操作员关注紧急情况并采取积极行动来中断循环，但安全紧急事件并不总是在警报操作员在场时发生。安全监控（也称为危险监控），是一种保护工作间设备和可能误入工作区的人的更加自动化和可靠的方法，使用传感器监控工作间的状态和活动，检测不安全或潜在不安全的情况。安全监控系统使用各种传感器，包括简单的限位开关（用于检测特定组件的运动是否正确发生）、温度传感器、压敏垫、自带光束的光敏传感器及机器视觉系统。

编写安全监测系统的程序时，要考虑到其对各种危险情况做出不同的响应。这些响应可能包括以下一种或多种情况：工作间活动完全停止、机器人速度降低到安全水平（人员在场时）、蜂鸣器报警告知维护人员工作间安全隐患及通过特殊子编程使机器人从特定的不安全事件中恢复。最后一种响应是被称为"错误检测和恢复"的自动化系统的一种形式。

13.17　机器视觉

机器视觉（MV）技术正在迅速发展，这得益于生产商越来越精细地控制零件的质量。机器视觉是计算机视觉在工业和制造业中的一个应用，计算机视觉主要集中于图像处理，而机器视觉通常还需要数字输入/输出设备和计算机网络来控制其他诸如机械臂之类的制造设备。机器视觉技术使用成像系统和计算机来分析图像并基于该分析做出决策，有两种基本用途——检测和控制。在检测应用中，机器视觉光学系统和成像系统能够使处理器精确地"看见"物体，从而做出保留哪些部件和报废哪些部件的有效决策；在控制应用中，使用复杂的光学部件和软件来指导制造过程。机器视觉引导装配可以规避因执行困难、烦琐、枯燥任务可能导致的人为错误，也可以允许工艺设备每天24h工作，提高整体质量水平。

机器视觉系统可编程用于执行特定的任务，如在传送带上计算物体数量、读取序列号和搜索表面缺陷。由于视觉检查速度快，放大倍数高，24h运行，而且可以重复测量，机器视觉系统备受生产商青睐。机器视觉系统通常可以高速检查所有产品，且不会使生产线减速。与传统的光学或机械传感器相比，机器视觉系统适应性更好，使机器人灵活性更好，功能更强大。当制造工艺改变时，通常只需要对软件进行很小的修改，很容易重新配置。

机器视觉应用的工序步骤一般如下：

1）图像采集。光学系统采集图像，然后转换成数字格式并存储到计算机存储器中。

2）图像处理。计算机处理器使用各种算法来强化对工序特别重要的图像元素。

3）特征提取。处理器识别和量化图像中的关键特征（如印制电路板上的孔的位置、连接器中的引脚数量、元件在传送带上的方向）并将数据传递给控制程序。

4）决策和控制。处理器的控制程序根据数据做出决定，如孔是否符合规格？引脚是否缺失？机器人如何移动以拾取组件？机器视觉技术广泛用于汽车、农业、日用品、半导体、制药和包装行业等，应用形式多种多样，包括视觉引导电路板组装，以及部件、刀片、瓶罐和药品的计量。

1. 机器视觉系统的组成

一个简单的机器视觉系统包括以下组件：

1）光学传感器。

2）黑白相机。

3）光源。

4）计算机影像接口，又称"影像采集卡"。

5）用于处理图像的计算机软件。

6）用于显示结果的数字信号硬件或网络连接。

光学传感器用于确定传送带上移动物件进入待检查位置的时间。当物件在相机下方且被照亮时，光学传感器就会触发相机拍照。光源用于照亮物体并突出其特征，同时对不感兴趣的特征进行隐藏或弱化处理。

相机的图像由影像采集卡捕获。影像采集卡是将相机输出转换为数字格式并存储于计算机存储器中，以供机器视觉软件处理的计算机卡。

计算机软件通常采用如下步骤来处理图像。首先，对图像进行降噪处理或将灰色阴影转换为黑色和白色的简单组合。然后，软件将对图像中的物体进行计数、测量与识别。最后，软件根据预设标准来判断是通过还是淘汰该物件。如果需要淘汰该物件，软件可通知机械设备剔除该物件，或者停止生产线并发出警告，通知工作人员来进行处理。

虽然大多数机器视觉系统都依赖于黑白相机，但彩色相机的使用越来越普遍。另外，使用直连数码相机而非相机与采集卡组合的机器视觉系统也越来越常见。

2. 机器视觉系统的优点

如果机器视觉系统经过精心地设计，就可以满足一系列的要求，且性能良好，性价比极高，具体优点包括：

（1）精确性高　精心设计的机器视觉系统能够测量成千上万零件中一个零件的尺寸。由于测量过程中不需要接触，精密零件没有磨损的风险。

（2）一致性高　因为视觉系统不会与操作人员一样会疲劳，故操作的可变性就被消除。此外，可以配置多个系统对同一物件进行多次测量。

（3）成本效益越来越高　随着计算机价格的迅速下降，机器视觉系统的成本效益越来越高。10000 美元的机器视觉系统可以轻松取代三名人力检查员，而检查员的人工成本高达每人每年 20000 美元或更多。此外，机器视觉系统的运行和维护成本很低。

（4）灵活性高　视觉系统可以进行各种测量。当应用条件发生变化时，可以轻松修改或升级软件以适应新的要求。

3. 机器视觉的应用

机器视觉的应用包括：

1）大规模工业制造。

2）短期定制制造。

3）工业环境中的安全系统。

4）预加工对象的检查（如质量控制、故障检测）。

5）库存视觉控制和管理系统（如计数、条形码读取、数字存储系统接口）。

6）自动导引运输车（AGV）的控制。

7）现场安全自动化监测。

8）农业生产监测。

9）食品质量精细化控制。

10）零售自动化。

11）消费类设备控制。

12）医学成像处理（如介入放射学）。

13）医学远程检查与诊断。

13.18　机器人技术与机器视觉

机器视觉系统可作为机器人的眼睛，而智能传感系统可以用来检测位置、识别物品，甚至测量目标的尺寸。例如，机器人焊接应用中对标准机器人编程的需求将减少，不再需要精确的三维 CAD 信息；机器视觉可为机器人在果园和战场进行导航，或使战斗机沿着航迹精准飞行；图像分析和模式识别算法可以定位身体中的肿瘤、识别银行自动取款机（ATM）的客户，以及检测零件中隐藏的裂缝等。

下面的一则实例是机器人应用机器视觉系统完成了一项任务，而且比人类完成得更好。

一家防抱死制动传感器制造商由于部件的高故障率而饱受召回问题的困扰。部件故障的主要原因是工人疲劳后将导线缠绕在传感器的周围，从而导致导线损坏。而将机器视觉系统安装到机器人后，机器人便可用三维视觉来执行这个任务，且故障率已经降至零。机器视觉系统每天可三班不间断工作，无须休息。该解决方案使工人免于进行烦琐且重复的任务，改善了工作环境。

1. 采用机器视觉系统引导机器人的原因

1）生产要求更高的速度和更高的灵活性。

2）带有视觉系统引导的机器人已成为生产设备的标准部分，并从设计之初就被设计到应用中。

3）更多灵活性的需求。

4）更高的自动化程度来节省人力成本的需求。

5）更高的生产准确度的需求。

6）技术接受程度的提高。

7）降低简单应用的投资。

8）更友好的人机界面（MMI）。

2. 视觉引导机器人的应用

得益于视觉引导技术的优势，所有行业，特别是生产成本高或生产步骤严格的行业都在使用视觉引导机器人，因为视觉引导机器人具有成本更低、灵活性更高、可靠性和安全性更高等特点。使用视觉引导机器人的行业有：

1）汽车，汽车供应商：零件处理、装配、测量，由机器人引导的检测和物流。

2）电子产品：拾取与放置。

3）包装：拾取与放置。

4）加工：装卸。

5）印刷：装卸。

6）航空：铆钉机器人。

7）陶瓷：组件处理。

8）消费品。

9）消费品包装。

10）仓库物流和物品处理。

3. 机器视觉技术

机器视觉技术包括：

1）图像处理。

2）场景分析。

3）模式识别。

4）模型视觉。

5）传感器融合。

6）运动分析。

7）红外图像分析。

8）尺寸检查。

9）工业检查和工艺控制。

13.19　机器人事故

机器人在编程、程序修改、维护、修理、测试、设置或调整期间而非正常运行条件下均可能发生事故。有时操作员、程序员或维护人员可能暂时位于机器人的工作区域内，此时因为意外操作导致人员受伤，例如：

1）机器人的手臂在程序中运行不正常，撞击操作员。

2）材料处理机器人的操作员在操作过程中误入了机器人的工作范围，被困在机器人的后端和安全杆之间。

3）工作人员不小心踢掉装配机器人的电源，而维修人员正在维修此机器人，此时机器人的手臂下落砸到维修人员的手。

1. 机器人事故原因分析

不安全的行为：

1）在机器人的工作区域内进行编程或维护时，人员处于危险的位置。

2）由于不熟悉保护措施或者在不知道它们是否被激活的情况下，无意中进入工作区域。

3）在编程、连接外围设备和连接输入/输出传感器时出错。

不安全的情况：

1）机械故障。

2）禁用保护。

3）由于机器人动力系统的控制或传输元件故障而造成气动、液压和电动设备处于危险状态，如控制阀故障、电压变化瞬变破坏了控制及动力线的传输电信号。

4）电击和储能设备释放能量会对人身造成伤害。

2. 事故预防

系统组件需要设计、安装和保护，以便将与储能相关的危害降至最低，另外必须为机器人的移动和工作人员提供足够的空间，而且必须要有能够从工作空间外部关闭电源和控制释放全部机器人系统中储存能量的措施。更重要的是，应该进行详细的风险评估，以确保操作、维修和维护机器人系统的工作人员的安全。

13.20　机器人与安全

安全是每个人的责任，而现在的工业机器人的智能性较低，因此机器人技术中的安全必须由人类来管控。在机器人安全的问题上，首先要考虑人的安全，其次才是机器人的安全，最后是其他相关设备的安全。为了防止对系统造成危害，操作员应确保为所有的机器人系统建立适当的防护措施。人类与机器人一起工作时最危险的情况是修理机器人，其次是机器人的训练或编程，而在机器人的正常工作期间则是最安全的。工作人员和参观者都需要受到保护，以免受到机器人的伤害。机器人在很多情况下会伤害到人类，如机器人可能撞击人或将人困在某些结构中。所有的工作人员都应该了解与机器人或其他设备在一起工作时所涉及的安全问题。例如，当使用弧焊机器人时，应在焊接区域周围设置防护罩或帐帐，以保护路过人员免受电弧的耀光照射；当维修人员与机器人一起工作时，需知晓最近紧急停止按钮的位置。

使用一个或多个保护设备，可在工作空间内保护人员的安全，常见的保护装置如下：

1）机械限位装置。

2）非机械限位装置。

3）物体探测保护装置。

4）固定屏障（防止与移动部件接触）。

5）互锁保护装置。

13.21　机器人维修

机器人或机器人系统的使用者应制定定期检查和维护计划，以确保设备安全运行。该计划包括但不限于机器人制造商和其他相关设备（如传送机构、零件供给装置、工具、量具和传感器）制造商的建议。推荐的维护计划对最大限度地减少由机器人或其他系统设备的部件故障、破损及不可预测的偏移或动作而导致的危险至关重要。为确保机器人安全运行和得到妥善维护，应当定期进行维护并做好记录，文字记录包括维护人员和独立验证人的签名。

13.22　机器人安装

机器人或机器人系统应根据制造商的建议和行业标准来安装，应使用临时安全装置和措施，尽量避免在新设备安装过程中出现危险。需注意的设施、外围设备和操作条件有：

1）安装规格。

2）实体设施。

3）电气设施。

4）机器人集成的外围设备的作用。

5）标识要求。

6）控制和紧急停止要求。

7）其他的机器人操作规程或条件。

练 习

1）如何根据几何尺寸对机器人进行分类？

2）指出几种机器人控制方式。

3）指出点对点控制和连续路径控制机器人的不同。

4）什么是机器人的工作空间？

5）写出准确性的定义。

6）写出精度的定义。

7）说明机器人工作空间的重要性。

8）如何区分机器人的准确性和重复性？

9）根据移动路径对机器人进行分类。

10）通过草图来说明球坐标系机器人的结构。

11）列出用于为特定应用选择机器人的参数。

12）说明机器人的主要子系统及其功能，并用示意图表示。

13）简要描述机器人可能采用的各种运动控制。

14）写出机器视觉的定义和组成部分。

15）说明机器人控制器控制路径的两种方法。

16）详细解释机器人机械手的结构。

17）区分准确性与重复性。

18）机器人的自由度是什么？

19）写出速度响应的定义。

20）工业机器人的特点有哪些？

21）根据几何尺寸对机器人进行分类，并解释有关级别的不同。

22）用简图讨论常见的机器人配置。

23）简要解释工业机器人的各种组件，说明每个组件的主要功能。

24）写出机器人的定义。

25）说明机器人的优点和缺点。

26）结合机器人解释可重复性和准确性。

27）简要解释非伺服控制和伺服控制机器人。

28）列出机器人中使用的关节的种类。

29）绘制旋转关节，并标出相关关节的运动。

30）机器人定律有哪些？

31）手腕动作有哪些类型？

32）什么是机器人关节？指出菱形关节和回转关节的不同。

33）机器视觉技术有哪些？

34）机器人视觉如何进行感知？在大多数常见的视觉应用中使用哪些组件系统？

35）机器人事故的起因是什么？如何防止事故的发生？

36）绘制简图，标注铰接式机器人的所有子系统。

37）讨论机器人的结构，并用简图解释其重要部分。

38）解释下列术语：

① 准确性

② 自由度

③ 重复性

④ 速度

39）绘制关节式机器人，并标注其部件。

40）借助简图区分四种常见类型的机器人配置。

第 14 章

机器人传感器

14.1 概述

传感器可以充当机器人的视觉、听觉、触觉、味觉和嗅觉器官。如果没有传感器，机器人将无法辨别周围的环境。传感器发出的信号被传送到机器人 CPU，应用于当前环境或被保存供以后分析。可以这样说，没有传感器，机器人就仅仅是个机器。传感器会向控制系统提供反馈，从而赋予机器人更高的灵活性。随着机器人在危险区域和工业过程中的应用，安装传感器可以收集周围环境和周围物体的信息，从而使机器人的工作结果更加精确。机器人需要传感器来推断周围环境正在发生的事情，并且能够对变化的环境做出反应，这对于引导机器人实现特定的目标十分有用。从机器人内部（如关节位置和电机转矩）或外部使用大范围的传感器可以获得诸多信息，该信息经过正确的处理可以用于控制机械手或工业机器人。

对于一个有用的机器人设备来说，它需要了解周围环境中正在发生的信息，无论是空气温度信息、物体的距离信息，还是机器人手臂施加的压力信息，都应被传感器采集到。由于机器人的工作要求，传感器应提供极其精确的信息。与大多数事物一样，想要获得更好的性能就需要付出更大的代价。一个业余爱好者建造的机器人可以使用低于 1 美元的传感器，而工业用的机器人则需要数百美元的传感器才可以满足其要求。

14.2 机器人中的传感器类型

传感器的基本功能是测量周围环境的某些特征，如测量光、声音或压力，并将该测量值转换为电信号，通常是电压或电流。典型的传感器通过改变它们的电阻（光电池）、电流（光电晶体管）、电压输出（灵敏的红外传感器）来响应激励，指定传感器的电输出可以很容易地转换成其他电响应。机械手或工业机器人的控制基于对传感信息的正确处理，传感信息包括视觉、听觉、触觉、嗅觉和测量距离等信息。机器人通过使用各种各样的设备来获取信息，不仅包括用于测量物理量的传感器，如用于采集声音的传声器，还包括数据处理输入设备，如用于输入文本信息的键盘和专用传感器。机器人中的传感器可以分为：

1）外感受器或外部传感器（用于测量机器人的环境参数）。

2）本体感受器或内部传感器（用于测量机器人的内部参数）。

14.3　外感受器或外部传感器

外部传感器是测量机器人与环境的相对位置或相互作用力的传感器，机器人依靠这些传感器来感知它们所处的世界并与机器人外部的环境互动。外部传感器可以被分为：

1）接触式传感器。

2）非接触式传感器。

1. 接触式传感器

接触式传感是任何机械手通过非结构化方式与环境进行交互的最基本要求之一，它赋予机器人能够通过触摸物体确定其形状、大小、重量、甚至表面纹理的能力。接触式传感器一般放置于机器人的夹持器中，以向机器人提供手腕或关节的力及待处理物体中力的信息。确定这些信息对机器人来说非常重要，特别是在铸件清理、磨削操作及装配操作过程中。接触式传感器在控制操作中的功能可分为基础材料处理和组装操作：

（1）搜索　在不移动部件的情况下，利用灵敏的接触式传感器检测零件。

（2）识别　在不移动部件的情况下，利用高空间分辨率的灵敏接触式传感器确定部件的特征、位置和方向。

（3）抓握　通过可变形的圆形手指和安装在其表面的传感器来抓取部件。

（4）移动　借助力传感器来放置、连接或插入部件。

接触式机器人传感器中最重要的两种是：

1）触觉传感器。

2）力传感器。

2. 非接触式传感器

非接触式传感器用于在不产生物理接触的情况下给机器人提供过程或环境信息。非接触式传感器包括：

1）气动传感器。通过空气、流体扰动来检测部件存在。

2）超声波传感器。用于分析从部件反射过来的声波。

3）近程传感器。用于记录部件的接近、到达或移除。

4）光学传感器。利用间断的光束穿过输入零件的路径。

5）机器视觉传感器。通常使用视觉传感器（通常是摄像机）提供数据，使机器人能够对部件做出相应的决策。

14.4　触觉传感器

机器人要想完成轻巧的任务，末端执行器就必须具有类似人手的特性，如具有触觉。触觉对于近距离的装配工作，以及提供必要的反馈以牢固地抓住脆弱物体且不造成破坏而言特别重要。触觉传感器用于识别并直接控制机器人末端执行器与环境之间的相互作用，而与物体的交互可以通过直接接触产生。触觉传感器可以检测手何时触摸某物，或者可以测量手施加在物体上的力和转矩分量的组合，它也可以感知物体的外部状态，如表面粗糙度或平滑度、滑动性、弹性等。对抓住并举起物体来说，为了将机器人机械臂定位在物体上并计算必须施加的拉力和压力，这种传感器采集的信息至关重要。触觉传感器广泛应用于机器人系统的各种位置，包括机器人连杆之间的关节、手臂和末端执行器之间的手腕，以及手指和指尖。触觉传感器对装配过程和装配质量都十分重要。适用于这些领域的传感器包括用于零件定位和抓握力控制的压力传感器、用于连续压力的压电传感器等。触觉传感器可分为：

1）触摸传感器。

2）应力传感器。

1. 触摸传感器

触摸传感器可以产生二进制的输出信号，这取决于它们是否与物体接触。触觉传感器可以安装在每个手指的外表面和内表面上。安装在外表面的传感器可用于搜索对象并尽可能确定其特征、位置和方向；而安装在内表面的传感器可用于采集触摸物件之前的信息，也可用于采集触摸过程中力和物件滑动的信息。如果要触摸的物体是导电的，那么不需要特定的传感器设备，仅需最简单的触觉传感器即可。微动开关是最常用且成本低的触觉传感器，它会在接触时接通或断开。微动开关如图 14-1 所示。

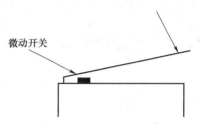

图 14-1　典型的微动开关

通常，微动开关简单地安装在机器人上，这样当机器人撞到某个物件时开关就会被按下，此时微处理器就能检测到机器人已经与某个物体接触并将采取适当的动作。图 14-2 所示的机器人保险杠是触摸传感器的一个例子。当机器人撞到墙上时，保险杠会碰到一个微动开关，从而让机器人控制器知道机器人已经靠墙了。其他类型的触摸传感器都放置在内部，以使机器人知道手臂伸展得太远而应该缩回来。

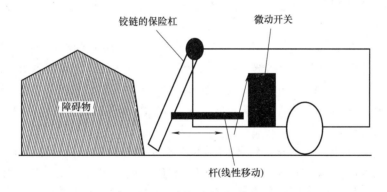

图 14-2　机器人平台采用的与触摸传感器相连的保险杠

触摸传感器还可以作为限位开关，以确定机器人的某些可移动部件到达所需位置的时间。例如，如果用电机（也可能使用齿条）驱动机器人手臂，触摸开关可以检测到机器人手臂在每个方向上达到极限行程的时间。

2. 应力传感器

应力传感器测量机械手在执行各种操作时施加的力和转矩。机器人在操纵和装配中所使用的力通常是非常重要的，而测量力/转矩的主要部件是应力传感器。在机器人手部进行机械装配操作中出现的相互作用力和转矩可以通过安装在关节上或在机械手腕上的传感器来测量。单独的应力传感器通常只能采集一个方向上的力，然而，两个或两个以上的传感器组合可以在两个或者三个方向上采集力及转矩。应变计用于制造力传感器、转矩传感器和可以同时测量两种应力的传感器。

最简单的触觉传感器是带有微型开关阵列的抓取器，这种传感器只能确定特定点或点阵列处是否存在物件。更先进的触觉传感器使用压敏压电材料阵列，这种材料在受压时可以传导电流，且施加在材料上的压力越大，产生的电流就越大，从而就能允许传感器感知力和压力的变化。触觉传感器也可用于力的反馈，这在抓取器处理精密、易碎的物件时至关重要。采集到力的反馈信息后，机器人就不会因为施加太大的力而压碎它所持有的物件。为了能使触觉传感在自适应装配任务中发挥真正的作用，传感器必须能够像人手一样感知物理量，包括压力、力的方向、温度、振动和纹理。

14.2 近程传感器（位置传感器）

近程传感器是一种在不需要物理接触的情况下就能感知和确定物体是否存在的装置。这样，即使物件的位置未知，控制器仍可以安全地将末端执行器快速地移动到该物件上，这是因为近程传感器会给控制器提供警告信号，使其减速并避免碰撞。大多数近程传感器仅能确定感测区域内的物件存在与否，但是有一些近程传感器也可以给出物体和传感器之间的距离信息。近程传感器根据其工作原理可分为电感传感器、霍尔效应传感器、电容传感器、超声波传感器和光学传感器。这些非接触式传感器具有广泛的用途，如用于高速计数、保护工人、运动指示、检测铁材料的存在、液位控制和非接触限位开关。下面介绍一些常见的近程传感器：

（1）光学近程传感器 光学近程传感器在可见光或不可见光下都能工作，其主要测量物件反射的光量。

（2）光电近程传感器 光电近程传感器包括光束发生器、光电探测器、专用放大器和微处理器。从物体反射的光束会被光电探测器监测到。光束以特定的频率调幅，并且探测器具有只响应在该频率调幅的光的频率敏感放大器，这是为了防止可能由灯或阳光引起的假成像。如果机器人正在接近一个能够反射光的物件，其微处理器就感觉到反射光束越来越强，从而使机器人避开此物件。

（3）声学近程传感器 声学近程传感器的工作原理与声呐相同。振荡器产生频率稍高于人类听觉范围的脉冲信号，该信号被发送到以编码序列发射各种频率超声脉冲的换能器。这些脉冲从附近的物体反射并返回到另一个能将超声波转换回高频脉冲的换能器。返回的脉冲被放大，并发送到机器人控制器。对发送和接收脉冲之间的延迟进行计时，如此就能知道障碍物到机器人的距离。

（4）电容式近程传感器 电容式近程传感器包括射频振荡器、频率检测器和连接到振荡器电路中的金属板。振荡器能使由环境因素引起的金属板电容变化，导致频率发生变化，这种变化会被频率检测器感知进而向控制机器人的设备发送信号。如此一来，机器人就可以避免撞到物件。在某种程度上，电容式传感器更容易感知导电的物件，如房屋布线、动物、汽车或冰箱；而木头框架床和干砌墙一类的物件则很难被感知。

磁场传感器是优良的近程传感器。电感传感器的原理是金属物体的存在会引起电感的变化。霍尔效应传感器的原理是半导体材料中的电压和穿过该材料的磁场之间存在一种特殊关系。电感传感器和霍尔效应传感器只能检测铁磁物件到机器人的距离。

14.6 距离传感器

距离传感器是一种能够精确测量传感器与物件之间距离的装置。距离传感器通过电视摄像机或声纳发射器和接收器完成距离感测，可用于定位工作区域内的对象、控制机械臂、机器人导航及避障，或者为单目视觉恢复第三维度。测距系统的主要目标是持续地获得周围环境的准确信息，通常用于自动导引车辆或机器人在较大工作空间内运行。距离成像传感器主要用于物体识别，但也适合于其他任务，如定位工厂车间或道路、检测障碍物和凹坑，以及检查子组件的完整性。

距离传感器一般基于以下两种原理：飞行时间和三角测量。飞行时间传感器通过测量传输和返回脉冲之间经过的时间来估计距离，典型的飞行时间传感器有激光测距仪和声呐。三角测量传感器从相隔距离已知的两个点检测目标物体表面一个给定的点，利用已知距离和目标点与这两个点的仰角或俯角，通过一个简单的几何运算就能得出距离。距离传感器分为两类：

1）无源设备。如立体视觉系统。

2）有源设备。如超声波测距系统。

（1）立体视觉系统 当发射器不能检测工作区域中的所有物体时会产生很大的问题，使用额外的发射器有助于缓解但并不能解决问题。在立体视觉系统中，可以使用具有多个摄像机的投影仪从不同角度观察目标区域，这样该系统相比于单摄像机系统可以感知更多数据，但同时也需要更多的硬件、软件和计算时间。

（2）超声波测距系统 超声波测距系统，如应用于自动聚焦的宝丽来相机上的测距系统，已广泛用于为机器人提供环境感知信息。超声波传感器通过测量某些频率的传输与其检测到的回波之间所经过的时间来确定距离。使用不同的离散频率是为了防止出现表面特性消除单个波形而阻止检测进行的情况。

14.7 机器视觉传感器

机器人视觉是一个复杂的传感过程，这涉及从图像中提取、表征和阐释信息，以便识别或描述环境中的对象。由于重复性和准确性很高，视觉系统在输入大致相同的情况下会产生几乎一致的结果，这是最突出的优点。这意味着视觉系统可以更快、更可靠地执行监控和检查等简单任务。视觉传感器（摄像机）将视觉信息转换为电信号，然后通过特殊的计算机接口电子设备对其进行采样和量化，从而产生数字图像。与传统的管式传感器相比，固态 CCD（电荷耦合器件）图像传感器具有许多优点，如体积小、重量轻、坚固耐用、电气参数更优，故适用于机器人。但目前几乎所有视觉传感器都是为电视机而设计的，所以这些传感器不一定就是机器人最好的选择。而且由于存在分辨率低和机器人手遮挡视野的问题，将摄像机放置在工作区域上方这个常见方法对于许多机器人来说还有待商榷。

将视觉传感器安装在机器人手中是避免上述问题出现的解决方案。照明是图像采集过程中非常重要的步骤，受控照明解决了许多机器人的视觉问题。视觉传感器广泛应用于检查处理和零件采集，如从装配带上采集。另外，视觉信息可用于分析物件的几何形状，以确定机器人抓握的点。

一般视觉系统包括光源、图像传感器、图像数字转换器、系统控制计算机和某种形式的输出。

机器视觉系统的图像传感器被定义为将光学图像转换为视频信号的电子光学装置。图像传感器通常是管式摄像机或固态传感设备。小型电视摄像管（Vidicons）是最常见的管式摄像机，其原理是将图像聚焦在光敏表面上，通过扫描光敏表面的电子束就能产生整个图像相应的电信号，其中电子束在强光引起的高导电点处极易通过光传感器，而在光较弱时通过的电子束很少。

14.8　速度传感器

速度传感器用来估计机械手移动的速度，而速度是机械手动态性能的重要组成部分。直流测速仪是最常用的速度信息反馈装置之一，该测速仪本质上就是直流发电机，提供与电枢角速度成比例的输出电压，这些信息被反馈到控制器，以便对运动进行适当的调节。

14.9　本体感受器或内部传感器

从机械的角度来看，机器人看起来是一个铰接结构，由一系列通过关节相互连接的链节组成。每个关节由执行器驱动，执行器可以改变由该关节连接的两个连杆的相对位置。本体感受器是测量机器人运动和动力学参数的传感器。基于这些测量数据，控制系统可以使执行器施加转矩，使得铰接的机械结构进行预期的运动。最常见的关节（旋转）位置传感器有电位计、同步器和旋转变压器、编码器、RVDT（旋转可变差动变压器）等。

编码器是与计算机接口最匹配的数字位置传感器。

增量编码器是相对位置传感器，能产生与行进旋转角度成比例的多个脉冲，且比编码器便宜并可以提供更高的精度。增量编码器的缺点是在停电后恢复供电时必须通过将其移动到参考（"零"）位置来初始化。

绝对轴编码器在联合控制应用方面很有前景，因为其位置可以立即恢复，并不会像增量编码器那样产生累积的误差。绝对编码器的原理是在旋转刻度的每个量化间隔上标记有明显的 N 位代码（自然二进制、灰度、BCD），通过读取当前面向编码器参考标记的量化间隔上写入的特定代码来恢复位置。

关节位置传感器通常安装在电机轴上。位置传感器直接安装在关节上时，可以向控制器反馈关节间隙和传动系顺应性参数。当不通过区分关节位置而进行计算时，可以通过转速计传感器测量角速度，其原理是转速计产生与轴转速成比例的直流电压。而使用磁性传感器的数字转速计正在取代过于庞大的传统直流电机式转速计。

安装在机械手连杆上的应变计可用来估算机器人机械结构的灵活性。安装在特殊花键轴（方形、十字梁或径向梁）上的应变片也用来测量关节轴转矩。

14.10　带传感器的机器人

机器人上存在种类繁多的传感器，这些传感器可以向机器人控制器提供数据输入。图 14-3 所示为适用于机器人的一些基本的传感器。包括：

1）光传感器。测量光强度。

2）热传感器。测量温度。

3）触摸传感器。告知机器人碰到何物。

4）超声波传感器。可以告知机器人物体的距离。

5）陀螺仪。告知机器人方向。

1. 光传感器

图 14-4 所示的光传感器用于检测光是否存在及其强度，可用于制作寻光机器人，如利用此机器人来模拟智能昆虫。

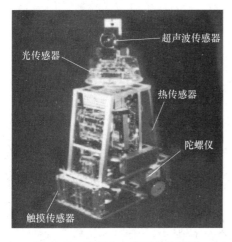

图 14-3　机器人中使用的传感器

图 14-4　光传感器

2. 热传感器

图 14-5 所示的热传感器可帮助机器人确定是否有过热危险。这些传感器通常安装在内部，以确保机器人的电子设备不会损坏。

图 14-5　热传感器

3. 超声波传感器

图 14-6 所示的超声波传感器用于确定机器人与物体之间的距离。在复杂地形中进行导航的机器人经常用到这种传感器，以避免撞到任何物体。

4. 陀螺仪

图 14-7 所示的陀螺仪用于需要保持平衡或不具有自身稳定性的机器人。陀螺仪常常与强大的机器人控制器相连，该控制器应具备每秒处理数千次物理模拟的运算能力。

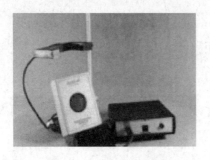

图 14-6　超声波传感器　　　　　　　图 14-7　陀螺仪

 练　习

1）什么是传感器？

2）区分机器人中使用的各种传感器。

3）什么是近程传感器？说出三种设计近程传感器的技术。

4）通过结合实例区分机器人中的接触式传感器和非接触式传感器。介绍一种接触式传感器和一种非接触式传感器的结构和工作原理。

5）区分近程传感器和距离传感器。

6）触摸传感器是什么？描述它的不同类型及其优点和缺点。

7）什么是机器视觉传感器？

8）如何对近程传感器进行分类？

9）谈谈你对触觉传感器的认识。

10）定义距离传感器及其类型。

11）说明机器人中使用的以下传感器的工作原理：

① 距离传感器。

② 近程传感器。

③ 触觉传感器。

④ 磁传感器。

第 15 章

机器人末端执行器

15.1 概述

机器人的功能是与周围环境进行交互，交互的方法是通过操作实物和工具来完成特定任务，而机器人末端执行器则是计算机控制的机械臂与周围世界连接的桥梁。早期的工业机器人只是单独的一台机器，用于喷漆、点焊、拾取和放置等任务。在拾取和放置任务中，机器人也只是简单地将零件从一个位置移动到另一个位置，并没有对零件如何被拾取和放置给予更多关注。如今，机器人可以做更具挑战性的工作。例如，机器人会执行涉及组装零件或将零件装入抓手和固定装置中的任务，这些任务对机械臂和末端执行器的准确性提出了更高的要求，因为机器人及其抓手的动作决定了组装的过程是否顺利或部件是否会受损。

15.2 末端执行器

在设计机器人系统时，最重要的设计之一就是末端执行器。生产中的大多数问题都是由不良的工具设计，而并非机器人的故障造成的。

在机器人技术中，末端执行器是与机械臂末端连接的设备或工具，其基本功能是拾取、保持和运输物体并将其放置到预期位置。也就是说，机器人通过末端执行器与周围世界进行交互，完成拾取和操作零件、检查表面并对其做进一步处理的任务。因此，末端执行器是机器人应用中最重要的元件之一，也是整个工具、抓手和传感装置的一个组成部分。图 15-1 所示为末端执行器与机械臂相连接。

末端执行器不一定完全像人类的手，它可以是一个工具，如抓手、真空泵、镊子、手术刀、喷灯等，也可以是任何有助于完成任务的部件。机器人末端执行器是连接到机器人法兰（手腕）上以执行其功能的任何工具，包括机器人抓手、机器人

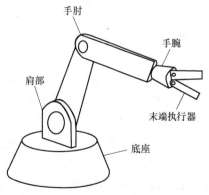

图 15-1　末端执行器与机械臂相连接

工具更换器、机器人碰撞传感器、机器人旋转关节、机器人冲压工具、柔性装置、机器喷漆枪、机器人去毛刺工具、机器人电弧焊枪等。

机器人末端执行器也称为机器人外围设备、机器人附件、机器人工具或机器人技术工具、臂末端工具（EOA）或臂末端装置。有的机器人可以更换末端执行器，且可以重新编程以执行不同的任务。机器人如果具有多个机械臂，则可以安装有多个可执行不同特定任务的末端执行器。

臂末端工具是工业机器人系统的子系统，将机器人（机械手）的机械部分与正在被处理的物件相连接。工业机器人实际上就是机械臂，底部为平坦的工具安装板，在其移动范围内可任意移动。臂末端工具是专门的拾取零件或用工具处理零件的设备，其附着在平坦的工具安装板上从而将机器人与工件相连。如图 15-2 所示，只有当末端执行器通过工具安装板连接到其机械臂时，机器人才能成为生产机器。而工具安装板是末端执行器和控制器之间的接口。

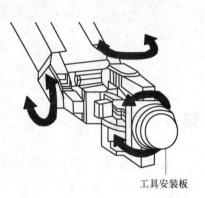

工具安装板

图 15-2 末端执行器通过工具安装板连接到其机械臂

末端执行器的结构、程序的编写及用于驱动的硬件取决于所进行的任务。例如，如果机器人用于摆放餐桌并供应餐食，那么机械手（常称为抓手）是最符合功能要求的末端执行器。另外，当机器人是用于拧紧螺母或压接线时，则可以使用相同或类似的更有力的抓手作为钳子或扳手。

15.3 末端执行器的分类

末端执行器涵盖了各种不同的工具和设备，一般可以分为两大类：
1）抓手。
2）工艺应用工具。

15.4 抓手

抓手实际上是在机器人工作范围内抓取零件并进行传输操作的末端执行器。作为机器人的一个组件，抓手用于处理从机器人中分离出来的部件，包括需要拾取的组件或者是根据编程要找到并处理的垃圾。抓手包括机械手及钩子、磁铁、抽吸设备等任何可用于握持或抓握的装置。抓手采用点对点控制（即机器人在拾取物体和放置物体之间确切的路径）。抓手应该设计成能用最小的动作就能抓取工件。抓手可用于物料搬运、机器装载和组装。大多数抓手的机械移动是由抓手手指中的气动活塞来驱动的。机器人抓手如图 15-3 所示。

抓手的类型主要有四种：
（1）无夹持 工件被夹在一个抓手（专门设计的专用夹持器）中，机器人利用此抓手进行操作。如点焊、火焰切割和钻孔。

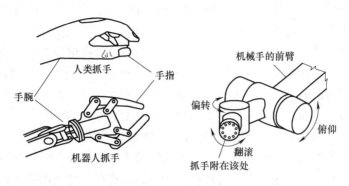

图 15-3　机器人抓手

（2）粗夹持　机器人夹持工件，但不要求非常精确。使用粗夹持的操作包括处理和浸渍铸件、清空炉膛、堆叠箱子或麻袋。

（3）精确夹　机器人夹持工件，但要求精确定位，如卸载和装载机床。

（4）装配　机器人需要装配精确定位的部件，并且要求传感反馈，使机器人能够监控和纠正其动作。

15.5　抓手的选择

通常通过检查物件的几何形状、方向、可用空间及要执行的动作来选择抓手。外部夹持是使用最广泛的类型，其中闭合力用于夹紧物件。内部夹持可以无障碍地处理零件的外表面，如抛光、研磨或喷漆。抓手的开合力用于握住零件。抓手的类型和动力源有很多，确定要使用哪种类型的机器人才是最佳选择是用户面对的重要问题。抓手的选择基于以下诸多因素：

1）动力源。

2）抓力。

3）抓取方式。

4）重量。

5）环境条件。

6）传感器性能。

7）夹片数量。

8）其他因素。

1. 动力源

抓手的动力源分为气动、液压和电动。

（1）气动抓手　此类抓手没有电机或齿轮，所以很容易将活塞/气缸系统的动力转化为抓力。目前大多数生产设备都有压缩空气，因此可以轻易地以经济高效的方式将压缩空气输送到抓手上，从而使轻巧的抓手产生巨大的夹持力，这在有限的空间条件下是非常重要的。

目前有两类主要的气动抓手：角形抓手和平行抓手，它们的主要区别在于夹片的移动方式不同，角形抓手的夹片在枢轴上摆动打开和关闭，而平行抓手的夹片在轨道上滑动打开和关闭。抓手可能有两到三个夹片，夹片的运动一般是同步的，但通过修改模型可以实现夹片的独立移动。平行抓手可以从外部也可以从内部抓持物件，其夹片由活塞直接驱动或通过凸轮或楔形机构间接驱动，前者具有更长的行程，而后者则能产生更大的抓力。

角形抓手的成本低于平行抓手，因为平行抓手需要进行更精确的机械加工和更昂贵的轴承，同时角形抓手只能从外部抓取部件。与平行抓手相比，角形抓手处理零件的尺寸有限，并且也不会消除侧向载荷。角形抓手也有优点，如其夹片可以在传入部件的过程中摇出，由于执行机构不必进行过多移动，可以节省从传送带上拾取部件的时间。

（2）液压抓手　液压抓手是气动抓手的经济型替代产品，液压抓手的主要优点是其抓取力大。当需要额外的抓取力时，就可以使用液压动力，因为液压油不像空气那样是可压缩介质，其抓取力更大。但液压抓手也有缺点，如其成本更高、与气动抓手或电动抓手相比精确度较低、不适用于在洁净室内应用、维护成本也更高。相比之下，气动抓手更环保且更常见。

（3）电动抓手　提到机器人抓手的动力源时，电力是另一个主要选择。电动抓手技术是一项相当新的技术，直到最近才具有成本效益。电动抓手适用于要求高速且需要轻度或中等握力的场合。电动抓手不会产生任何污垢或颗粒，故比气动抓手或液压抓手环保，非常适合在洁净室中操作。电动抓手的主要优点在于容易控制，而气动抓手就不太容易被控制，因为通常控制抓手的阀门处于完全打开或关闭状态。对于电动抓手来说，添加一个步进电机就能轻易地控制抓手的打开和闭合程度，如此一来，电动抓手便具有更高的灵活性，且能轻松改变握力。但电动抓手也有缺点，必须要在抓手内放置电机，所以抓手往往会较大，其作用力也比气动抓手稍小。

2. 抓力

考虑所需的抓力时会涉及许多因素，包括物体的质量、机器人对物体施加的加速度。抓手和物体之间的摩擦系数也是一个因素，而摩擦系数通常可以通过使用一种已开发的特殊橡胶基材料来增加，但由于此材料的使用寿命有限，故可能会产生维护问题。减小抓手夹持力的另一种方法是使用按部件形状设计的夹片，这样虽然会降低抓手的灵活性，但能显著增加其承载力。

3. 抓取方式

抓手包括平行和角形两种构造，这两种构造都有两个或三个夹片。平行夹片相对于抓手主体平行运动，而角形夹片沿弧形轨迹运动，且围绕中心枢轴点打开和关闭。使用哪种抓手取决于具体的应用需求。

当需要取出工具时，就可以采用角形抓手。使用角形抓手通常成本很低，但由于其有旋括作用，对于某些应用来说并不总是实用的，此外其设计也更加困难。

由于平行夹片能适用于小面积，故平行抓手可以将部件送入机器内部。在有空间约束的情况下，平行抓手比角形抓手更方便。两个夹片的平行抓手是使用最广泛的，因为只有运动轴，所以两个夹片的平行抓手更容易设计和编程。

图 15-4 所示为角形抓手和平行抓手。

抓手可以分为外部抓手和内部抓手。外部抓手用于通过夹片的闭合来握住物体的外表面，而内部抓手用于通过张开的夹片来卡住物体的内表面。图 15-5 所示为外部抓手和内部抓手。

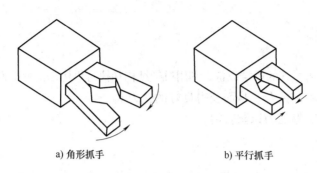

a) 角形抓手　　　　　　　　　b) 平行抓手

图 15-4　角形抓手和平行抓手

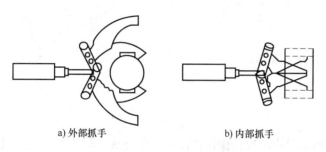

a) 外部抓手　　　　　　　　　b) 内部抓手

图 15-5　外部抓手和内部抓手

4. 重量

工业机器人需具备固定的升举能力，因此抓手和所要抓取物件的总重量很重要。即使这个重量处于机器人允许范围之内，也可能会在操作周期内增加到一个不可接受的量。机器人法兰与质心之间的距离很重要，且应尽量减小该距离。

5. 环境条件

末端执行器通常需要在恶劣的环境中工作，如在高温、灰尘或化学品存在的情况下工作，末端执行器应采用特殊设计或特殊的材料制造。

6. 传感器性能

在某些情况下，利用抓手来实现一定程度的反馈是非常必要的。这种反馈可以是插入力或夹持力的测量，也可以是近程传感器来确定抓手的夹片之间是否有东西。一些标准抓手可以提供夹片分离的反馈，但大多数抓手没有反馈。

7. 夹片数量（两片或三片夹片抓手）

在平行和角形的两片夹片抓手中，抓手为拾取零件的夹片提供两个安装点。两片夹片同时移动，朝着抓手主体的中心轴线打开或关闭。而三片夹片抓手与要夹紧的部件有更多的接触，并且在确定中心时比两片夹片抓手更准确。

8. 其他因素

其他要考虑的因素包括夹片的速度及它们可以抓取部件的尺寸范围。尽管目前大多数机械很少甚至不需要维护，但必要的维护量也很重要。在某些情况下，抓手在断电时的行为至关重要，而部分抓手（但不是全部）在断电时使用弹簧来施加夹紧力或使用单向阀以确保压力得以维持。

15.6 抓取机构

抓手是一种特殊机械臂的末端设备，利用机械结构和执行机构来拾取部件。夹片可以用来：

1) 与部件进行物理配合，从而获得良好的抓力。

2) 对部件施加足够的力以防打滑。

典型机构包括：

1) 连杆驱动。

2) 齿轮和齿条。

3) 凸轮。

4) 螺钉。

5) 绳子和滑轮。

6) 其他机械，如囊、隔膜。

15.7 工具

工具是机器人用来对物件进行操作的设备，如钻头、喷漆器、研磨机、焊枪和其他任何可以完成具体工作的工具。工具利用的是连续路径控制（末端执行器移动的路径必须要时刻精确、稳定并且能持续控制）。以喷枪为例，如果移动得过快，油漆会太薄；如果移动得过慢，油漆会过厚或形成斑点。所需求的任何工具都可以安装在机械臂的末端，且可以进行编程以在无人干预的情况下选择和更换工具。

15.8 工具的类型

有时，机器人需要操纵工具来对部件进行操作。在这种情况下，末端执行器是可以抓握和使用各种工具的抓手，并且机器人也就具有多工具使用功能。但是在大多数情况下，机器人只使用一个工具进行操作，该工具直接安装在机器人手腕上，这样一来，该工具本身就是末端执行器。一些使用的工具如下：

1) 点焊工具。

2) 弧焊工具。

3) 喷漆喷嘴。

4) 用于钻孔的旋转主轴。

5) 用于磨削的旋转主轴。

6) 去毛刺工具。

7) 气动工具。

15.9 末端工具的特点

机器人系统中的末端工具应具有以下特点：

1）末端工具能够按照生产工艺要求夹紧、提升和释放单个零件或整套零件。

2）末端工具须利用位于工具上或工作间中固定位置处的传感器检测抓手中是否存在零件。

3）末端工具的重量与被抓取零件的重量相加为最大有效载荷，所以末端工具的重量要尽可能小。

4）在工具板具有最大加速度及抓手抓力消失的情况下，必须确保抓手中的零件不掉落。

5）所选用的抓手应是符合上述四项标准的最简单的抓手。

15.10 末端工具的组成

末端工具通常由四个不同的元素组成：

1）将手或工具连接在机器人工具安装板上。

2）驱动工具移动的动力源。

3）机械联动装置。

4）集成到工具中的传感器。

1. 安装板

将机器臂末端工具连接到工业机器人的装置是工具安装板，它位于机器人最后一个运动轴线末端。该工具安装板上具有用于连接工具的螺纹孔或间隙孔。对于需要固定安装的抓手或工具，可以使用具有与机器人工具安装板相匹配的带孔适配器板，该适配器板预留了抓手或工具的安装位置，且与机器人工具安装板保持适当的距离和方向。如果机器人要执行的任务要求自动切换抓手或工具，则适配器板可安装耦合装置。该耦合装置固定在适配器板上，可以实现每一个连接到适配器板上的抓手或工具的切换。耦合装置还包含抓手或工具的电源，并在切换时自动连接电源。

2. 动力源

驱动工具移动的可以是气动、液压或电动动力装置，或者工具不需要动力装置，如钩子或勺子。一般来说，应尽可能地使用气动动力装置，因为其安装和维护方便、成本低、重量轻。当工具移动中需要更大的力时，则可选择高压液压动力装置。然而，由于液压流体泄漏会使部件受到污染，将其作为工具的动力源来使用有一定的限制。尽管电动动力装置更安静，但由于其所提供的力较小，尤其是在部件搬运中，电动动力装置很少用来为工具提供动力。由于可控性较好，许多轻负载装配机器人将其作为工具动力装置。在将机器人与臂末端工具进行连接时，应考虑随之而来的机器人动力源。一些机器人（特别是零件搬运机器人）有专用于工具的动力源，起动工具十分容易。

3. 机械联动装置

机器人工具可以设计成与执行器和工件直接连接。以气缸为例，它可以使钻头穿过工件，也可以使用间接联轴器获得机械优势，如枢轴式夹紧装置。抓手还可以安装可交换的夹片，以匹配不同的零件配置。反过来，夹片也可安装在不同的抓手上，以匹配不同的零件配置。

4. 传感器

传感器集成在工具中，用来检测各种情况。出于安全考虑，传感器一般被集成在工具中，以检测运行期间机器人对工件或工具的保持情况。传感器也安装在工具中以监测工作过程中工件或工具的状况。以安装在钻头上的转矩传感器为例，其可以检测钻头何时断裂。传感器也用于验证工作是否圆满完成，如电弧焊炬中的送丝检测器和分配头中的流量计。最近，专门为装配任务设计的机器人在臂末端工具中就安装了力传感器（应变仪）和尺寸传感器。这里所说的工具是实际执行任务的设备，如胶枪、钻头、焊枪、电弧焊枪、喷枪、自动螺钉旋具。

15.11 抓手类型

机器人末端执行器包括所有简单的双指抓手和真空配件及复杂的多指抓手。抓手分为：

1）被动抓手。

2）主动抓手。

1. 被动抓手

目前所使用的大多数末端执行器都是被动的，即其模仿的是人类抓握重物或工具的方式，而不是用夹片来操作。但被动末端执行器会配备传感器，这些传感器所采集的信息可以用于控制机械臂。被动抓手可以抓住部件，但不能对部件进行操作或主动控制抓握力。被动抓手包括：

（1）非抓握式的末端执行器 这种末端执行器之所以被称为非抓握式，是因为它们既不包围部件，也不对它们施加握力，如真空末端执行器、电磁末端执行器和伯努利效应末端执行器。

（2）包裹式末端执行器 这种末端执行器的握持方式与人握住重锤的方式相同。在这种情况下，人类使用包裹式抓握，其中手指包围着部件并几乎保持均匀的压力，以尽可能地使用摩擦力，如刀片和连杆。

（3）捏式末端执行器 这种末端执行器包括常见的双指抓手，此抓手在两片夹片之间有很大的"捏"力，就像人在开锁时抓住钥匙一样。大多数此类抓手在销售时并不会附带夹片，因为夹片是设计中最具特色的部件。夹片设计与组件的尺寸、形状（如圆柱形部件的平面或 V 形槽）和材料（如橡胶或塑料可以避免损坏易碎物体）相匹配。捏式末端执行器包括两个或三片夹片，移动方式为平行或角形，夹片样式有平面、V 形等。双指末端执行器通常使用单个气缸或电动机来同时操作两个手指，所以会将部件抓在中间。

2. 主动抓手

主动抓手包括在实验室和远程操作应用中发现的主动伺服抓手和灵巧的机械手，其区别在于夹片的数量和关节的数量或每片夹片的自由度不同。伺服控制末端执行器有利于完成精确的移动任务，与机械臂相比，其夹片小而轻，这就使得伺服控制末端执行器可以快速精确地移动。伺服控制末端执行器的运动范围也很小，因此能实现精确的位置定位和速度测量。当夹片安装诸如应变仪等力传感器时，夹片就可以进行力感测和控制，其精度通常高于机械手腕或关节安装的传感器。伺服抓手也可以进行编程来控制未抓握部件的位置或调节抓握部件的位置。伺服控制的末端执行器的传感器还为机器人编程提供有用的信息。如位置传感器可用于测量抓握部件的宽度，从而检查是否已抓住正确的部件；力传感器可用于称量抓取的物体和监测与任务相关的力。对于大多数工业应用而言，必定会设计机械手或末端执行器来执行特定的工作。因此，当机器人改变任务时，就需要一个新的抓手。以下是一些常用的抓手：

1）夹片抓手。

2）依靠摩擦力或抓手的物理结构来握住物体的机械抓手。

3）用于平面物体的吸盘或真空杯。

4）用于铁质物体的磁性抓手装置。

15.12　夹片抓手

最常用的抓手就是夹片抓手，其通常具有两片相对的夹片或三片夹片，如车床卡盘。夹片被一起驱动，因此一旦抓住部件，都将处于抓手中间，这就使得处在抓取点处的部件的位置更为灵活。如图 15-6 所示，两片夹片抓手可以进一步分为平行运动或角形运动夹片。

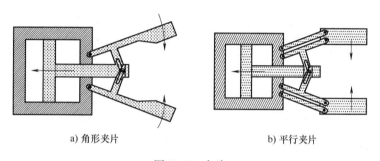

a) 角形夹片　　　　　　　　　　　　b) 平行夹片

图 15-6　夹片

（1）两片气动夹片　如图 15-7 所示，当气缸动作时，夹片为打开或关闭状态，而增加连杆有助于增加其夹持力。

（2）双指内夹抓手　如图 15-8 所示，当气缸动作时，夹片会向外移动。

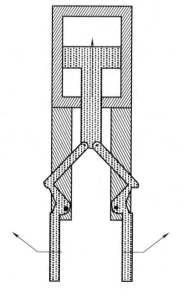

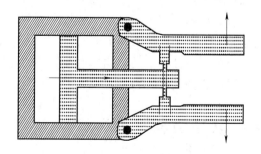

图 15-7　两片气动夹片　　　　　　　图 15-8　双指内夹抓手

图 15-9 所示为带有两片、三片和多片夹片的抓手。

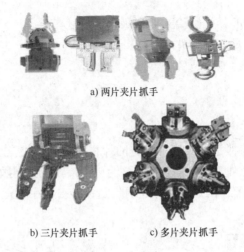

a) 两片夹片抓手

b) 三片夹片抓手　　　　c) 多片夹片抓手

图 15-9　抓手类型

15. 13　机械抓手

我们可以将机械抓手视为机器人的手。机械抓手通过由机械装置驱动的机械夹片来抓取物体。一般机器人的手只有两片或三片夹片，其在拾取物件时依靠摩擦力来固定物件。抓手和物体之间的摩擦力取决于两方面：一是表面类型，是金属对金属，还是橡胶对金属，是光滑的表面，还是粗糙的表面；二是抓手和物件之间的力。

抓手有不同的驱动原理，如气动、电动、机械或液压，而某些类型的夹片还可以拆卸。在大多数情况下，两片夹片足以抓握物件并能很好地保持这种状态，其主要问题在于抓手抓握物件时要克服重力。解决方案之一是施加与提升所需的力相反的力，二是考虑物理收缩和摩擦方法。第一种方法是将夹片的接触表面设计得跟部件的几何形状近似；第二种方法是夹片提供足够大的摩擦力以抵消重力，从而可以抓握部件。考虑到夹片的设计因素，第二种方法通常成本更低。

机械抓手一般会配有由聚氨酯制成的垫片，此垫片能提供更大的摩擦力，且不太可能会损坏物件。抓手闭合时，聚氨酯制成的垫片将与物件表面所有部分接触，故能实现更好的抓握。机械抓手可根据具体目的进行设计和制造，并根据物体的大小进行调整，也可以有双重抓手。双重抓手对机器人来说十分有利，可以提高生产率。双重抓手可以用于当机器有两个工位时，单个机器人在单次操作中装载两个零件的场合，也可用于一个机器人的生产周期太长而无法跟上另一个机器人的生产的场合。一些机械抓手包含三片可移动夹片，这些夹片能同时移动以抓住零件或工具。此抓手在处理圆柱形部件时特别有用，因为三点接触中心位于其中心线不同直径的零件周围。

15. 14　真空吸盘

真空吸盘分为两类：

1）可以提供真空的设备。真空可以由真空泵或压缩空气来提供。

2）带有柔性吸盘的设备。吸盘吸在物件上，当压缩空气进入吸盘时就可以释放物件。

吸盘的优点在于即使停电，它仍然可以工作，使物件不会掉落。吸盘的缺点是只能在干净、光滑的表面上工作。吸盘由橡胶类材料（如硅胶、氯丁橡胶）制成。通过使用适当的材料和合理的设计，吸盘可在高达 200℃ 的环境中工作。抓手（吸盘）的数量决定了被抓物件的大小和重量。真空吸盘如图 15-10 所示。

真空吸盘的优点：

1）只需要零件的一个表面即可抓取。

2）压力均匀地分布在某个区域，而不是集中在一个点上。

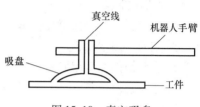

图 15-10　真空吸盘

3）抓手质量小。

4）可以使用许多不同的材料。

5）没有易碎物件被摔碎的危险。

真空吸盘的缺点：

1）最大的吸力受到吸盘尺寸的限制。

2）定位可能不准确。

3）需要一定的时间来达到真空状态。

4）机器人系统必须包括某种形式的空气泵，故可能会有噪声污染。

15.15　磁力抓手

当物件含铁时，可以考虑使用磁力抓手。其原理与真空抓手相同，只是用磁力抓手取代吸盘。该抓手的优点是可以快速处理带孔的金属部件。为了使抓握效果最好，磁铁需要完全贴合待抓取金属的表面，任何间隙都会减小磁力，因此磁力抓手最适合平坦的金属物件。如果磁力足够大，磁力抓手可以抓取形状不规则的物件，但多数情况下，磁铁的形状需与物件的形状相匹配。磁力抓手如图 15-11 所示。

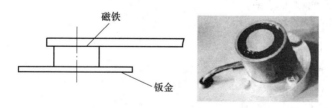

图 15-11　磁力抓手

温度对磁力抓手的影响很大。永磁铁在过热时往往会消磁，因此长时间接触热的工件可能会使其失效。热对磁铁的影响取决于其与热部件所接触的时间，大多数磁性材料在 100℃ 左右时基本不受影响。磁力抓手与其他抓手的区别在于，关闭时几乎不会残余磁性电荷，因此物件会被立即释放。且磁力抓手虽然尺寸较小，但仍拥有巨大的抓握力。

可以使用通过直流电流控制的电磁铁来代替磁力抓手，但使用电磁铁时电源一旦发生故障就将导致部件立即掉落，这样可能会产生危险。虽然电磁铁更容易控制，可更快地拾取和释放零件，但永磁铁仍可以用在需要防爆电气设备的危险环境中，以及在电源关闭时失去所有磁力的环境中。此外，永磁铁也可用于充满爆炸性气体，且电气设备产生的火花会引起危险的场合。

磁力抓手的优点：

1）可以适应零件尺寸的变化，且抓手不必为一个特定的物件而设计。

2）能够处理带孔的金属部件。

3）拾取时间非常短。

4）只需要一个表面就能抓取。

磁力抓手的缺点：

1）会在物件上残留剩磁。

2）可能会发生侧滑。

3）无法从一堆铁片中抓取一个铁片。

练 习

1）结合图形来解释末端执行器的工作原理，并举例说明其重要应用。

2）机器人末端执行器如何分类？

3）列出机器人上使用的不同末端执行器。

4）机器人使用的抓手有哪些类型？

5）说明不同的末端执行器的结构。

6）说明机器人及其应用中使用的不同类型的末端执行器。

7）末端执行器的定义是什么？

8）讨论任意三种末端执行器的工作原理。

9）手臂末端工具有什么特点？

10）简要解释手臂末端工具的要素。

11）讨论选择抓手时要考虑的各种因素。

12）借助图形说明以下抓手：

① 两片夹片抓手。

② 内部抓手和外部抓手。

③ 角形抓手和平行抓手。

13）区分磁力抓手和真空抓手。

14）列出真空抓手的优点和缺点。

15）磁力抓手有哪些优点和缺点？

16）说明用于不同场合的末端执行器的结构。描述机器人的简单伺服控制系统。

17）用草图解释以下内容：

① 磁力抓手。

② 真空抓手。

③ 机械抓手。

第 16 章

机器人编程

16.1　概述

随着传感器、智能化技术和低成本组件的发展，机器人变得更加强大。因此，机器人也逐渐从受控的工业环境进入到不受控的服务环境，如家庭、医院及送货、娱乐等各种服务业的工作场所。由于机器人与非专业人员的接触变得更频繁，这要求机器人必须易于编程及便于管理。机器人系统的灵活性在于是否易编程控制，故机器人的编程方式是所有用户关注的焦点。如果编程难度太大，那么性能良好的机械臂可能不会得到充分利用。早期的机器人编程相对容易，因为只需引导机器人按顺序完成规定的工作即可。为了能执行程序集中的完整任务，必须引入机器人编程语言。虽然机器人编程语言的引入代表着工业机器人领域的重大突破，但目前可用的语言使用性低，程序员必须非常精确地定义所有的运动。此外，机器人编程与计算机编程大有不同。

16.2　机器人编程

机器人程序是指操作器可以遵循的空间路径，以及支持其进行工作循环的外围动作。机器人可以在存储程序的控制下执行复杂的任务，这些程序可以随意修改。机器人编程的过程包括教授机器人待执行的任务、存储程序、执行程序和调试程序。机器人编程类似于实时编程，因为程序必须是中断驱动的，并考虑有限的资源。机器人程序或简单或复杂。简单的机器人程序会对预期的事件预先编制一组响应，如一旦机器人被击中，它就会朝特定方向移动。复杂的机器人程序可以从先前的事件和行为中学习知识并预测接下来发生的事情。例如，程序使机器人遇到障碍物时向左移动，它始终沿此方向移动。此外，机器人可能会根据编程记住哪个方向障碍最少，并朝这个方向移动。这种学习方法在机器人程序中比实时程序更有可能实现。外围动作包括打开和关闭抓手、执行逻辑决策及与机器人单元中的其他设备进行通信。

16.3　机器人编程技术

目前的机器人编程技术有很多种。机器人编程的主要任务是控制机器人的行动和操作器的动作。通过将编程命令输入控制器存储器内进行机器人编程。输入命令的方法有：

1）在线编程。

2）示教编程。

3）演练编程。

4）离线编程。

5）任务级编程。

16.4 在线编程

在线编程在生产现场进行，与工作间相关。在线编程（图 16-1）系统使用教导盒教导机器人运动，受过训练的人员能够通过按钮或开关激活教导盒，以物理方式引导机器人完成一系列动作。将位置数据和功能信息"教"给机器人，并以此编写新程序，这些数据存储在教导盒的存储器中，然后传送到机器人控制器。教导盒可以是进行程序编写的唯一设备，也可以与其他编程控制台或机器人控制器一起使用。使用这种教导或编程技术时，执行教导功能的人员会进入机器人的工作范围内，因此操作性保护设备须停用。教导盒型号的具体选择取决于其应用场合。如果目标仅仅是监控和控制一个机器人，那么只需一个简单的控制盒式教导盒即可。如果需要更多的功能，如要求现场编程，则应使用更复杂的教导盒。

图 16-1　在线编程

当任务很简单并且可以在现场进行修改或调整时，在线编程是最简便的编程方法。从安全角度考虑，程序员进入机器人的工作范围之内时，即编程期间必须停机。

在线编程的优点：

1）便于访问。

2）编写的程序不会使机器人产生位置上的偏差。

在线编程的缺点：

1）编程阶段机器人不能用于生产。

2）编程时机器人运动缓慢。

3）编程过程耗时长。

4）难以对程序逻辑和计算进行编程。

5）编程时需要暂停生产。

6）成本较高。

7）不能适应灵活的制造系统，效率低。

教导盒（手动控制器）具有以下主要功能：

1）作为启动和监控操作的主要控制器。

2）在教导定位时指导机器人或运动设备。

3）支持应用程序。

图 16-2 所示的教导盒可以与机器人或运动设备一起使用，主要用于教导机器人定位以用于应用程序。教导盒还可采用"教导程序"的自定义应用程序，该自定义应用程序可在指定点暂停教导过程，以便操作员能教导或重新教导机器人的定位程序。目前有两种类型的教导盒：一是程序员教导盒，在程序编写和调试时使用；二是操作员教导盒，在正常系统操作期间使用。

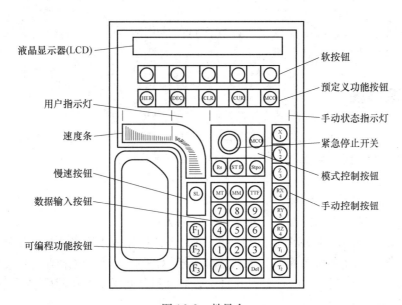

图 16-2　教导盒

操作员教导盒上有一个手动开关，它与控制器的远程紧急停止电路相连接，无论何时按下此开关，机械手电源都会从运动装置上移除。要操作教导盒，左手放入教导盒左侧的开口，以便左手拇指操作教导盒速度条，同时右手操作其他的功能按钮。

教导盒的主要构成：

1）液晶显示器（LCD）。

2）数据输入按钮。数据输入按钮用于输入数据，通常用于响应教导盒显示屏上出现的提示。数据输入按钮包括 YES/NO、Del、数字按钮、小数点和 REC/DONE 按钮，其中 REC/DONE 按钮的功能类似于普通键盘上的 Return 或 Enter 键。在大多数情况下，应用程序让用户按下 REC/DONE 按钮表示其已完成任务。

3）紧急停止开关。紧急停止开关可用于立即停止程序并切断机械臂电源。

4）用户指示灯。当用户指示灯不亮且没有使用预定义功能时，就表示教导盒处于后台模式。只要程序正在使用教导盒，用户指示灯就会点亮。

5）模式控制按钮。模式控制按钮可用于改变机器人控制的状态，在教导盒和应用程序之间切换控制，并在必要时启用机械臂电源。

6）手动控制按钮。当教导盒处于手动模式时，利用这些手动控制按钮就可以控制机器人关节的移动，或者控制机器人沿着指定坐标轴移动。

7）手动状态指示灯。手动状态指示灯会显示当前选择的手动运动的类型。

8）速度条。速度条用于控制机器人的速度和方向，按下靠近外端的速度条会使机器人移动加快，而按下靠近中心的速度条会使机器人移动减慢。

9）慢速按钮。利用慢速按钮可以在速度条的两个不同速度范围之间进行选择。

10）预定义功能按钮。预定义功能按钮具有特定的、系统范围内的功能，如坐标的显示、错误清除等。

11）可编程功能按钮。可编程功能按钮用于自定义应用程序，其功能取决于正在运行的程序。

12）软按钮。软按钮的功能取决于正在运行的应用程序，或根据预定义的功能按钮有不同的选择。

16.5 示教编程

示教编程要求操作员在教导过程中移动机械臂走过期望的运动路径，从而将程序输入控制器存储器中以便重现。有以下两种方法执行示教教导程序：

1）有源示教。

2）手动示教。

两者之间的区别在于机械臂在运动循环中的移动方式。

有源示教通常是利用点对点式控制法对过程再现式机器人进行编程，包括使用具有拨动开关或按钮的教导盒（手持控制器）来控制机械臂关节的运动。按下拨动开关或按钮，编程器将机械臂依次驱动到所需的位置，并将位置记录到存储器中，在随后的再现过程中，机器人能自己运动到之前的一系列位置。

手动示教对于过程再现式机器人的连续路径控制编程十分方便，其中连续路径是类似喷涂的不规则运动轨迹。这种编程方法要求操作员能抓住机械臂的末端或附着在机械臂上的工具，手动地使机械臂按运动路径移动，将路径记录在存储器中。由于机械臂本身具有相当大的质量而难以移动，通常会采用特殊的编程设备来替换实际的教导机器人。这种编程设备有着与机器人类似的关节配置，并且配备了触发器手柄（或其他控制开关），当程序员希望将动作记录到存储器时，只需拨动该触发器手柄（或其他控制开关）即可，运动路径被记录为一系列紧密间隔的点。在再现过程中，通过相同序列的点来控制实际的机械臂，实现路径的重现。

有源示教是目前业界最常用的编程方法。

有源示教的优点是易于编程，用户可以随时学习，不需要丰富的编程经验。

有源示教的缺点：

1）会中断生产。

2）教导盒中能够用于编程的决策逻辑数量有限。

3）在工厂中没有与其他计算机子系统连接的接口。

16.6 演练编程

如图 16-3 所示，在演练编程中，教导员会引导机器人移动（"走路"）至工作区域内的所需位置。在此期间，机器人的控制器可以按固定时间间隔扫描和存储坐标值，这些值和其他功能信息可以在自动模式下再现，但移动速度可能与演练时不同。

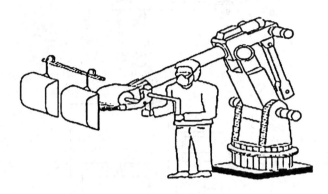

图 16-3　演练编程

　　演练编程利用手柄上的触发器来移动机器人，当触发器被按下时，控制器会记住该位置；当执行程序时，控制器便会驱动机器人在这些位置之间移动。演练编程要求教导员进入机器人的工作范围内，且要求当控制器处于位置传感器工作范围内时须开启控制器电源，还可能要求关闭保护装置。教导员与机械臂有物理接触，故需获得控制权，以便使机械臂在工作范围内走过所需位置。进行演练编程时，由于安全保护装置已停用或无法使用，进行教导的人员处于有潜在危险的环境中。该演练方法适用于喷涂和焊接机器人。

16.7　离线编程

　　如图 16-4 所示，离线编程是在远离机器人的计算机上完成的，是利用仿真软件生成数据，然后将数据发送到机器人的控制器并转换成指令。此外，该软件还包含建模数据，可为特定应用选择最佳的机器人配置。这种编程方法的优点是，机器人在处于上一个任务的生产状态时就可以完成编程，故机器人的生产时间不会因向机器人教导新任务而减少，这样就可确保机器人的利用率更高。

离线编程的优点：

1）可以使用最先进的调试设备对程序逻辑和计算进行有效编程。

2）位置是根据模型构建的，这就意味着程序员必须在线微调程序或使用传感器。

3）可对位置进行有效的编程。

4）可通过仿真和可视化方法来验证程序。

5）可利用适当程序的仿真模型做好记录。

6）可重复使用现有的 CAD 数据。

7）编程时可以继续生产。

8）编程过程中可以使用其他工具，如可选择焊接工具。

离线编程的缺点：

1）离线编程系统的成本较高。

2）培训耗时耗力。

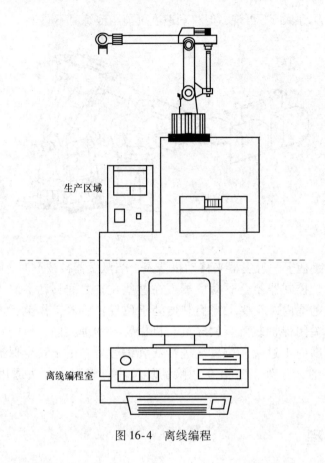

生产区域

离线编程室

图 16-4　离线编程

16.8　任务级编程

　　任务级编程需要设置物件的目标位置，而不需要实现目标所需的机器人动作。任务级别规范应该是完全独立于机器人的，且用户不需要规定由机器人几何形状确定的位置或路径。任务级编程系统同时需要完整的环境和机器人几何模型作为输入。

　　在任务级编程语言中，机器人的动作根据对物体的效果来确定。例如，当用户要求零件应放置在托盘中，而不要求执行插入动作所需的操作器动作序列时，任务计划员会将任务级别规范转化为机器人级别规范。

16.9　运动编程

　　如今，要使机器人语言用于运动编程，就需要结合文本语句和示教技术。因此，运动编程方法有时被称为在线/离线编程。文本语句用于描述运动，而示教技术用于确定运动过程中和运动结束时机器人的位置和方向。

　　示教技术是一种通过自然的方式将运动命令编程到机器人控制器中的技术。在手动示教中，操作人员只需移动机械臂走过所需的路径即可创建程序。而在有源示教中，操作人员需使用教导盒来驱动操作器。教导盒为每个关节配备一个拨动开关或一对接触按钮，通过适当拨动这些开关或按钮，程序控制器可以将操作器移动到工作区中的所需位置。

通过使用教导盒控制各个关节来向机器人输入动作命令会很不方便。例如，难以通过控制一个机械臂的各个关节来驱动机械臂末端做直线运动。因此，除了单独的关节控制之外，许多使用有源示教的机器人还提供了两种在编程期间控制操作器移动的方法，一是世界坐标系法，二是工具坐标系法，这两个坐标系都采用笛卡儿坐标。通过这两种方法，程序控制器可以控制机器人的手臂末端做直线运动。在世界坐标系中，原点和坐标系是根据相对于机器人基座的某个固定位置来定义的；在工具坐标系中，坐标系的校准是根据相对于手腕面板（连接末端执行器）的方向来确定的。通过这种方式，程序员可以以预期的方式校准工具，然后控制机器人在与工具平行或垂直的方向上进行线性移动。

机器人的速度通过教导盒和主控制面板上的刻度盘或其他输入设备来进行控制。程序中某些部分需高速运行（如在工作单元内需长距离移动的部分），而某些部分需低速运行（如在放置物件时需要高精度移动）。速度控制可以使指定程序在试运行时以安全的低速度运行，但在生产过程中会高速运行。

16.10　机器人编程语言概述

几乎所有的机器人都采用机器人编程语言进行编程，这些编程语言用于命令机器人移动到指定位置、信号输出和读取输入。编程语言赋予机器人灵活性，并允许机器人对环境（通过使用传感器）做出反应和决定。机器人编程语言分为以下三类：

1）专用机器人语言。这种语言是专门为机器人开发的，其中大部分的命令是运动命令，只有少量的逻辑语句。大多数早期机器人语言都属于这种语言，很多此类语言即使是今天仍然在使用，如 VAL 语言。

2）机器人新通用语言库。这种语言的创建分为两步，首先创建一种新的通用编程语言，然后在其中添加机器人特定的命令。这种语言通常比专用机器人语言更加实用，因为它们具有更好的逻辑测试功能，Karel 语言便是其中一种。

3）机器人现有计算机语言库。这种语言是通过扩展普及的计算机编程语言而发展起来的，所以这种语言与传统计算机编程语言非常相似，并且集合了目前普遍使用的编程语言的优点。如机器人脚本。

一般来说，所有的机器人程序都有三种基本的操作模式，分别是：

1）监控模式。在这种模式下，用户可以自定义程序中要使用的各种位置，这些位置将通过教导盒进行教授，并存储在存储器中以供程序使用。

2）编辑器模式。用户在此模式下可以编写新程序，编辑现有程序，也可以进行语法检查。

3）运行模式。这是机器人实际执行程序的模式，机器人在该模式下进行一系列运动。

1. 标准机器人语言的要求

由于开发机器人语言的方法不同，出现了许多不同类型的语言。目前，没有既定的机器人语言标准，每个机器人制造商都开发了自己的语言，而每种语言都有自己的语法和数据结构。某些工厂的机器人往往来自多个制造商，因此这些控制系统上运行着多种语言，这要求机器人程序员精通多种机器人语言，或者要求机器人程序员专注于某些机器人语言。鉴于此，亟须一种可用于任何类型机器人的通用语言。而开发一种新的机器人编程语言，需要认识到现有语言的不足，确定对新语言的要求。

随着机器人的工作间变得越来越复杂，机器人能执行更复杂的动作并与更多的传感器和其他外围设备进行交互。机器人经常需要确定哪个工件要离开生产线，然后选择合适的程序来运行。现有的机器人编程语言，尤其是专用语言，对子程序的使用和逻辑测试的能力有限，且早期的控制器没有足够的存储器容量来容纳这样的大型程序。

在机器人控制器上运行程序之前，用户需要先利用机器人语言编译程序。编译程序是将源代码转换为机器可读的形式，这么做通常是为了提高程序运行的速度，因为程序已经以最简单的形式供计算机读取。另一方面，在程序运行时，解释器快速将源代码转换为计算机可读代码，这样做一般会耗费大量的计算时间。在机器人的早期发展阶段，由于处理器的速度不足以对程序进行解析，必须进行编译。尽管目前许多计算机能够对程序进行解析，但诸多机器人控制器仍然需要在运行之前编译程序。

2. 机器人语言

语言是一种交流系统，通常与人的口语相关，其以任意的符号系统为基础，最重要的特征是能够产生信息。在计算机中，可执行的控制程序由一系列机器语言命令组成。机器语言命令由数字代码组成，其中包含命令的类型及信息的源地址和目的地址。目前已经开发了几种高级编程语言，使得编程相对容易，此高级编程语言能使开发人员使用单词和名称而非数字和地址进行编程。在使用高级控制程序之前，要利用各语言的编译器将其编译为机器语言代码。

不同的语言有不同的目标，适用于不同的目的。例如，MATLAB 作为一种数学语言，它的开发用来解决数学问题，虽然其内置强大的数学分析功能，但并不适合对机器人进行实时控制；HTML 是描述信息如何出现在 Web 浏览器中的标记语言，但它不适合解决数学问题。编程语言中的一些基本命令是：

1）运动和感应功能（如 MOVE、MONITOR）。

2）计算功能（如 ADD、SORT）。

3）程序流程控制功能（如 RETURN、BRANCH）。

3. 机器人语言的分类

机械设置、点对点路径记录和任务引导等不是基于单词编程的方法，而是最早的机器人训练方法。目前用于机器人编程的一些高级计算机语言有 Wave、AL、ACL、AML、APT、ARCL、ZDRL、HELP、Karel、CAP 1、MML、RIPL、MCL、RAIL、RPL、ARMBASIC、Androtext、VAL、IBL 和梯形逻辑图。

（1）Wave Wave 是机器人编程的第一门高级语言，由斯坦福人工实验室于 1973 年开发。

（2）AL AL（Arm Language）高级编程语言由斯坦福大学机器人研究中心开发。

（3）ACL ACL（Advanced Command Language）是一种拥有人性化会话命令环境的机器人语言。Yaskawa 机器人使用的就是这种语言。

（4）AML AML 是一种用于控制 IBM 生产的机器人的编程语言。AML 旨在提供一种能支持所有相关高级编程语言的完整计算机语言。

（5）APT APT（Automatically Programmed Tool）语言是一种处理运动的计算机语言，

由麻省理工学院电子系统实验室于 1956 年开发。

（6）ARCL ARCL（A Robot Control Language）是一种基于帕斯卡语法的编译语言。它是一种在可运行代码准备好下载并在机器人运行之前，需要在已开发的交叉编译器中进行三次传递的复杂语言。这种语言有一种类似于帕斯卡的语法，有监测控制和运动控制指令。一个 ARCL 语言命令的例子是输入以下代码：MOVA（GRIP，HI，CONT，MED），就可以打开机器人的抓手。ARCL 是为教育类型的机器人而设计的语言，因为其强调基于传感器的编程，而不是对运动轨迹的规划。

（7）ZDRL ZDRL（Zhe Da Robot Language）是一种以动作为导向的机器人语言，也是一种解释系统，由系统命令和程序指令组成，其中系统命令用于使系统准备好运行用户编写的程序。ZDRL 包含 32 个系统命令和 37 个程序指令，并包含程序编辑、文件管理、位置数据教导、程序执行和程序调试的功能。

（8）HELP HELP 是一种高级编程语言，用于通用电气生产的 Allegro 装配机器人。

（9）Karel Karel、Karel 2 和 Karel 3 是 FANUC 公司机器人控制器所使用的机器人控制语言。

（10）CAP 1 CAP 1（Conversational Auto Programming 1）机器人语言用于 FANUC 32-18-T 机器人控制器。

（11）MML MML 是由加州大学开发的基于模型的移动机器人语言。MML 是一种高级离线编程语言，包含高级传感器、几何模型描述和路径规划等功能。该语言包含了一个重要的慢速函数和快速函数的概念，故其架构对于机器人的实时控制至关重要，其中慢速函数意味着按顺序运行，而快速函数会立即运行。另外一个重要的概念是源姿态和当前姿态的分离，这有利于实现对运动进行精确而平滑的控制和动态姿态校正。

（12）RIPL RIPL（Robot Independent Programming Language）是基于以对象为导向的机器人独立编程环境（RIPE）而开发的。RIPE 的计算架构包括分层多处理器结构，采用分布式通用处理器和专用处理器。这种结构能够实时控制各种复杂的子系统，同时保障子系统之间进行可靠通信。

（13）MCL MCL（Manufacturing Control Language），由麦克唐纳-道格拉斯公司为美国空军的 ICAM 项目开发。

（14）RAIL RAIL 是一种由 Automatix 开发的适用于机器人和视觉系统的高级编程语言。

（15）RPL RPL 是由 SRI 开发的一种高级编程语言，用于构造自动化制造系统。

（16）ARMBASIC ARMBASIC 是计算机语言 BASIC 的延伸，用于 Microbot Mini-Mover 5 教育机器人。

（17）Androtext Androtext 是由 Robotronic 公司开发的一种能够更容易地指挥机器人的高级计算机语言。

（18）VAL VAL（Victor's Assembly Language）是指 Victor 汇编语言。VAL 是为机器人的 PUMA 系列开发的类似于 BASIC 的高级编程语言，拥有一套完整的可用于编辑机器人程序的词汇。

（19）IBL IBL（Instruction Based Learning）是一种使用自然语言训练机器人的方法。IBL 所使用的是无约束语言和学习型机器人系统。机器人配备了一套原始的传感器-电动机程序，如左转或沿道路行驶等可被视为执行级命令语言。用户的语言指令会被转换成一个新的程序，这样，机器人可以通过新程序来学习越来越复杂的过程。正是因为有这个过程，机器人能够执行更复杂的任务。由于在人机通信中总是有出现错误的可能，所以 IBL 会验证所学习的子任务是否可执行，如果不能执行，则需要用户提供更多的信息。

（20）梯形逻辑图　梯形逻辑图是一种电工常用的编程语言，它非常类似于在洗碗机和洗衣机的内盖或门上出现的继电器逻辑程序。没有控制器或可编程逻辑控制器的机器人是唯一使用梯形逻辑图进行编程的机器人。

16.11　使用 VAL 进行机器人编程的示例

VAL 语言是为了 Unimation 公司的工业机器人而发明的，属于一种最先进的商业语言。VAL 全称为 Victor's Assembly Language，是一种离线语言，其中定义运动序列的程序可以进行离线开发，但工作周期中使用的各个点位置都可十分方便地通过示教来定义。为了演示 VAL 语言，假设机器人必须从滑槽中拾取零件并将它们放置在有次序的盒子中。可能的运动顺序如下：

1）移动到滑槽中零件上方的位置。

2）移动至零件处。

3）合上抓手夹片。

4）从滑槽中拾取零件。

5）将零件携带到盒子上方的某个位置。

6）将零件放入盒子中。

7）打开抓手。

8）离开盒子。

相应的 VAL 程序如下：

EDIT DEMO. 1

·PROGRAM DEMO. 1

1. ? APPRO PART, 50 @

2. ? MOVES PART @

3. ? CLOSE I @

4. ? DEPARTS 150@

5. ? APPROS BOX, 200@

6. ? MOVE BOX@

7. ? OPEN I @

8. ? DEPART@

上述程序每一行的确切含义是：

1）移动到距滑槽中零件上方 50mm 的位置。

2）沿直线移动接近零件。

3）合上抓手。

4）从滑槽中取出零件，沿直线路径移动 150mm。

5）沿直线移动到距盒子上方 200mm 的位置。

6）将零件放入盒子中。

7）打开抓手。

8）从盒子里撤出 75mm。

程序运行时，机器人会依次执行任务描述中的步骤。

大多数关节型机器人通过存储在存储器中的一系列位置，并在编程的不同时间移动到这些位置来执行任务。例如，要将物品从一个位置移动到另一个位置，机器人可能有这样一个简单的程序：

定义点 P1 ~ P5：

1. Safely above workpiece

2. 20 cm above bin A

3. At position to take part from bin A

4. 20 cm above bin B

5. At position to take part from bin B

定义程序：

Move to P1

Move to P2

Move to P3

Close gripper

Move to P4

Move to P5

Open gripper

Move to P1 and finish

对于特定的机器人，定位机器人末端执行器（抓手、焊炬等）的过程中所需的唯一参数是每个关节的角度。但是根据具体任务的不同，可以通过多种方法来定义机器人移动的点，有些方法可能更有效。

练　习

1）列举一些用于机器人编程的编程语言。

2）说明如何使用教导盒进行机器人编程。

3）区分任意四种机器人编程语言，并说明编程语言的重点要求。

4）机器人教导盒编程的含义是什么？

5）什么是教导盒？

6）给出三种机器人编程的方法。

7）举一个机器人程序的例子。

8）列出三种机器人编程语言的名称。

9）什么是任务级编程？

10）讨论不同类型的机器人语言。

11）比较机器人的在线编程和离线编程。

12）讨论机器人编程中的示教编程技术。

13）列出至少四种用于机器人编程的语言。

14）对机器人编程语言中可用的编程语言、编程语言需要的特点及指令的分类做详细说明。

15）解释以下内容：

① 手动编程。

② 示教编程。

第 17 章

机器人的应用

17.1 概述

目前，机器人的应用比大众所了解到的更为广泛。虽然工业机器人是重点发展的机器人，但机器人不仅仅用于工厂，几乎所有行业的所有规模的公司都在重新审视机器人，期望利用这种强大的技术来解决制造难题。在商务办公室等地方，机器人可用作邮递车、促销和展示机器人、实验室助理、医院护理员和洗窗器。总体而言，工业机器人适合做人类不擅长的肮脏、枯燥、危险或困难的工作。

机器人广泛应用于工业领域。1961 年，工业机器人首次应用于商业，当时利用机器人来装卸压铸机，对于人类来说，这并不是一项轻松的任务。许多机器人应用于高度危险或不适合人类出现的地方，如焊接、喷漆和铸造作业，其中最早的应用是材料转运、点焊和喷漆。机器人最初应用于高温、繁重和危险的工作，如压铸、锻造和点焊。使用机器人的原因有：

1）成本更低。机器人执行任务时比人力更经济。

2）生产率更高。相比于人工，机器人不仅成本更低，而且生产率更高。生产率高是由于机器人的工作速度略快，且机器人不需要午餐与休息时间，几乎可以不间断地工作。

3）质量更好。机器人执行重复的任务具有高度一致性的优势，这能显著提高产品的质量。

4）可以使人类避免进行危险的任务。

17.2 机器人的功能

机器人的三大重要功能是：

1）运输。

2）操作。

3）传感。

1. 运输

物料运输是产品制造过程中的基本操作，是将物件从一个位置移动到另一个位置，以进行存储、机械加工、组装或包装。机器人拥有抓取物体、移动物体并释放物体的功能，故成为运输操作的理想选择。仅需要一维或二维运动的简单任务通常由非伺服机器人执行，如将物件从一个输送机转移到另一个输送机。其他物件的处理操作，如机器装载、卸载和包装可能更复杂，需要不同程度的操作能力，这些操作由伺服控制的机器人来执行。

2. 操作

加工是物件从原材料转化为成品的另一项基本操作，通常需要一系列操作，包括将工件插入、定向或扭曲到适当的位置，以便进行机械加工，以及装配或其他操作。由于机器人具有能同时操作零件和工具的功能，非常适合加工应用，如点焊、电弧焊和喷漆。

3. 传感

机器人通过传感反馈对环境做出反应的能力也很重要，尤其是在装配和检查等应用中。传感输入可以来自各种类型的传感器，包括微动开关、力传感器和机器视觉系统。

在每个应用中，至少会使用到机器人的运输、操作和传感功能中的一种，鉴于这些应用较为广泛，目前执行手动操作的应用场景对机器人来说是一个理想的选择。

17.3 机器人的应用

（1）制造业

1）电弧焊和点焊。

2）喷漆。

3）机器装卸。

4）机器加工。

5）压铸。

6）锻造。

7）熔模铸造。

8）零件传输。

9）塑料成型。

10）精加工。

11）装配。

12）检查。

（2）材料转运

1）运输货物。

2）挑选和放置。

3）码垛。

（3）航天工业

1）机器人手臂用作机械手来操作大型望远镜。

2）安装在航天飞机上或修理飞机。

（4）军事

1）远程引爆炸弹。

2）智能炸弹。

（5）医疗应用

1）智能轮椅。

2）用于操作和处理患者的机器人手臂。

17.4 制造业应用

1. 焊接

制造业中应用机器人最多的可能就是工业焊接，因为机器人焊接的重复性、均匀性和速度是无可比拟的。图 17-1 所示的机器人在执行焊接操作。尽管目前能够实现激光焊接，但大多数情况下仍使用两种基本方式焊接，即点焊和电弧焊。为了保证焊接成功，应根据环境要求来选择焊接类型，如点焊机器人主要用于汽车行业，而将两个相邻的部件通过熔合连接在一起并形成接缝的任务就需要利用机器人进行电弧焊或缝焊。

为什么要将机器人用于焊接？相似工件的焊接过程是一项重复的任务，该过程适合自动化。各种需要焊接的零件的数量决定了实现流程自动化的难易程度。如果零件通常需要调整才能正确

图 17-1 机器人执行焊接操作

地接合在一起，且要焊接的接头太宽，又或者不同部位的焊接接头位置不同，则难以甚至不可能实现该过程的自动化。机器人适用于重复性的任务或涉及相似部件多轴焊接的过程，而自动焊接最突出的优点是高精度和高生产率。利用机器人焊接会提高焊接的重复性，只要编程正确，机器人在相同尺寸和规格的工件上每次都能进行完全相同的焊接操作。

（1）电弧焊　机器人应用的主要发展领域是电弧焊（熔焊）。如图 17-2 所示，该过程会产生对工人有害的噪声、烟雾和强光。机器人电弧焊能更快地完成高质量的焊接，且一致性更高。一般来说，自动电弧焊设备的设计与手工电弧焊设备的设计有所不同。自动电弧焊通常涉及高负荷循环，因此焊接设备必须能在此条件下运行。此外，焊接设备元件必须与主控制系统相匹配。

电弧焊需要使用特殊的电源。焊接机（也称为焊接电源）能提供特殊的电力。所有的电弧焊接工艺都使用电弧焊枪或焊炬将焊接电流从焊接电缆传输到焊条，并将焊接区域与大气隔开。当

图 17-2 电弧焊机器人

焊炬的喷嘴接近电弧时，就能吸收飞溅物。机器人弧焊系统常使用焊炬清洁器（通常是自动的）去除飞溅物。所有的连续焊丝电弧焊都需要送丝机将焊丝送到电弧中。电弧焊应用于汽车组件焊接主要是因为其强度大、变形小、速度快，而且只需要单侧焊接、密封。

（2）点焊　自动焊接对电阻焊设备提出了特殊要求，因此必须设计专用设备并开发焊

接工艺以满足机器人焊接要求。图 17-3 所示的点焊机器人是自动化点焊装置中最重要的组成部分。根据有效载荷能力和可达性的不同，焊接机器人也分为不同的类型，此外，机器人也可根据轴数进行分类。点焊是指在某些物体（如车身）的特定离散位置上进行焊接，点焊枪会将适当的压力和电流施加到待焊接的板上，这要求机器人的手（末端执行器）能以足够高的精度移动到一系列位置上，以正确地执行任务。理想的情况是机器人能快速运行以减少周期时间，同时能够避免碰撞和过度磨损或损坏机器人。

图 17-3　点焊机器人

　　焊枪有多种类型，可用于不同的工况。焊接机器人上的自动焊接计时器用来计算电流的持续时间。机器人可反复地将焊枪移动到焊接位置，使焊枪垂直于焊缝，也可以重复执行设定好的焊接程序。由于焊枪很重且任务单一，手工焊接操作员很难表现出色。点焊机器人应具有六个及以上的运动轴，能够从任何角度接近工作范围内的点，这使得机器人能非常灵活地使用焊枪来焊接组件。如焊枪倒置对于操作员来说是很难的动作，机器人却能轻易地完成。

　　集成机器人点焊单元的典型组件有：

1）点焊机器人。

2）点焊枪。

3）焊接计时器。

4）点焊丝研磨机。

5）点焊转盘。

　　（3）电子束焊接　电子束焊接（EBW）是一种熔合连接工艺，通过轰击高能电子束来加热焊缝，完成焊接。电子是带负电荷的基本原子粒子，且质量极小。电子束焊枪使用高强度电子束来瞄准焊缝，焊缝将电子束转化为进行熔焊所需的热量输出。电子束在高度的真空中产生，高度真空焊接能获得最大纯度和较高深宽比的焊接效果，但通过特殊设计的隔板分隔出一系列真空度不同的腔室，也可以在中度真空和非真空条件下进行焊接。电子束机器人焊接系统具有污染小、焊接区窄、焊丝少、变形小等优点。

　　（4）MIG 焊接　熔化极气体保护焊（GMAW）通常称为 MIG 焊接，MIG 焊接是一种常用的具有高沉积速率的焊接工艺。焊丝通过线轴不间断地供给，因此 MIG 焊接也是一种半自动的焊接工艺，机器人系统能完全地集成到 MIG 焊接应用中。随着技术的进步，由于 GMAW 机器人单元具有独特优势，大大小小的工厂和加工车间都在对机器人焊接进行投资。投资机器人系统在几年后就可以获得回报。MIG 焊接机器人为客户带来了许多好处，因为 MIG 焊接机器人在任何位置都能使用，沉积率高于手工电弧焊（SMAW），不需过多的操作技能，并且可以不间断地焊接，焊后清洁量最少。

　　（5）TIG 焊接

　　钨极气体保护焊（GTAW）通常称为 TIG 焊接。当要求高质量、高精度的焊接时，TIG 焊接是一种常用选择。在进行 TIG 焊接时，非消耗性钨电极和被焊接的金属之间形成电弧，用来屏蔽电焊条和焊接熔池的惰性气体通过焊炬进入。如果需要填充焊丝，则需将焊丝单独送入焊接熔池中。TIG 焊接机器人系统为客户带来了许多好处，如 TIG 焊接机器人可以生产高质量的焊缝，焊接可以使用或不使用填充金属，可变精确控制，变形小且无飞溅。

2. 喷漆

机器人的另一种普遍且高效的应用是喷漆。由于机器人动作具有很高的一致性和重复性，喷漆质量接近完美，同时不会浪费油漆。喷涂应用似乎是机器人技术正确应用的代表，不仅可以使技巧熟练的操作员免于危险，还提高了工作质量和一致性，同时还降低了成本。在喷漆应用中，机器人操作喷枪，将油漆、着色剂或塑料粉等涂料喷涂到静止的或移动的部件上。这些涂料适用于各种零件，包括汽车覆盖件、电器和家具。但喷漆环境存在火灾隐患，且对工人的呼吸系统有危害。早期的喷漆机器是在 20 世纪 30 年代由 Pollard 制造的，而现在，这种机器被称为工业机器人。如今，机器人在许多行业中进行喷涂工作。如制造摩托车、自行车、轮船、摩托艇和汽车等产品的公司都在使用喷漆机器人来最大化企业的利

益。喷漆机器人通常配备六个轴，其中三个轴用于基础运动，另外三个轴用于喷涂器的定向，此外还包括可用于指导或检查喷涂质量的机器视觉系统。喷漆机器人一般是电动的，而不是液压或气动的。图 17-4 所示为喷漆机器人，其优点包括：

1）使工人远离了有害的环境。

2）以低能耗运行以减小空气污染，并且减小了对防护服的需求。

3）提高了喷涂质量，降低了工程和维护成本。

图 17-4　喷漆机器人

4）减少了油漆和其他材料的浪费。

5）降低了人工成本。

3. 机器装卸

机器装卸比基本的材料转运更加复杂。如图 17-5 所示，在该应用中，机器人具备操作和运送功能。机器人可以从供应点（如传送带）抓取工件，然后将其运送到指定的机床上，摆正方向，并将其插入机床工件夹具中。这要求在工件处于正确位置时，机器人向机床发出信号，以使工件固定在工件夹具中。然后机器人释放工件并撤回机械臂，以便开始机械加工。完成加工后，机器人卸载工件并将其运送到另一台机床或传送带上。在机器人工作间中，单个机器人可以为多台机床服务，也可以在机床执行其主要功能时进行其他操作。这需要机器人能够更换末端执行器。机器操作功能的例子包括：

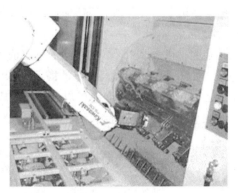

1）更换机床，如车床和加工中心。

2）冲压压力机装卸。

图 17-5　机器装卸

3）操作注塑机。

4）抓取零件以进行点焊。

5）将热坯料装入锻压机。

6）装载汽车零件以进行磨削。

7）将齿轮装载到数控铣床上。

4. 锻造

机器人已经广泛应用于多种类型的锻造技术中，如锤锻、镦锻、辊锻、热成型压力机和拉伸应用。在某些情况下，机器人可以充当锻造机的操作员或锻造助手。

锻锤可以由液压、蒸汽液压或空气驱动。成型模具的一半位于砧座上，另一半位于撞锤上，其中撞锤在空气、蒸汽或重力的作用下上下移动。在操作员的控制下，可以让锻锤多次撞击两个模具之间的零件。操作员根据自己观察到的情况决定何时从模具中取出零件并将其移到下一个模具中。在该过程中，机器人充当了锻造助手。当加工较重的零件时，机器人装卸熔炉并将坯料加工到锻造机床上，其余操作由操作员接管，操作员利用不同的成型周期来加工零件，然后机器人可以对成品进行修剪操作。

5. 压铸

压铸是指在高压下使有色金属进入模具，经高压形成所需形状的零件。典型的压铸过程包括从压铸机卸下零件、对零件进行淬火，然后将零件放在传送带上或箱中。压铸过程中可能出现的机器人操作包括以下几项：

1）交替装载两台或多台压铸机。

2）卸载、淬火、修整和处理零件。

3）从压铸机上卸下零件并为下个铸造周期准备染料（需另一个夹具或连接物来喷涂模具）。

4）将插入件装入压铸机并卸下成品零件。

6. 塑料成型

塑料模塑工艺通常用于热塑性材料。待加工的材料以颗粒形式从料斗中移到圆筒中，该圆筒中的柱塞使颗粒通过加热室进入模具，然后模具半开启，取出产品。目前许多汽车零件及家用电器中的零件都是注塑成型的。机器人通常通过控制注料口和转动组件从模具中取出零件。在注塑机工作站使用机器人通常适用于以下情况：零件易碎，不能掉落；或运行时间太短，使用全自动模具使零件掉落到机器底部不太经济。

7. 装配

装配是机器人操作零件从而完成成品的组装过程。如图 17-6 所示，装配是将零件和组件组装在一起的过程，通常通过螺母、螺栓、螺钉，紧固件或卡扣式接头进行组装。装配操作有：

1）组装计算机硬盘。

2）将灯插入仪表面板。

3）在印制电路板上插入和放置元件。

4）小型电动机的自动装配。

5）家具组装。

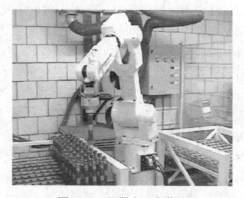

图 17-6　机器人正在装配

7. 密封/喷涂

在喷涂应用中，机器人操作分配器或者喷枪，将油漆、黏合剂、密封剂或冲洗液等材料喷涂到静止或移动的物件上。完整的喷涂系统的构成还需要其他设备，包括材料容器、泵和调节器。对于涉及会产生可燃性或爆炸性烟雾的材料来说，机器人具有良好的密封和用于清洁机器人内部空腔的系统是非常重要的。如果机器人没有密封且没有清洁系统，则机器人内部电气部件（即电动机、电子元件和电气连接部件）产生的电弧可能会点燃可燃性或爆炸性颗粒。

当零件在输送线上时，机器人的动作须与输送机的运动协调。机器人强大的操作能力使其特别适用于进行喷涂。如图 17-7 所示，使用机器人进行喷涂的主要优势是机器人可以均匀地施加涂料（重复性）、降低劳动力成本、减少涂料浪费、避免工人接触有害物质。

机器人喷涂的例子有：

1）在自动化生产线上喷涂零件。

2）在车身上喷涂黏合剂和密封剂。

3）在火箭上喷涂热材料。

4）清洗。

图 17-7　机器人喷涂操作

8. 检查和测量

随着产品质量变得越来越重要，人们关注的重点是产品的零缺陷问题。然而，人工检查系统未能实现这种目的。带有视觉系统的机器人应用提供了零件定位、确定组装产品的完整性和正确性及导航期间的碰撞检测等服务。机器视觉系统控制产品的位置和外观，因此成了自动化系统中的生产组件。

9. 材料清除

机器人材料清除是一种新的应用，在工业自动化中有许多用途。机器人可以磨削、滚动和锉削金属零件以达到所需精度。机器人可以在每次运行的过程中清除材料，能长时间工作制造更多的产品。机器人技术的成本越来越低，许多工厂正寻求购买机器人去毛刺设置，有了这样专业的工程技术，任何材料的清除应用都可以为公司带来很大的投资回报（ROI）。由于材料清除机器人的精度高而且质量更优，其有很大的优势，材料清除机器人可以与去除珠宝上的斑点一样精确。材料清除也可被认为是去毛刺过程，可以集成到最精确的应用中。制造公司可以使材料清除过程自动化并获得更大效益。

10. 去毛刺

机器人去毛刺是指使用机器人去除金属零件上的毛刺、锋利的边缘或飞边。如图 17-8 所示，机器人可以通过磨削、滚动和锉削金属零件以达到理想精度。机器人去毛刺应用可在每次运行时进行操作，以保证质量，能工作更长的时间以制造更多的产品。机器人技术的成本越来越低，许多工厂正寻求购买机器人去毛刺器件。机器人去毛刺器件可以长时间工作，不会产生疲劳，这样制造的产品质量是人工无法比拟的。

11. 磨削

手工磨削是艰苦、肮脏和嘈杂的工作，且磨削产生的金属粉尘对工人的眼睛和肺有害。

而磨削机器人可以快速有效地除去机器加工零件/产品表面多余的材料，且可以确保工作的一致性和有更高的质量。

12. 钻孔

企业可以通过钻孔机器人系统的自动化提高其准确性和重复性。如图 17-9 所示，钻孔机器人每天可以工作 24h 而不会疲劳，从而提高运行产量。

图 17-8　机器人去毛刺

图 17-9　机器人钻孔

17.5　材料转运

使用机器人进行材料转运是当今自动化生产系统的重要组成部分。材料转运和物流是指材料和产品在整个生产、分销、消费和废弃处置过程中的移动、保护、存储和控制。这是一个重复性的操作，不需要任何技巧且通常在恶劣、艰苦的工作条件下进行，所以很适合机器人。如图 17-10 所示，一个机器人正在进行材料转运操作。

"材料转运"一词涵盖了机器人领域的很多方面：如人们无法处理的微小工件；大型、重型零件，如发动机机体和车轮、袋子和箱子等大件物品；精致而昂贵的电子元件；医用器材等十分广泛的领域。机器人材料转运应用包括操作注塑机和机床、在工序间重新定位零件、包装和码垛。

图 17-10　材料转运机器人

通过使机器人与合适的末端执行器（如抓手）配合，机器人可以抓住需要移动的物体。机器人固定安装在地板上或横向装置上，使其能够从一个工作站移动到另一个工作站。

机器人也可以安装在天花板上。使用机器人进行材料转运的主要优势是可以降低直接人工成本，并使人类避免进行危险、繁重或疲劳的工作。

此外，使用机器人来移动易碎物体可在操作过程中减小对零件的损坏。用于材料转运的机器人可以与其他的材料转运设备连接，如集装箱、输送机、引导车辆、单轨和自动存储/检索系统。转运过程包括八个步骤：

1）将机器人臂向上移动至工件。

2）缓慢运动接近工件。

3）抓取工件。

4）缓慢运动使工件上升。

5）将工件转移到所需位置。

6）向下缓慢移动到目标位置。

7）松开工件。

8）向上缓慢运动。

夹持顺序是材料转运过程需关注的焦点。必须仔细检查抓手和机器人的位置，判断是否会与环境中的其他物体发生碰撞。对于其他设定好的转运顺序，机器人工作空间的限制也可能是一个问题。

以下是材料转运应用的例子：

1）将零件从一个输送机转移到另一个输送机。

2）将零件从流水作业线转移到输送机。

3）装载箱子和夹具以便后续处理。

4）将零件从仓库移动到机器上。

5）运输爆炸装置。

6）将零件从机器转移到高架输送机。

1. 零件转移

零件转移是指从托盘上取下零件并将其置于箱中或传送带上，或从箱中和传送带上取下零件并将其放在托盘上。零件转移应用通常被称为材料转运机器人应用。随着末端工具技术的发展，技术公司目前更加关注零件转移机器人技术。而机器人成本越来越低，导致竞争越来越激烈，故许多公司研究零件转移机器人来实现压力机操作的自动化。图 17-11 所示的集成零件转移机器人系统易于安装，并且能为客户带来很大的利益。机器人可以轻松地将零件送入或移出压力机，且不会疲劳。机器人可以每天 24h 转移零件，使公司运转更加灵活。

图 17-11　零件转移机器人

2. 码垛

码垛是指将材料装到托盘上或从托盘上卸下的过程。图 17-12 所示的机器人码垛系统可以长时间灵活地处理更多产品。随着末端工具技术的发展，机器人码垛工作器件已经集成到许多工厂中。在处理多种类型包装的情况下，使用机器人进行码垛操作十分普遍。由于劳动力成本的增加，报纸行业受到了严重的冲击，利用辛辛那提米拉克朗公司的机器人为报纸的广告插页码垛是一个很好的解决方法。机器人码垛技术可以提高生产率和盈利能力，机器人工作间可以集成到任何项目中。对于工厂经理而言，总会考虑机器人长时间工作且不会疲劳而节省下来的成本。近年来，机器人的成本更低，并且可以在短短几年的工作中获得利益，所以许多工厂、食品加工厂和码垛厂通过码垛机器人实现了自动化。

图 17-12　码垛机器人

3. 取放操作

工业机器人还可以执行取放操作，取放操作是指拾取零件并将其适当放置以用于后续操作。取放操作有一些要求：不得丢弃该零件，必须抓紧零件以防止其在夹具中滑动，但还要避免用力过度造成损坏。此外，必须注意避免在接近和离开零件时干扰零件。取放机器人是一种材料转运机器人，可以每天 24h 工作而不会疲劳。机器人系统的一致性输出、完成质量与重复性是无可比拟的。其中最常见的取放操作是装卸托盘，其应用于各行各业。在取放操作中，机器人必须感知托盘的装载程度并相应地调整物品数，这需要相对复杂的编程。机器人在金属和塑料铸造中的取放操作至关重要。如在金属压铸中，在使用相同压铸设备的条件下，机器人的生产率提高了三倍，这是由于在执行零件拆卸操作时，机器人具有更高的速度、强度和耐热能力。

取放机器人单元正被应用到世界各地的工厂车间中，并在生产线上得到了广泛的应用，因为其具有更快的速度和更高的灵活性。管理人员意识到使用取放机器人可以实现节省长期开支的目的，因为使用材料转运机器人系统可以增加产量、节省资金，而且随着技术的发展，机器人成本越来越低，许多不同的自动取放应用场合安装了取放机器人。

4. 机器装卸

机器装卸应用通常被称为材料转运。随着臂末端工具和技术的进步，许多公司正在密切关注机器装载机器人带来的效益。随着机器人成本越来越低，竞争越来越激烈，许多公司研究在机床上安装机器人以实现其操作的自动化。相比于人类，机器人移动距离更远，并且可以进行多台机床装卸。集成的机床装载机器人易于安装，能为客户带来很大的效益。机器人可以轻易地将零件装入压力装置，且不会疲劳，可以每天 24h 装载零件，使公司运转更具灵活性。

5. 分拣

通过编程可以实现机器人分拣系统同时执行多项任务的目的。随着末端工具技术的进步，大多数公司都在使用机器人进行分拣。机器人系统具有灵活性、重复性且不会疲劳，因此对公司极为有利。机器人分拣过程还与材料转运有很大的关联性。

17.6　洁净室机器人

洁净室机器人利用特殊的密封技术与灰尘及各种空气颗粒隔离，以在隔离的环境中执行任务，主要用于医疗领域或实验室，进行零件处理、维护机械设备和分配药物的任务。因为机器人可以长时间工作、完成质量高且一致性好，所以它是在洁净室内环境工作的有用工具。如图 17-13 所示，机器人系统为实验室和其他洁净室机器人的应用带来了很大的便利。

图 17-13　洁净室机器人

练　习

1）列举机器人的一些工业应用。

2）机器人在制造业中应用成功的原因是什么？

3）列举工业中机器人的典型应用。

4）对机器人的工业应用进行解释说明。

5）结合例子说明机器人在工业材料转运中的用途。

6）说出并解释机器人在机器装卸中的用途。

7）列出任意四个可由机器人执行的工业操作。

8）列出可由机器人执行的各种装配任务。

9）在工业中使用机器人的原因是什么？

10）列出机器人的功能。

11）讨论机器人的材料转运应用。

12）什么是工业机器人的机器操作？

13）简述机器人密封/喷涂应用。

14）简述喷涂机器人。

15）简述以下机器人的应用：

①材料转运。

②焊接操作。

第 18 章

实时嵌入式系统机器人

本章内容改编自以下文章：Mercury Learning and Information （2016. ISBN：978-1-942270-04-1）刊登的《实时嵌入式元件和 Linux 系统与 RTOS》 （作者为 S. Siewert 和 J. Pratt）

18.1 概述

现代机器人应用可以使用实时嵌入式系统。实时系统是一种可以在没有人参与的情况下监控、响应和控制其所在环境，进而做出决策的计算机系统。作为实时嵌入式系统的一部分，机器人可用传感器、执行器和其他输入、输出设备来感知真实世界中的物体，但这必须在人类经常操作的环境中进行，且受实时物理条件的限制。本章对基本概念进行了回顾，这对实时机器人系统的设计和实现很重要。

实时系统在应用阶段的能力也有一定的限制，但往往超出人类的认知范围。实时系统仅在一个环境中按照生产过程的要求以一定速率运行，以完成监控和控制功能。就机器人而言，其具有超越人工的独特优势，能够跟上响应速度更快和精度更高的生产过程。此外，机器人可以长时间执行重复任务而不会疲劳。工业机器人装配线如图 18-1 所示。

图 18-1　工业机器人装配线

特别需要注意的是，机器人通常部署在诸如装配线之类的受控环境中，而不是在更适合人工工作的环境中，至少目前是这样。

18.2 机械臂

机械臂与人体手臂的灵活性相近，旋转自由度至少有五个：旋转基座、肩部、肘部、手腕和抓手。一般而言，抓手或末端执行器通常为一个简单的爪或像人手一样灵活的装置，用于操作物料或工具。机械臂既可以是低成本的入门级装备，也可以是与特定控制器和传感器相结合的先进装备。入门级装备无法抓住和移动重物，准确性和重复性较低，灵活性也不如工业或研究用机械臂。大多数工业或研究用机械臂具有六个或更多的自由度（额外的手腕运动和复杂的末端执行器），并可以对一千克到数百千克的重物进行操作。机械臂通常与机器视觉系统相结合，如将摄像机固定在手臂上或能看清手臂的固定位置上。能够获得末端执行器视野的五自由度手臂可以执行许多复杂的任务，包括搜索、目标识别、抓取和目标重定位。带参考坐标系的 OWI-7 机械臂如图 18-2 所示。

参考坐标系的原点在手臂的固定基座上，手臂的活动范围由机械设计和运动学决定。肘部旋转的 OWI 臂如图 18-3 所示，前臂平行于基座水平面。在这个位置，底座可以通过旋转使末端执行器在水平面的圆形轨迹线上移动。

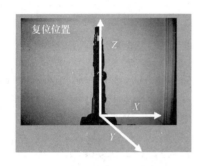

图 18-2　机械臂原点与复位位置

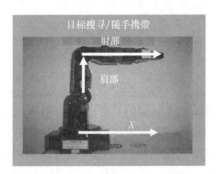

图 18-3　机械臂仅肘关节旋转

五自由度臂能够跟踪其基部周围的可达圆形轨迹线内的位置。OWI 臂的最内圈可达环如图 18-4 所示。

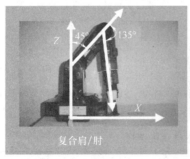

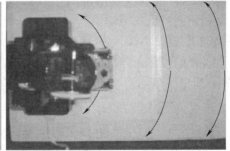

图 18-4　基座平面最内圈可达环

肩部和肘部的协同旋转使 OWI 臂末端执行器可以从最内环起到达不同半径的圆环上的位置。中间可达环如图 18-5 所示。

最后，OWI 臂的最远端可达范围取决于臂长，此时机器人肘部和肩部都不需要旋转，末端执行器到达基座表面。最外圈极限可达环如图 18-6 所示。

上述分析仅考虑 OWI 臂在其 X、Y 水平面上的可达性，而更复杂的任务可能需要进行三维可达性分析。完

图 18-5　基座平面中间可达环

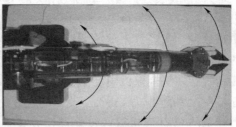

图 18-6　基座平面最外圈极限可达环

成运动学（运动中物体的力学的数学表示）和可达性分析后，末端执行器即可通过关节旋转从指定地点出发移动到目标位置，且必须配置起动控制接口。

18.3　起动

当末端执行器操控对象的质量可忽略不计时，起动和末端执行器控制可大大简化，而大质量的对象则需要使用更复杂的关节电动机转矩控制，如若要移动大质量物体，则需要使用 DAC 输出（数字到模拟）的电动机控制器和对每个自由度都有主动反馈控制通道的步进电动机。对于 OWI 机械臂和质量可忽略不计的有效载荷，可以使用继电器或简单的 H 桥型的可逆电动机来起动。最简单的电动机换向电路如图 18-7 所示，通过改变开关状态，可以改变电动机引线的极性，控制电动机正向或反向转动。

每个开关"开"或"关"的状态组合在一起可产生三种类型的操作：停机或"关"、正转、反转。表 18-1 列出了所有开关状态及对应的结果（动作）。

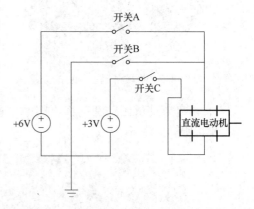

图 18-7　三开关控制的可逆电动机

表 18-1　三开关可逆电动机控制

开关 A	开关 B	开关 C	电动机
关	X	关	关
关	开	开	正转
开	关	开	反转

然而一个开关需要三个继电器，五自由度机械臂总共需要十五个继电器，因此这种方法不是很实用。通过使用具有常开和常闭性质的继电器，就可以只用两个这种继电器来控制上述三个开关的可逆电动机回路，如图 18-8 所示。

使用这种方法简化了可逆电动机起动五自由度臂所需的十个继电器。表 18-2 列出了所有继电器状态及对应的起动器动作。

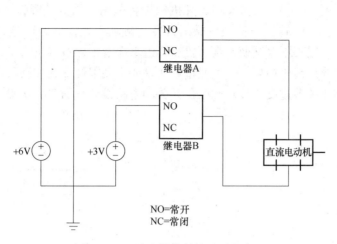

图 18-8 两继电器控制的可逆电动机

表 18-2 继电器可逆电动机控制

继电器 A	继电器 B	电动机
关	关	关
关	开	正转
开	关	关
开	开	反转

五自由度臂起动电路如图 18-9 所示。

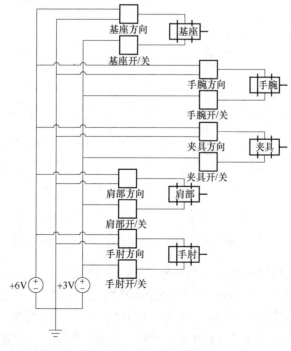

图 18-9 五自由度臂起动电路

如果电动机过度旋转某一关节，超出其机械旋转范围，则机械臂起动时可能出现故障。为了避免齿轮损坏，OWI 臂往往使用机械离合器或滑动系统，但是这样做的效果仍然不理想，因为若两种关节连接不够紧密，会因机械臂过重而滑动导致定位错误，或者因连接过紧使接头受力过大而导致齿轮损坏。一种改进方法是使用硬限位开关和软限位开关，运用电气和软件保护机制防止关节过度旋转。硬限位开关的电路设计如图 18-10 所示。

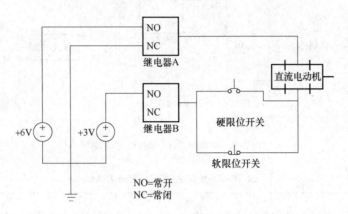

图 18-10　机械臂关节驱动电动机硬限位开关控制电路设计

图 18-10 中所示的限位开关必须安装在机械臂上，当运动到限位时，关节触发开关动作。该电路的缺点是达到限位后，直到手动复位前机械臂都将无法工作。

一种更好的方法是使用软限位监控，这种方法通过 A/D（模数）转换器周期性地或间断地对开关电路的输出进行采样，以便使用软件关停已达到限位的电动机，其电路图如图 18-11 所示。

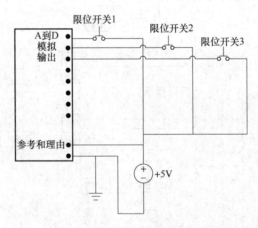

图 18-11　机械臂关节驱动电动机软限位开关控制电路设计

限位开关可以在机械层面集成，故先于硬限位开关触发。其原理是允许软件对可能过度旋转的关节采取安全措施（或禁用），且决定解除限制是否可行，然后命令电动机回转到正常运行范围。如果软限位监控失效或控制器出现故障，硬限位将继续保护机械臂不受损坏。继电器起动结合软硬限位开关可以实现基本的机械臂起动控制，但只能使用二态的开关型电动机。

　　H 桥继电器可控制可逆电动机电极的极性，此方法相比于两个继电器的方案，能实现更多状态的控制。H 桥继电器电动机控制电路如图 18-12 所示。

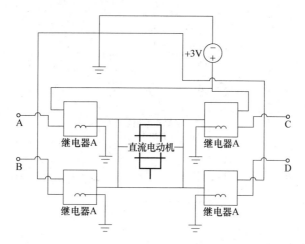

图 18-12　H 桥继电器电动机控制电路

　　观察图 18-12 所示的 H 桥继电器的状态，可知其还能实现其他的控制功能。

　　H 桥的制动功能可以控制电动机转矩和过冲，使电动机控制器在定位时增大或减小转矩，也可以通过 DAC（数模转换器）增加转矩，通过 H 桥制动状态减小转矩。需要注意的是，通过 H 桥控制器逻辑能避免出现"熔断测试"短路状态。表 18-3 所列为 H 桥继电器电动机控制状态。

表 18-3　H 桥继电器电动机控制状态

A	B	C	D	电动机
0	0	0	0	关
0	0	1	1	制动
0	1	0	1	熔丝测试
0	1	1	0	反转
1	0	0	1	正转
1	0	1	0	熔丝测试
1	1	0	0	制动

　　继电器起动电路仅支持控制开关型电动机，并且需要使用机电继电器线圈，但这样有很多缺点，如产生噪声、耗能巨大，即使使用紧凑的簧片继电器也会占用大量空间。图 18-13 所示为与图 18-12 所示相同的 H 桥继电器电动机控制电路设计，不同的是其使用固态 MOS-FET（金属氧化物衬底场效应晶体管）。

　　使用 MOSFET 的方案能够实现与四个 H 桥继电器电路相同的状态和控制，且相比之下电磁线圈的驱动效率更高、能耗更低。

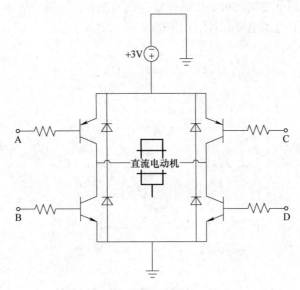

图 18-13　使用 MOSFET 的 H 桥继电器电动机控制电路设计

18.4　末端执行器路径

能够起动机械臂并不意味着能够将机械臂的末端执行器引导至特定的位置或从特定的位置开始引导，这需要通过路径规划软件和末端执行器向导来引导末端执行器。最简单的路径规划和末端执行器引导功能可实现机械臂运动位置推算和单关节旋转序列规划。位置推算指的是以一个恒定的旋转速度起动关节电机一段时间，然后在关节限制之间的臂初始化序列期间对其进行校准，但是使用这种方法来估计关节旋转会产生较大的定位误差，所以只用于允许有较大误差的任务中。在路径规划中，每次移动一个关节也是可以接受的，并不需要优化两个目标位置之间的路径距离与所需的时间、能耗。通过位置反馈和多个关节同时旋转可以在两个目标间获得多条最佳路径，而这要求位置反馈信息在关节旋转期间不断进行采集。使用继电器或 H 桥控制器可以轻易地实现多个关节同时旋转，但这样会使最优路径的运动学描述更复杂。

18.5　传感

关节的旋转可以通过关节位置编码器及机器视觉反馈来感知。位置编码器包括以下几种类型：

1）电气型（多圈电位器）。

2）光学型（具有光路遮挡和计数的发光二极管和光电二极管系统）。

3）机械开关（带瞬时开关计数器）。

位置编码器在机械臂定位期间可直接反馈，当机械臂移动到预期的目标位置时，该反馈可用来驱动控制回路中的反馈。此处假定预期的目标位置是已知的，该位置可通过预先编程，或者通过诸如机器视觉的监测而获得，可将机械臂从一个目标位置移动到另一个目标位置的位置编码控制过程的基本反馈控制设计如图 18-14 所示。

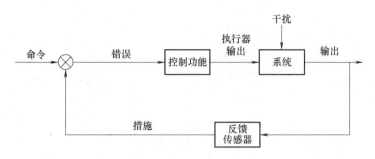

图 18-14　机器臂定位基本反馈控制图

图 18-14 可以进一步细化为使用继电器和电位计位置编码器反馈通道的起动器（具有反馈设计）。对于定速旋转，主要干扰来自于关节旋转中的黏性和滑动摩擦，以及电机或机器臂中电机斜坡升降的特性。该反馈控制的设计如图 18-15 所示。

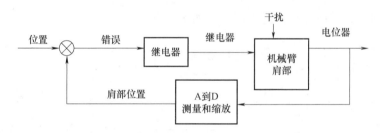

图 18-15　带位置编码器和 A/D 转换的继电器驱动反馈控制图

仔细分析图 18-15 可知，该控制回路具有图 18-16 所示的模拟域和数字域。

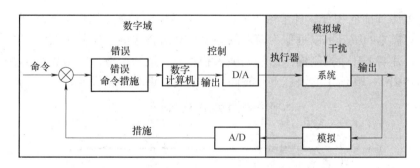

图 18-16　使用反馈数字域和模拟域进行机械臂定位

这种混合信号控制回路的设计需要采用采样反馈传感器和数字控制律，每个关节可根据各自的基本 PID（比例、积分、微分）过程控制问题执行控制律。在 PID 方法中，传递函数使用了比例、积分和微分增益，即

$$G_C(s) = K_p + \frac{K_i}{s} + K_d s = \frac{K_p s + K_i + K_d s^2}{s}$$

式中，K_p 为比例系数；K_i 为积分系数；K_d 为积分系数；s 为时间。

经拉普拉斯变换得到的传递函数的控制图如图 18-17 所示。

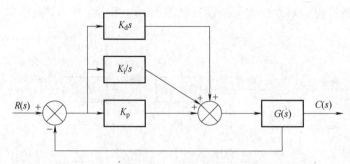

图 18-17　PID 控制图

PID 控制律经拉普拉斯变换后，使得传统的稳定性分析变得简单，但是为了在数字计算机上实现 PID 控制律，必须将 PID 控制律转换为状态空间公式或时域公式。此外，还必须获知由离散样本测量到的误差和控制函数输出之间的关系，该关系的时域表示为

$$u(t) = K_\mathrm{p} y(t) + K_\mathrm{i} \sum y(t) + K_\mathrm{d} \frac{\Delta y}{\Delta t} \qquad (18\text{-}1)$$

然后可以利用式（18-1）设计控制图，如图 18-18 所示。

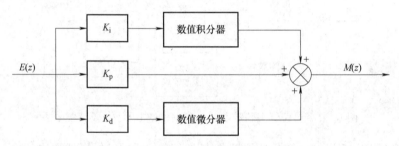

图 18-18　数字 PID 控制图

可以使用诸如前向积分、梯形或 Runge- Kutta 等算法对一系列时间样本进行数值积分，同样地，时间样本的微分可以近似为简单的差值，然后将比例、积分和微分增益换算为积分和微分函数，并与下一个控制输出的比例项求和。通过适当调整，应用数字控制律的三个增益，可以得到图 18-19 所示的快速上升时间、最小超调量和快速稳定时间。

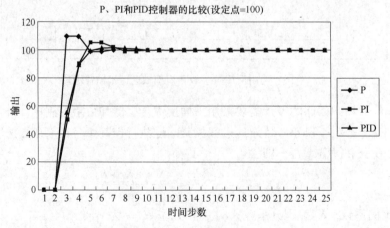

图 18-19　PID 时域响应

图 18-19 单独显示 P（比例控制）、PI（与积分成比例），最后显示完整 PID。PID 控制律增益整定规律见表 18-4。

表 18-4　PID 控制律增益整定规律

参　　数	上升时间	超　调　量	稳定时间
K_p 增益增大	减小	增大	小幅变化
K_i 增益增大	减小	增大	增大
K_d 增益增大	小幅变化	减小	减小

对于单输入单输出的控制律，PID 控制器可作为实施框架，同时也可使用现代控制状态空间方法为多输入和多输出问题设计更高级的控制。状态空间控制法作为一种通用方法，可基于机器人系统的运动学和力学原理分析和设计一组下列微分方程控制函数：

$$A = system - matrix, B = input - matrix$$

$$y = Cx + Du$$

$$y = output - vector, u = input - vector$$

$$C = output - matrix, D = feed - forward - matrix$$

图 18-20 所示为微分方程的广义状态空间控制系统的反馈控制图。

关于状态空间控制的分析和设计方法的详细介绍超出了本书的范围，读者可参考相关文献以进一步学习。

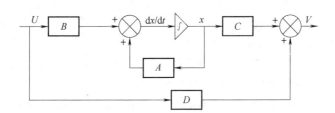

图 18-20　状态空间控制系统的反馈控制图

18.6　任务

可以通过在比起动和反馈控制更高的层面来命令与控制机械臂，并实现以下基本功能：

1）搜索、识别和获取某一可视目标以便取用。

2）路径规划与执行以拾取目标。

3）抓取目标并反馈。

4）将物体按照规划的路径送至目标位置。

利用上述四个功能，机械臂可完成更复杂的拾取和放置任务。通过设计 OWI 机械臂命令、控制软件、硬件驱动和反馈控制系统，仅用单个高级命令就能让机械臂在工作空间内进行拾取和放置任务。基本的机器视觉系统可利用顶部、侧面或前/后固定摄像系统及末端执行器简单的嵌入式摄像机执行搜索、识别和获取目标的任务。机械臂利用嵌入式摄像机按照图 18-4、图 18-5 和图 18-6 所示的路径进行搜索，其中摄像机视野是沿着同心可达环来扫描获取。当摄像机扫过环时，NTSC 帧的帧采集速度为 30 帧/s 甚至更低，同时可以将数码摄像机数据转换为数字帧流。然后对数字帧流图像进行增强处理，从而更准确地定义边缘并分割对象，以便与目标对象特征进行比较匹配。目标对象特征包括目标的几何形状、颜色（定量）及大小（变量），一旦识别到目标（即视野中分割的对象与完整目标相匹配），机械臂就开始跟踪并接近目标。

在 OWI 的工作空间中通过视觉系统跟踪目标并需要进行不断地计算，其目的是确定视野中目标的质心位置并使其一直居中。机械臂可以根据质心的视觉反馈来旋转基座，控制 XY 平面偏差，同时使机械臂沿 Z 轴下降时保持物体居中。通过运动学的分析可知，要使机械臂接近 XY 平面上的目标及控制末端执行器和嵌入式摄像机沿 X 轴平移，就应当使机械臂肩部和肘部下降。同时要控制基座旋转以便在机械臂降低时协调目标沿 Y 轴平移，以保持目标居中。以上基本动作需要至少起动控制三个自由度，OWI 手腕仅具有围绕前臂旋转的单个自由度，更复杂的机械臂还包括围绕腕关节的另外两个旋转轴。因此，嵌入在 OWI 臂中的固定摄像机可能需要进行独立的倾斜/平移控制，以便在下降机械臂时可以保持摄像机垂直于 XY 平面，也可通过更复杂的手腕自由度精密控制来保证摄像机的方向。

机械臂在进行目标拾取时需要定位并限制反馈，以便机器臂知道何时与 XY 平面会碰撞及获取在 XY 平面上目标的位置。此外，抓手此时应处于全开状态，一旦通过机器视觉反馈和定位确定好抓取位置，抓手就可以围绕目标进行闭合，内置于末端执行器手指中的感应开关可以主动判断抓取动作是否成功。大多数情况下，由半导体泡沫（IC 封装泡沫）隔开的黄铜开关或带接口的微动开关为抓手提供反馈。

成功抓取目标后，机械臂可以切换到路径规划任务，以引导目标到预期位置。该路径规划可能涉及再次搜索或重新规划与原定位置存在偏差的新位置。无论哪种方式，本质上都与路径规划和执行规划过程的原理相同，机械臂会通过预期的可达环上升到指定的高度，然后通过平移来转移物体。上升和转移动作会同时进行，这样能保证在时间和行进距离方面达到最优的路径。最后机械臂下降到目标预期位置，目标被释放并通过抓手反馈确保其已完全放下目标物体。

以上整体序列是计划任务的高级自动化流程，仍由操作员下达命令，但机械臂自主执行整体任务中的各个子任务，这体现了共享控制与自治程度两个主要的框架概念。这为机器人任务和规划提供了一个可以与低层控制相连，且有无人工交互均可的框架。下一节将简要介绍此框架概念。

18.7 自动化与自治化

图 18-21 所示为遥控与完全自治机器人任务控制回路。

完全自治机器人和遥控机器人之间的控制层级称为共享控制。在共享控制中，机器人任务的一部分是自治的，另一部分是遥控的，其余部分则是自动化的，但这些都需要操作员批准操作或必须由操作员起动。共享控制如图 18-22 所示。

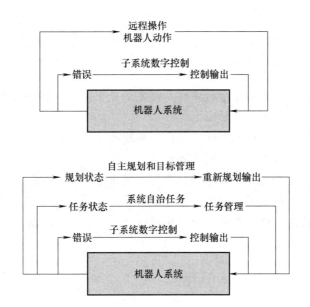

图 18-21　遥控与完全自治机器人任务控制回路

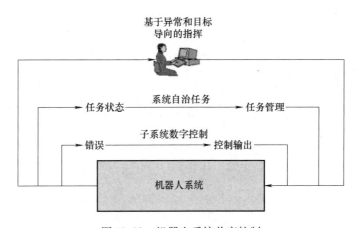

图 18-22　机器人系统共享控制

　　遥控机器人系统仍然具有闭环数字控制，但所有任务规划和决策都来自操作员，甚至在极端情况下，机器人的每个运动都是基于操作员的动作，完全不会自行起动进行任何动作。操作员也可以通过闭环数字控制系统来控制机器人动作，这类似于虚拟现实中的概念，即操作员可直接被复制进入虚拟模型并且远程驾驶飞机。例如，可以设置一个通过测量人的手臂弯曲程度来尝试匹配 OWI 机械臂运动和位置的接口。

　　机器人技术需要自动化层次结构，即包容体系结构，其中低层次的组件起动和传感与更高层次的子系统控制进行交互，反过来为子系统设定目标与行为配置。例如，滚动机器人的目标是探索和测绘房间，这需要其拥有避免碰撞的行为配置，而机器人的行为控制和任务必须由专业操作员或人工智能来协调。本章自下而上地介绍了机器人系统的体系结构与设计，提供了如何控制和规划五自由度机械臂的实际案例。正如读者所看到的，运用上述概念，机器人系统可运用传感反馈和编程到机器人人工智能的指令实现实时运行。

练 习

1）什么是实时嵌入式系统？

2）基于参考坐标系，原点位于机械臂的固定基座上，可以根据机械臂机械设计和运动学来定义机械臂的_____。

3）嵌入式系统机器人为什么要使用软限位和硬限位开关？

4）关节驱动电机的位置推算控制需要校准_____。

5）关节旋转运动反馈需要主动感知，举例说明反馈的一种方法。

6）列出机器人拾取和放置操作的四个基本步骤。

7）机器人控制层级中自治与遥控中间的层级是_____控制。

8）写出包容结构的定义。